国家文化产业资金支持媒体融合重大项目

山西省"十四五"职业教育规划教材立项建设成果

2022年农家书屋重点出版物推荐产品

CHAYI FUWU JINENG SHIXUN

高等职业教育教学改革融合创新型教材·旅游类

茶艺服务技能实训

（第二版）

张莉　张雪红　主编

刘育红　贾田天　霍振英　副主编

东北财经大学出版社
Dongbei University of Finance & Economics Press　大连

图书在版编目（CIP）数据

茶艺服务技能实训 / 张莉，张雪红主编. —2版. —大连：东北财经大学出版社，2024.8. —（高等职业教育教学改革融合创新型教材·旅游类）. —ISBN 978-7-5654-5392-2

Ⅰ．TS971.21

中国国家版本馆CIP数据核字第2024RE2882号

东北财经大学出版社出版

（大连市黑石礁尖山街217号　邮政编码　116025）

网　址：http://www.dufep.cn

读者信箱：dufep@dufe.edu.cn

大连图腾彩色印刷有限公司印刷　　东北财经大学出版社发行

幅面尺寸：185mm×260mm　　字数：412千字　　印张：18.25

2024年8月第2版　　　　　　　2024年8月第1次印刷

责任编辑：张旭凤　赵宏洋　　　　　责任校对：刘贤恩
　　　　　孟　鑫　高　鹏

封面设计：原　皓　　　　　　　　　版式设计：原　皓

定价：48.00元

富媒体智能型教材出版说明

"财经高等职业教育富媒体智能型教材开发系统工程"入选国家广播电视总局新闻出版改革发展项目库，并获得文化产业专项资金支持，是"国家文化产业资金支持媒体融合重大项目"。项目以"融通""融合""共建""共享"为特色，是东北财经大学出版社积极落实国家推动传统媒体与新媒体融合发展的重要举措之一。

"财济书院"智能教学互动平台是该工程项目建设成果之一。该平台通过系统、合理的架构设计，将教学资源与教学应用集成于一体，具有教学内容多元呈现、课堂教学实时交互、测试考评个性设置、用户学情高效分析等核心功能，是高校开展信息化教学的有力支撑和应用保障。

富媒体智能型教材是该工程项目建设成果之二。该类教材是我社供给侧结构性改革探索性策划的创新型产品，是一种新形态立体化教材。富媒体智能型教材秉持严谨的教学设计思想和先进的教材设计理念，为财经职业教育教与学、课程与教材的融通奠定了基础，较好地避免了传统教学模式和单一纸质教材容易出现的"两张皮"现象，有助于教学质量的提高和教学效果的提升。

从教材资源的呈现形式来说，富媒体智能型教材实现了传统纸质教材与数字技术的融合，通过二维码建立链接，将VR、微课、视频、动画、音频、图文和试题库等富媒体资源丰富呈现给用户；从教材内容的选取整合来说，其实现了职业教育与产业发展的融合，不仅注重专业教学内容与职业能力培养的有效对接，而且很好地解决了部分专业课程学与训、训与评的难题；从教材的教学使用过程来说，其实现了线下自主与线上互动的融合，学生可以在有网络支持的任何地方自主完成预习、巩固、复习等，教师可以在教学中灵活使用随堂点名、作业布置及批改、自测及组卷考试、成绩统计分析等平台辅助教学工具。

"重塑教学空间，回归教学本源！""财济书院"（www.idufep.com）平台不仅仅是出版社提供教学资源和服务的平台，更是出版社为作者和广大院校创设的一个自主选择和自主探究的教与学的空间，作者和广大院校师生既是这个空间的使用者和消费者，也是这个空间的创造者和建设者，在这里，出版社、作者、院校共建资源，共享回报，共创未来。

最后，感谢各位作者为支持项目建设所付出的辛劳和智慧，也欢迎广大院校在教学中积极使用富媒体智能型教材和"财济书院"平台，东北财经大学出版社愿意也必将陪伴广大职业教育工作者走向更加光明而美好的职教发展新阶段。

东北财经大学出版社

第二版前言

"山间一片叶，万家杯中茶。"中国是茶的故乡，是茶文化的发源地，茶已经深深地融入中国人的生活中。茶是寻常百姓"柴米油盐酱醋茶"开门七件事之一，也是文人墨客"琴棋书画诗酒茶"七件宝之一。中国人由饮茶逐渐衍生出茶艺、茶道、茶文化，其中融合了哲学、美学、文学、艺术等多个领域的精华，具有独特的审美价值和文化内涵，凝结了千百年来中国人的智慧和匠心。

2022年，"中国传统制茶技艺及其相关习俗"正式列入联合国教科文组织人类非物质文化遗产代表作名录，向世界展示了中国"茶人"守"茶艺"的工匠精神。《茶艺服务技能实训》是适应数字化、信息化教育教学改革需求，由具有茶艺师资格证书和丰富教学经验的教学团队编撰的一部茶艺实践教材。本教材贯彻落实党的二十大精神，传承中华优秀传统文化，立足新的编写视角，按照高级茶艺师的职业标准，根据职业院校人才培养目标，以茶艺4要素即茶、水、器、艺为逻辑主线，涵盖4个部分、14个实训模块、60个任务，从茶的历史脉络入手介绍了茶的起源、发展和传播，茶的种类、特性、功效以及制作工艺，茶叶鉴别，泡茶技巧，品茶方法等，引导学生探讨茶艺、茶道、茶文化的深厚底蕴与丰富内涵，提高审美情趣，增强文化自信，形成正确的世界观、人生观和价值观。

本教材知识体系完善，编排思路清晰，亮点突出，具有鲜明的特色。

1. 科学设计教材组织形态，强化价值引领。按照教书育人规律，教材精选案例，以情景导入，从多角度深入挖掘思政教育资源，渗透丰富的思政元素，提供思政营养供给，厚植新形态教材的职业情怀和职业文化，注重价值塑造与知识传授、能力培养相统一，实现思政教育与职业道德规范的融合，从而加强课程思政在教材中的引领作用。

2. 突出茶艺"服务技能"，助力综合素养。本教材不仅注重茶艺实践，将重点落在"怎么做"，切实有效地提升学生的茶艺技能，更是从茶之源、茶之水、茶之器、茶之艺等多角度为学生成长为茶艺师奠定基础，强调德技双修、知行合一，起到提升理实一体的专业能力和内外兼修的综合素质的重要作用。

3.配套优质在线资源，实现资源共享。结合学生成长规律，教材配套的在线开放课程，在职业教育数字教学资源共享平台"智慧职教"已经上线，学生通过扫描书中二维码可以获取微课、视频、动画、图文等丰富的教学资源，希望借此实现课堂锤炼与延伸阅读相结合、成人与成才相融合，"教、学、做"线上线下融合创新。

本教材将系统的茶艺知识、实用的茶艺技能与丰富的茶道文化有机融合，是了解茶文化、学习茶技能、提升文化品位的一本全面、实用的茶艺教材，既可以作为职业院校学生进行素质教育和专业教育培养的教材，也可以作为茶艺培训的教学用书，还可作为广大茶艺爱好者了解中国茶艺的知识性读物。

本教材为"双元"主编，由山西省财政税务专科学校张莉副教授、张雪红一级茶艺师担任主编，由刘育红、贾田天、霍振英担任副主编，具体编写分工如下：山西省财政税务专科学校刘育红编写第一部分；山西省财政税务专科学校贾田天编写第二部分；山西省财政税务专科学校张莉编写第三部分；雨禾佳文化传媒有限公司茶艺师霍振英编写第四部分。山西省财政税务专科学校谢红霞教授、高薇教授，太原旅游职业学院刘晓雯教授，山西旅游职业学院吴飚高级茶艺师，晋中职业技术学院茶道技能名师工作室负责人牛淑琴老师也参加了统稿审稿工作。在此一并诚挚感谢给予我们编写帮助的各位专家学者。

由于编者水平有限，书中难免有疏漏与不足，恳请同行专家与读者不吝赐教。

编　者
2024 年 6 月

目　录

◉ 第三部分 茶之水/115

◉ 第四部分 茶之艺/151

数字资源目录

部分	实训模块	资源名称及类型(视频Δ,动画▲)	页码
第三部分 茶之水	茶与水	3-1-1:水品选择 Δ	117
		3-1-2:名泉的认识 Δ	121
		3-1-3:烧水技能 Δ	125
	茶水沏泡	3-2-1:茶水量的选择 Δ	129
		3-2-2:沏茶水温的选择 Δ	131
		3-2-3:浸润泡时间的掌握 Δ	133
		3-2-4:续水次数的把控 Δ	137
	茶水品饮	3-3-1:观汤色 Δ	141
		3-3-2:闻茶香 Δ	144
		3-3-3:赏茶舞 Δ	148
第四部分 茶之艺	认识茶艺、茶道、茶文化	4-1-1:认识茶艺 Δ	153
		4-1-2:认识茶道 Δ	156
		4-1-3:点茶 Δ	158
		4-1-4:认识茶文化 Δ	162
	茶艺修习基础	4-2-1:左侧端盘入座 Δ	171
		4-2-2:右侧端盘入座 Δ	172
		4-2-3:行姿 Δ	174
		4-2-4:向左转 Δ	175
		4-2-5:向右转 Δ	175
		4-2-6:四叠法 Δ	179
		4-2-7:八叠法 Δ	179
		4-2-8:九叠法 Δ	179
		4-2-9:叠洁方 Δ	180
		4-2-10:温玻璃杯 Δ	180
		4-2-11:玻璃杯右弃水 Δ	181
		4-2-12:玻璃杯左弃水 Δ	182
		4-2-13:盖碗右弃水 Δ	183
		4-2-14:盖碗左弃水 Δ	184
		4-2-15:温盅 Δ	185
		4-2-16:温常用品茗杯 Δ	186
		4-2-17:温小品茗杯 Δ	188
		4-2-18:翻玻璃杯 Δ	190
		4-2-19:翻品茗杯 Δ	190
		4-2-20:瓷罐开盖 Δ	192
		4-2-21:瓷罐合盖 Δ	193
		4-2-22:茶瓢取茶、置茶 Δ	194
		4-2-23:茶匙取末茶 Δ	195
		4-2-24:茶荷取茶、置茶 Δ	195
		4-2-25:茶荷取茶 Δ	196
		4-2-26:茶匙与茶荷组合取茶 Δ	196
		4-2-27:长茶荷赏茶 Δ	198

1

第一部分　茶之源

茶，是人处在草木间，是一种人生，是人类面对自然的态度，也是面对内心的态度。这个世界上，有一种人，因茶而生，以茶为伴。他们，叫作茶人。

让我们在不完美的生命中感知完美，哪怕只有一杯茶的时间。

实训模块一　认识茶的发展史

◎　情景导入

传说，茶的起源要追溯到公元前2 700多年以前的神农氏时代。神农氏为了给人治病，经常到深山野岭去采集草药，他不仅要走很多路，而且要对采集的草药亲口尝试，体会、鉴别草药的功能。

有一天，神农氏在采药时尝到了一种有毒的草，顿时感到口干舌麻，头晕目眩，他赶紧找一棵大树背靠着坐下，闭目休息。这时，一阵风吹来，树上落下几片叶子，神农氏随后拾了两片放在嘴里咀嚼，没想到一股清香油然而生，顿时感觉舌底生津，精神振奋，刚才的不适一扫而空。他感到很奇怪，于是，再拾起几片叶子仔细观察。他发现这种树叶的叶形、叶脉、叶缘均与一般的树叶不同。神农氏采集了一些带回去细细研究，后来，把它命名为"茶"。

中国饮茶起源于神农氏的说法也因民间传说而衍生出不同的版本。有人认为茶是神农氏在野外以釜锅煮水时，刚好有几片叶子飘进锅中，煮好的水，其色微黄，喝入口中生津止渴、提神醒脑。神农氏以过去尝百草的经验，判断它是一种药，从而发现了茶，这是有关中国饮茶起源最普遍的说法。

历史上第一个提出神农氏为茶祖的人，是茶圣陆羽。他在《茶经》一书中明确指出："茶之为饮，发乎神农氏，闻于鲁周公。"而断定神农氏乃茶祖的依据是《神农本草经》和《神农食经》。前者载："神农尝百草，日遇七十二毒，得茶而解之。"后者载："茶茗久服，令人有力，悦志。"这一传说一直流传到当代。

神农氏既是饮茶之祖，理所当然就是"中华茶祖"。

◎　学茶悟道

内涵丰富，传承久远：茶文化的发展与传承价值。

茶，是中华民族的传统文化符号之一。我国的茶文化源远流长。作为一种独特的文化形式，茶文化不仅是一种饮料文化，更是一种生活方式、一种精神追求。茶——穿越时光的隧道，凝聚自然的灵气。在漫长的历史长河中，茶文化以其独特的魅力逐渐融入了人们的日常生活，茶文化的形成与发展不仅反映了中华民族的饮食文化特点，更承载了丰富的哲学思想和道德观念。茶文化尊重自然，追求和谐，强调人与自然的和谐统一，关注内在的修养身心。在品茶的过程中，人的心灵得到放松和净化，达到内心的平静和安宁，茶能涵养谦虚、谨慎、诚信、谦和、宽容等道德品质。共同品茶可以促进人与人之间的沟通与交流，加深彼此的理解和互动。

认识茶文化的发展与价值，可以培养学生的爱国情怀，激发学生的民族自豪感、文化认同感和社会责任感，引导学生形成正确的世界观、人生观和价值观，塑造学生良好的道德品质和行为习惯，增强学生的社会实践能力、创新意识和人际交往能力。

◎　**学习重点**
1.了解茶的起源
2.认识茶的发展
3.认识茶的传播
4.认识茶的价值

◎　**学习难点**
1.认识茶的传播
2.认识茶的价值

任务一　了解茶的起源

◎　**技能目标**
1.熟练说出茶的别名。
2.结合生活中的现象，阐述你对茶文化概念的理解。
3.利用多媒体手段查阅茶的药用和食用案例，以实例论证茶的药用和食用价值。

◎　**素养目标**
通过了解茶的起源，激发学生对传统文化的热爱，坚定文化自信。

知识学习

1.茶的概念

"茶"字出于《尔雅·释木》："槚，苦荼也。" 中国是茶的故乡，茶文化源远流长。据《神农本草经》记载："神农尝百草，日遇七十二毒，得荼而解之。"荼（茶的古字）就是茶。陆羽在《茶经》中记载："其名，一曰茶，二曰槚，三曰蔎，四曰茗，五曰荈。"

视频 1-1-1

了解茶的起源

2.茶文化的概念

茶文化，从广义上讲，是指人类在整个社会的发展过程中有关茶的物质财富和精神财富的总和；从狭义上讲，专指其"精神财富"部分，主要研究茶在应用过程中所产生的文化和社会现象。

3.饮茶的起源

饮茶的起源，众说不一，药用在先，还是食用为上？多数学者认可的是：人类在寻找食物的过程中发现了茶，并逐渐认识到茶叶的保健作用，特别是解毒、提神的作用，从而演变成今天的茶饮。

4.茶的利用

（1）充饥

在原始社会，人类在山野狩猎动物和寻找植物作为食物。采摘各种可食用的花、果、叶用以充饥，而茶就是其中的一种。

（2）药用

人类进入农耕社会之后，便开始寻求防病和治病的方法。"神农尝百草，日遇七十二毒，得荼而解之"，茶的作用从充饥发展到了药用。

（3）茶菜

茶叶当菜吃，有 3 000 年以上的历史。《晏子春秋》记载："婴相齐景公时，食脱粟之饭，炙三弋、五卵，茗（茶的别称）菜而已"。东汉时壶居士在《食忌》中讲："苦荼久食羽化，与韭同食，令人体重。"茶"与韭同食"，也是以茶佐菜。

◗◗◗▶ 任务训练与考核

茶的起源的训练与考核评价参考表见表 1-1-1。

表1-1-1　　　　　茶的起源的训练与考核评价参考表

序号	训练内容	考核要点	要点提示	配分	得分
1	茶的别名	茶的概念	茶、槚、蔎、茗、荈	2分	
2	开门七件事，都是哪些内容	茶的利用	柴、米、油、盐、酱、醋、茶	3分	
3	开一个茶馆，如何突出其特色	茶文化的概念	具备饮茶环境（有意境，符合茶理、茶性）	5分	

考核方式：以小组为单位，10分计分制。

任务二　认识茶的发展

◎　技能目标

1.准确叙述茶的发展历程。

2.查阅资料，详细了解斗茶、分茶、点茶的技艺。

◎　素养目标

通过了解茶的发展，引导学生学习知识既要知其然，又要知其所以然。

◗◗◗▶ 知识学习

1.发于神农时期

视频 1-1-2

认识茶的发展

汉代《神农本草经》记载："神农（如图 1-1-1 所示）尝百草，日遇七十二毒，得荼而解之。"这是历史发展过程中有关茶的最早记录。

图1-1-1　神农画像

2.闻于鲁周公

《华阳国志·巴志》中记述："周武王伐纣，实得巴蜀之师，著乎《尚书》……丹、漆、茶、蜜……皆纳贡之。"周武王伐纣成功后，周成王继位，鲁周公辅佐周成王。其间要求四川进贡七样物品，茶是其中之一，这也是茶作为贡品在历史上的最早记载。后鲁周公返回故土时，没有居功自傲向周成王要任何一样东西，这也是将鲁周公和茶联系在一起的原因，用茶的自清、自洁比喻鲁周公的清廉。这说明在3 000多年前，茶已作为贡品为世人所知。

3.兴于唐代

一碗喉吻润，二碗破孤闷。

三碗搜枯肠，唯有文字五千卷。

四碗发轻汗，平生不平事，尽向毛孔散。

五碗肌骨清，六碗通仙灵。

七碗吃不得也，唯觉两腋习习清风生。

这是唐代诗人卢仝所作的《走笔谢孟谏议寄新茶》的部分内容，描述的正是唐代饮茶的生活。

唐代，经济繁荣，皇家重视茶业，佛教崇茶，文人写茶，为盛行的饮茶活动奠定了基础，留下的茶诗有数百首。唐代的最高统治者提倡饮茶，认为茶体现了皇家的意志，有利于国家的统一、社会的安定、经济的繁荣。由此，茶的地位上升到国家政治、经济的高度。

唐代的《茶经》是世界上介绍茶的第一部专著，也是一部关于茶叶生产的历史、源流、现状、生产技术以及饮茶技艺、茶道原理的综合性论著，既是一部精辟的农学著作，又是一本阐述茶文化的经典著作。它将普通茶事升格为一种美妙的文化艺术，推动了中国茶文化的发展。

唐代，饮茶使用煮茶法。煮茶前，先把茶叶碾成粉末，烧开水后将调料放入，再将茶粉撒入锅内。饮用时，趁热将茶渣和茶汤一起喝下去，谓之"吃茶"。

4.盛于宋代

宋代是饮茶的鼎盛时期，上至皇帝，下到百姓，嗜茶成风。

宋代的点茶法较之唐代有所发展。点茶法是将研细后的茶末放在茶盏中，先冲入少许沸水点泡，把茶末调匀，然后慢慢地注入沸水，用茶筅（特别的竹丝帚）去拂，调匀茶而后饮用。现在日本的抹茶道就源于宋代点茶法。点茶所用器皿如图1-1-2所示。

图1-1-2 宋代茶具

宋代饮茶讲究茶叶本身的原汁原味，而不再向茶汤中加入香料和调味品，是清饮方式的开端。此外，泡茶技艺也有了改进，水质更为讲究，除了技艺高超的"斗茶""分茶"之外，民间的茶肆也十分盛行。

5.明清继续发展

明朝时期，饮茶方式逐渐趋于简化，采用散茶代替饼茶，改为整叶茶冲泡，为现代泡茶的开端。

由于制茶技术的改进，茶的种类日渐繁多，如黑茶、红茶、乌龙茶等。此外，还出现了工夫、小种、紫毫、白毫、兰香等名优茶品，极大地推动了茶业的发展。到了清朝，茶的种植面积和产量都有了较大提升，出现的名茶有40多种，如武夷岩茶、西湖龙井、洞庭碧螺春、黄山毛峰、新安松萝、云南普洱、闽红工夫茶、祁门红茶、六安瓜片、紫阳毛尖、安化天尖、庐山云雾、闽北水仙等。

同时，各种新的饮茶器具不断涌现，除了传统的青花、素三彩、釉里红、斗彩等瓷器外，还新创了粉彩、珐琅彩等新品种。除了陶、瓷、金属茶具外，还有竹、木、牙、角等各种材质的茶具。到了清朝，盖碗得到了广泛使用，同时，象牙制作的茶则、竹黄的茶壶桶、黄花梨茶壶桶、银胎錾珐琅茶盏、铜胎画珐琅提梁壶等使清朝茶具更加多姿多彩。

6.近现代的发展

茶叶在近现代的发展主要体现为茶叶生产和茶叶贸易方面的推进。纵观近100多年的发展历程，其大致可分为三个阶段：

第一阶段：1846年到1886年是中国茶叶生产的兴盛时期，这一时期茶园面积不断扩大，茶叶产量迅速增长，茶叶贸易快速发展。

第二阶段：1886年到1947年是中国茶叶生产的衰落时期，这一时期茶叶的生产一落千丈。除受政治和经济方面的影响之外，还有一个重要方面是受茶叶外贸的影响。当时，印度等新兴产茶国家相继崛起，产量突增，输出骤升，加上机械制茶品质优异，在国际茶叶市场上具有较强的竞争力。

第三阶段：1950年到1988年是中国茶叶生产的恢复时期，由于政府的重视，积极扶持茶叶生产，萧条的制茶业得到恢复和发展。茶园总面积扩大到1 000多万亩，我国成为世界排名第二的产茶大国，茶叶产量仅次于印度。

◗◗◗ 任务训练与考核

茶的发展的训练与考核评价参考表见表1-1-2。

表1-1-2　　　　　　　　茶的发展的训练与考核评价参考表

序号	训练内容	考核要点	要点提示	配分	得分
1	茶的发展	茶的发展历程	发于神农时期，闻于鲁周公，兴于唐代，盛于宋代，明清以后不断发展	5分	
2	宋代茶艺	斗茶，何为胜	看汤色	5分	

考核方式：以个人为单位，10分计分制。

任务三 认识茶的传播

◎ 技能目标
1. 了解茶在国内的传播历程。
2. 了解茶在国外的传播历程。
3. 查阅有关资料，详细了解贡茶。

◎ 素养目标
通过学习茶在国内外的传播过程，培养学生热爱并弘扬传统茶文化。

●●● 知识学习

一片小小的茶叶，放入人类文明发展史中去考量，价值不容忽视。世界各国的饮茶习俗，都是直接或间接从中国传播出去的。中国在茶业发展历史上对人类的贡献，主要在于最早发现和利用茶这种植物，并把它发展成为我国乃至整个世界的独特的文化瑰宝。中国茶业，最早兴盛于巴蜀，其后向东部和南部逐渐传播，遍及全国；到了唐代，又传至日本和朝鲜；16世纪后被西方引进，从此世界各国都开启了自己的饮茶史。中国茶叶的传播史，分为国内及国外两条线路。

视频 1-1-3

认识茶的传播

1. 茶在国内的传播

茶圣陆羽所著《茶经》开篇云："茶者，南方之嘉木也，一尺二尺乃至数十尺。其巴山峡川有两人合抱者，伐而掇之。其树如瓜芦，叶如栀子，花如白蔷薇，实如栟榈，蒂如丁香，根如胡桃。"中国的茶最初孕育于南方。

（1）先秦两汉时期，巴蜀是中国茶业的摇篮

常璩《华阳国志·巴志》记载"丹、漆、茶、蜜……皆纳贡之"。巴蜀产茶，至少可追溯到战国时期，其时巴蜀已形成一定规模的茶区，并以茶为贡品之一。顾炎武指出，"自秦人取蜀而后，始有茗饮之事"，认为中国的饮茶习惯是秦统一巴蜀之后才慢慢传播开来的。也就是说，中国和世界的茶文化，最初是在巴蜀发展为产业的，这一说法，现在已为绝大多数学者所认同。西汉王褒的《僮约》中有"烹茶尽具"及"武阳买茶"的记载，可见在西汉时，巴蜀之地饮茶成风，且有了专用的茶具，茶叶已经商品化，出现了"武阳"一类的茶叶市场。

西汉时，巴蜀不仅成为我国茶叶的一个消费中心，也形成了最早的茶叶集散中心。不仅在秦之前，秦汉乃至西晋，巴蜀都是我国茶叶生产和制茶技术的重要中心。

（2）在三国两晋时期，长江中游（华中地区）成为茶业中心

秦统一六国后，茶叶的加工、种植随着巴蜀与各地经济文化的交流，开始向南传播。湖南茶陵就是一个例子。茶陵是西汉时设的一个县，因其地出茶而命名为茶陵。茶陵邻近江西、广东边界，在西汉时期茶的生产已经传播到了湘、粤、赣毗邻地区。

三国时，荆楚茶业开始向全国传播。长江中游（华中地区）由于地理上的有利条件，逐渐取代了巴蜀在中国茶文化方面的地位。三国时，孙吴占据现在的苏、皖、赣、鄂、湘、桂部分和广东、福建、浙江全部陆地的东南半壁江山，这一地区在这一历史阶段成为我国茶文化传播和发展的主要区域。此时，南方栽种茶树的规模和范围有了很大的发展，而茶的饮用，也流传到了北方的名门望族。

西晋文献《荆州土地记》载："武陵七县通出茶，最好。"长江中游茶业的发展得到佐证，巴蜀独冠全国的优势不复存在。

（3）东晋南朝时期，长江下游和东南沿海茶业的发展较快

西晋士族南渡之后，建康（南京）成为我国南方的政治中心。这一时期，由于上层社会崇茶之风盛行，南方尤其是江东的饮茶和茶文化有了较大的发展，进一步促进了我国制茶业向东南挺进。这一时期，我国茶叶的种植由浙西扩展到了现今温州、宁波沿海一带。不仅如此，正如《桐君录》所载，"西阳、武昌、晋陵皆出好茗"。这表明东晋和南朝时，长江下游宜兴一带的茶业也发展起来了。三国两晋之后，茶业重心东移的趋势更加明显。

（4）唐代，长江中下游地区成为中国茶叶生产和技术中心

六朝以前，茶在南方的生产和饮用有了一定的发展，但北方饮者还不多。及至唐朝中期后，《膳夫经手录》记载"今关西、山东、闾阎村落皆吃之，累日不食犹得，不得一日无茶"，中原和西北的少数民族聚集地区都嗜茶成习，南方茶业的生产蓬勃发展起来。尤其是与北方交通便利的江南、淮南茶区，茶业更是空前繁荣。

唐代中叶后，长江中下游茶区的茶产量、制茶技术大幅度提高。当时顾渚紫笋和宜兴阳羡茶成了贡茶。茶叶生产和制茶技术的中心，正式转移到了长江中下游。

在唐代时，江南一带，安徽祁门周围，赣东北、浙西和皖南一带的制茶业得到了大力发展。江南贡茶大大促进了江南制茶技术的提高，也带动了全国各茶区茶叶的生产和发展。这一时期茶叶产区已遍及四川、陕西、湖北、云南、广西、贵州、湖南、广东、福建、江西、浙江、江苏、安徽、河南14个省区，几乎与我国近代茶区相当。

（5）宋代，茶业重心由东向南移

从五代和宋朝初年起，中国南方的茶业较北方更加迅速地发展起来，逐渐取代了长江中下游茶区，成为制茶业的重心。其主要表现为贡茶从顾渚紫笋改为福建建安茶，闽南和岭南一带的茶业得到空前发展。

宋朝茶业重心南移的主要原因是气候的变化，江南早春因气温降低，茶树发芽推迟，不能保证茶叶在清明前上贡京都。福建气候较暖，如欧阳修所说"建安三千里，京师三月尝新茶"。作为贡茶，建安茶的采制必然精益求精，名声也越来越大，成为中国团茶、饼茶制作的主要技术中心，带动了闽南和岭南茶区的崛起和发展。宋代，茶已传播到全国各地。宋朝的茶区基本上与现代茶区相当。

明清以后，茶的发展演变主要表现在茶叶的制法、不同茶类的饮用流行等方面。

2.茶在国外的传播

我国茶叶生产及人们饮茶风尚的兴起，对其他国家也产生了很大的影响。朝廷在沿海的港口专门设立"市舶司"管理海上贸易，其中就包括茶叶贸易，准许外商购买茶叶，运回本国。唐顺宗永贞元年（公元805年），日本最澄禅师来我国研究佛学，回日本时将中

国的茶籽种在近江（滋贺县）。公元815年，日本嵯峨天皇到滋贺县梵释寺，寺僧便献上清香的茶水，天皇饮后非常高兴，遂大力推广茶饮，从此茶树在日本被大面积栽培。宋代，日本荣西禅师来我国学习佛经。他晚年著的《吃茶养生记》一书被称为日本第一部茶书，书中称茶是"圣药""万灵长寿剂"，推动了日本民间饮茶风尚。

宋、元时期，我国对外贸易的港口增加到八九处，陶瓷和茶叶成为我国的主要出口商品。明代，政府采取积极的对外政策，曾七次派遣郑和下西洋。他游遍东南亚、阿拉伯半岛，直达非洲东海岸，增强了与这些地区的经济联系与贸易往来，使茶叶输出量大幅增加。

明神宗万历三十五年（1607年），荷兰海船来我国澳门贩茶转运欧洲，这是我国茶叶直接销往欧洲的最早记录。此后，茶成为荷兰人最时髦的饮料。由于荷兰人的宣传与影响，饮茶之风迅速风靡英、法等国。1631年，英国一个名叫威特的船长专程率领船队东行，首次从中国直接运走大量茶叶。清朝之后，饮茶之风逐渐传遍欧洲一些国家。茶叶运到欧洲价格昂贵，荷兰人和英国人都将其视为"贡品"和奢侈品。

后来，随着茶叶输出量的不断增加，茶叶价格逐渐下降，成为民间的日常饮料，英国人成了世界上茶饮用量最大的国家。印度是红碎茶生产和出口最多的国家，其茶种源于中国。印度虽也有野生茶树，但是印度人不知种茶和饮茶，到了1780年，英国人和荷兰人才开始从中国购买茶籽在印度种植。现今最有名的红碎茶产地阿萨姆，就是1835年由中国引进茶种后开始种植的。中国专家曾前往指导种茶、制茶方法，其中包括小种红茶的生产技术。后发明了切茶机，红碎茶才开始出现，成了全球性的大宗饮料。

到了19世纪，我国茶叶的传播几乎遍及全球。1886年，茶叶出口量达268万担。西方各国的"种茶"一词，大多源于当时海上贸易港口泉州、厦门及广东方言中"茶"的读音。可以说，中国给了世界茶的名字、茶的知识、茶的栽培加工技术，世界各国的茶叶文化，都与我国有千丝万缕的联系。

我国是茶叶的故乡，勤劳智慧的中国人民给世界创造了茶这一鲜美的饮品，值得我们引以为豪。

●●● 任务训练与考核

茶的传播的训练与考核评价参考表见表1-1-3。

表1-1-3 茶的传播的训练与考核评价参考表

序号	训练内容	考核要点	要点提示	配分	得分
1	茶在国内的传播路径	不同历史时期茶在中国的传播	巴蜀-长江中游-长江下游-福建	5分	
2	茶在国外的传播过程	茶在亚洲、欧洲、非洲的传播	亚洲——最澄、荣西；欧洲——贸易政策；郑和下西洋	5分	

考核方式：以个人为单位，10分计分制。

任务四　认识茶的价值

◎ **技能目标**

1.简单认识茶叶的基本成分。

2.了解茶叶的营养价值以及药用价值。

◎ **素养目标**

通过学习了解茶的价值，培养学生理实一体的认知观念，理论用于实践才有价值，实践是理论的基础和源泉。

● ● ● **知识学习**

视频 1-1-4

认识茶的价值

茶叶含有丰富的营养成分和药效成分，被称为健康饮品。据科学家研究和鉴定，茶叶中含有 300 多种对人体有益的化学成分。其中，蛋白质、氨基酸、脂肪、碳水化合物及各种维生素和矿物质等，基本上都是人体所必需的成分。另外，茶叶中还含有具备多种功能的药效成分，如茶多酚、咖啡碱、维生素等，如图 1-1-3 所示。

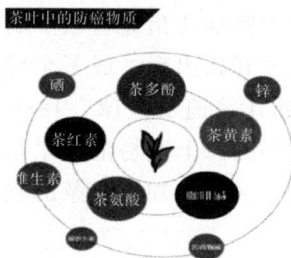

图 1-1-3　茶的内含物

1.茶叶的营养价值

茶对人体具有营养作用和生理调节作用。通过近代生物、化学的研究，人们进一步了解到茶叶对人体生理的效用，是由于茶叶中含有多种营养和药效成分。经分离鉴定，茶叶中含有机化合物 450 种以上，无机矿物质营养元素也有几十种，这些成分绝大部分都有益于身体健康。茶叶中主要营养成分的营养价值包括：

（1）维生素

维生素是茶叶中的重要营养成分，其种类有维生素 A、硫胺素（维生素 B1）、核黄素（维生素 B2）、尼克酸（维生素 B3）、叶酸（维生素 B11）、泛酸（维生素 B5）、维生素 B12、L-抗坏血酸（维生素 C）、维生素 D、维生素 E、维生素 K、维生素 U、生物素、肌醇等。维生素 A 可维持上皮组织的正常机能，防止角化，具有预防夜盲症、白内障和抗癌的作用。B 族维生素可维持神经系统、消化系统和心脏的正常功能，参与人体的氧化还原反应，维持视网膜的正常功能，加强人体的脂肪代谢，参与磷酸盐代谢过程，对预防肝硬化、动脉硬化、脂肪肝、胆固醇过高有一定的效果。维生素 C 是一种抗氧化剂，在人体内参与糖的代谢及氧化还原过程，能增强机体对传染病的抵抗力，可提高机体对工业、化学毒物的抵抗力，具有解毒、抗癌、抗辐射及有效促进伤口愈合的功能。维生素E具有防衰老、抗肿瘤、抑制动脉粥样硬化、平衡脂质代谢的功能。维生素K具有降血压、强化血管的功效。维生素U有预防消化道溃疡的功效。茶叶中的维生素很丰富，所以自古以来人们都把茶作为一种养生饮料。

（2）矿物质元素

茶叶中含有几十种矿物质元素，含量较多的是钾（K）。人体细胞不能缺钾，夏天出汗过多，易引起缺钾，饮茶是补充钾的有效方法。其次是磷（P）、钠（Na）、硫（S）、钙（Ca）、镁（Mg）、锰（Mn）、铅（Pb），微量元素有铁（Fe）、铜（Cu）、锌（Zn）、钼（Mo）、镍（Ni）、硼（B）、硒（Se）、氟（F）等，这些元素大部分是人体所必需的。矿物质元素对人体内某些激素的合成，能量转换，人类的生殖、生长、发育，大脑的思维与记忆，生物氧化，酶的激活，信息的传导等都起着重要作用。如氟对牙齿的保健有益，对低氟地区来说，饮茶可作为补充氟的重要方式。铁是血液中交换和输送氧气所必需的一种元素。铜是人体氧化还原体系中的催化剂，同时还和骨骼形成、脑功能有关，并能调节心搏。缺锌会引起人体生长停滞、贫血、糖尿病和慢性胃炎，还会影响脑、心、胰、甲状腺的正常发育和引起智力低下。锌还有防衰老的功效。硒对预防心脑血管疾病和癌症有一定帮助。

（3）生物碱

茶叶里所含的生物碱主要是咖啡碱、茶叶碱、可可碱、腺嘌呤等，其中咖啡碱含量较多。咖啡碱能使中枢神经系统兴奋，帮助人们振奋精神、增进思维、消除疲劳、提高工作效率；能消解烟碱、吗啡等药物的麻醉与毒害；还有利尿、消浮肿、解酒精毒害、强心解痉、平喘、扩张血管壁的作用。古人称茶有"益意思""少眠""醒酒""清心""悦志"等功能，均来自咖啡碱的兴奋作用。

（4）茶多酚

茶多酚是茶叶中酚类物质的总称，又称为单宁。茶多酚对许多病原菌（如痢疾杆菌、大肠杆菌、链球菌、肺炎杆菌）有抑制作用。茶多酚和蛋白质结合起来可缓解肠胃紧张，消炎止泻。茶多酚对重金属盐及生物碱中毒具有抗解作用。中国古代医学认为茶能够"治热毒、赤白痢""破热气，除瘴气，利大小肠"，均源自茶多酚的作用。茶多酚能保持微血管的正常抵抗力，节制微血管的渗透性，增强微血管的弹性，因此，对预防糖尿病、高血压均有理想的效果。茶多酚中的儿茶素类化合物还能防止血液和肝脏中的胆固醇以及中性脂肪的贮积，对动脉硬化和肝脏硬化有预防作用。同时，儿茶素类化合物对人体机能有调节的功能，还被认为对对抗放射性物质有一定的效果，利于造血功能的恢复，能明显提高白细胞的总数，增强身体的抵抗力，具有抗癌及抗突变的作用；可活血化瘀，促进血液中纤维蛋白原的溶解，防止血栓形成，并有减肥健美的功效。古代中医认为茶可以"治头痛""舒郁解闷""消肥""去腻""去人脂""轻身""令人瘦"，均源自儿茶素的作用。

（5）氨基酸

已发现的茶叶中的氨基酸有28种之多，大部分是人体所必需的。其中，茶氨酸为茶特有的氨基酸，是辨别茶叶真伪的化学指标。氨基酸有较强的水溶性，使得茶汤具有鲜甜的味道。氨基酸可参与机体的氧化还原反应和物质的甲基转运过程，调解脂肪代谢，防止动物实验性营养缺乏所导致的肝坏死，降低血氨，治疗放射性损伤。

（6）碳水化合物

茶中的碳水化合物含量很高，其中的单糖、双糖是茶汤中甜味的主要呈味物质。多糖类化合物中的复合多糖具有降低人体中血糖和预防糖尿病的功效。茶叶中的脂多糖有改善造血功能、保护血相的作用，同时具有抗辐射的效果，在我国常作为癌症患者辐射治疗后升高其白细胞的辅助手段。脂多糖可增强机体的非特异性免疫能力，对提高机体的抵抗力作用很大。

（7）芳香物质

茶叶中的芳香物质含量很少，但是种类却达500多种。正是这些芳香物质使茶产生了怡人的香气。一杯茶水，清馨甘甜，使人心旷神怡。饮茶习惯千古流传，除了茶的药用价值和保健功效外，和它的芳香也是分不开的。

茶叶所含成分非常多，正是这些物质单独或综合的作用构成了茶叶的色、香、味，以及对人体健康的营养作用和对多种疾病的预防和治疗效果。

2.茶叶的药用价值

茶叶除具有上述营养作用之外，其中还有很多防病治病、有益于人体健康的药效成分。茶叶对人体的生理、药理功效是多种多样的，归纳起来主要有如下八大药用价值：

（1）兴奋作用

茶叶中的咖啡碱能使中枢神经系统兴奋，帮助人们振奋精神、增进思维、消除疲劳、提高工作效率。

（2）利尿作用

茶叶中的咖啡碱和茶碱具有利尿作用，可用于治疗水肿；利用红茶糖水的解毒、利尿作用，能治疗急性黄疸型肝炎。

（3）强心解痉作用

茶叶中的咖啡碱具有强心解痉、松弛平滑肌的功效，能缓解支气管痉挛，促进血液循环，是治疗支气管哮喘、心肌梗死、止咳化痰的良好辅助物。

（4）抑制动脉硬化作用

茶叶中的茶多酚和维生素C都有活血化瘀、防止动脉硬化的作用，所以经常饮茶的人高血压和冠心病的发病率较低。

（5）抗菌、抑菌作用

茶叶中的茶多酚和鞣酸作用于细菌，能凝固细菌中的蛋白质，将细菌杀死，可用于治疗肠道疾病，如霍乱、伤寒、痢疾、肠炎等。皮肤生疮、溃烂流脓、外伤破了皮，用浓茶冲洗患处，有消炎杀菌的作用；口腔发炎、溃烂、咽喉肿痛，用茶叶来治疗，也有一定的效果。

（6）减肥作用

茶叶中的咖啡碱、肌醇、叶酸、泛酸和芳香类物质等多种化合物，能调节脂肪代谢，特别是乌龙茶，对蛋白质和脂肪有很好的分解作用。茶多酚和维生素C能降低胆固醇和血脂，所以饮茶能减肥。

（7）防龋齿作用

茶叶中含有氟，氟离子与牙齿的钙质有很强的亲和力，能变成一种较难溶于酸的氟磷灰石，就像给牙齿加上一个保护层，提高了牙齿防酸抗龋的能力。

（8）抑制癌细胞作用

据报道，茶叶中的黄酮类物质有不同程度的体外抗癌作用，作用较强的有牡荆碱、桑色素和儿茶素。

任务训练与考核

茶的价值的训练与考核评价参考表见表1-1-4。

表1-1-4 茶的价值的训练与考核评价参考表

序号	训练内容	考核要点	要点提示	配分	得分
1	茶的内含物以及各自的营养价值	茶的价值	维生素、氨基酸、矿物质、碳水化合物等	5分	
2	茶的药用价值	茶的价值	兴奋作用；利尿作用；强心解痉作用；抗菌、抑菌作用；减肥作用；防龋齿作用；抑制癌细胞作用	5分	

考核方式：以小组为单位，10分计分制。

实训模块二　认识茶的分类

◎ **情景导入**

　　传说乾隆皇帝下江南时，来到杭州西湖龙井狮峰山下体察民情。这天，乾隆皇帝看见几个乡女正在10多棵绿茵茵的茶蓬前采茶，心中一乐，也学着采了起来。刚采了一把，忽然太监来报："太后有病，请皇上急速回京。"乾隆皇帝听说太后有病，随手将一把茶叶向袋内一放，日夜兼程赶回京城。其实太后只是山珍海味吃多了，一时肝火上升，双眼红肿，胃里不适，并没有大病。此时见皇儿来到，只觉一股清香传来，便问带来了什么好东西。皇帝也觉得奇怪，哪来的清香呢？他随手一摸，原来是杭州狮峰山的一把茶叶，几天过后已经干了，浓郁的香气就是它散发出来的。太后便想尝尝茶叶的味道，宫女将茶泡好，送到太后面前，果然清香扑鼻。太后喝了一口，顿时舒服多了，喝完了茶，双眼红肿消了，胃不胀了。太后高兴地说："杭州龙井的茶叶，真乃灵丹妙药。"乾隆皇帝见太后这么高兴，立即传令下去，将杭州龙井狮峰山下胡公庙前那十八棵茶树封为御茶，每年采摘新茶后专门进贡太后。

◎ **学茶悟道**

　　敬畏自然，心怀感恩：茶是大自然给予人类的丰厚馈赠。

　　茶的种类丰富多样，主要可以分为绿茶、红茶、青茶、白茶、黄茶和黑茶6大类。每种茶都有其独特的制作工艺、口感色泽和香气滋味，也蕴含了独特的品质和文化内涵。茶生于高山，邂逅甘泉，浸润肝脾，涵养心田。茶源于大自然，长在山水间，沐浴阳光雨露，汲取大地养分，经历四季更迭，见证光阴流转。从泡好一盏茶到饮完茶，在每一片茶叶的沉浮俯仰之间，都可以感受到大自然的呼吸和生命的律动。每一种茶都是大自然赐予人类的珍贵礼物，都是一种融合了自然之美与人文之韵的奇妙存在。绿茶清香透亮，寓意清雅高洁、淡泊平和；红茶醇厚甘甜，象征成熟稳重、包容大度；白茶绵柔清淡，喻示纯洁淡雅、沉静平和。

　　通过学习和品味不同种类的茶，引导学生尊重自然、顺应自然，领悟人与自然的和谐共生，对大自然心存敬畏，心怀感恩。在品茶的过程中，感受大自然的魅力，把握生活的真谛，滋养心性，涵养品格，使中国茶文化的精神精髓内化于心。

◎ **学习重点**

　　1.了解茶叶的分类标准

　　2.认识各种代表性名茶

◎ **学习难点**

　　1.茶叶的内质

　　2.茶叶的分类标准

任务一 认识茶叶

◎ **技能目标**
1.了解茶树的生长环境。
2.熟悉茶叶的内含物。
3.掌握茶叶按发酵程度不同的分类。

◎ **素养目标**
通过对茶发源地的文化的了解，激发学生热爱家乡、热爱祖国之情。

● ● ● **知识学习**

茶在中华大地已经有几千年的历史了，家家有茶、人人饮茶，茶不仅是待客饮品，也是生活必需品，正所谓"柴米油盐酱醋茶"。日常生活中所指的茶，是从茶树上采摘的叶子，经过加工制出的可以用开水冲泡饮用的饮品，所以茶叶就是树叶。相比其他树叶，茶叶具有很好的保健功效，随着人们健康观念的发展，茶叶成了健康、绿色的代名词；同时，其他具有类似功效的饮品也被冠以"茶"的名号，尽管它们并不是茶树的叶子，如竹叶茶、花茶、参茶。

视频 1-2-1
认识茶叶

茶与咖啡、可可并称世界三大饮料。据统计，全世界红茶产量最高，品种最多；在我国，绿茶产量和种类是最多的。绿茶在我国已有上千年的历史，红茶的发展相对较晚。据不完全统计，我国茶树有近400种，从生物学上一共分为14个属，而茶叶的品种可能远远超过这个数字。比如，"云南大叶种"由于生产工艺不同，就可以制出"滇红"和"普洱"两个不同品种。据不完全统计，我国的茶叶品类总数超过500种。

1.茶树的生长环境

茶树原生长于湿润多雨的原始森林中，在长期的生长、发育、进化过程中，形成了喜温怕寒、喜光怕晒、喜酸怕碱、喜湿怕涝的习性。

（1）地势

地势条件主要包括海拔、坡地、坡向等指标。随着海拔的升高，温度和湿度都有明显的改变，在一定高度的山区，雨量充沛，云雾多，空气湿度大，漫射光强，对茶树生长有利；但地势也不是越高越好，在1 000米以上，会有冻害。茶树种植一般选择偏南坡，斜度不宜太大，一般要求30度以下。

（2）土壤

适宜茶树生长的土壤环境一般是土层厚1米以上、不含石灰石、排水良好的砂质土壤，有机质含量为1%～2%，通气性、透水性或蓄水性能好，酸碱度pH值为4.5～6.5。

（3）降雨量

降水均匀，且年降雨量在1 500毫米以上的环境适合茶树生长，缺乏和过多都会对茶树生长产生不利影响。

（4）光照

光照是茶树生长的首要条件，不能太强，也不能太弱；茶树对紫外线有特殊嗜好，因此高山出好茶。

（5）温度

茶树属耐阴性的多年生植物，要求年平均气温、生长期间月平均气温均在15℃以上。3月上旬日平均气温10℃时，茶芽萌动生长、鱼叶迅速展开；气温稳定在10℃以上时，茶芽、叶片生长加快，并抽出新梢；15℃~20℃时生长较快；20℃~30℃时生长最旺盛，但易老化，因而有"茶到立夏一夜粗"的说法；最高温度在35℃以上时，生长停止；秋冬季气温下降到10℃以下时停止生长，进入休眠期；茶树生存的最低温度因品种差异而不同，通常为-12℃~-8℃。

2.茶叶的内含物

茶的鲜叶是由许多化学成分组成的极其复杂的有机体，其包含了75%以上的水和近25%的干物质，干物质含有机化合物和无机化合物两大类。

（1）化学成分

茶叶中含有700多种化学成分，它们形成了茶叶特有的色、香、味，而且对人体有营养、保健作用。茶叶中主要的功效成分有茶多酚、茶色素、咖啡碱、茶氨酸、茶多糖、有机酸、维生素、芳香物质、水溶性膳食纤维以及矿物质元素。茶树鲜叶中：水分占75%~78%；干物质占22%~25%。茶叶中主要的有机物为蛋白质，占20%~30%。茶叶中的主要无机物有氟、硒、锌、铁、锰、镁、铝。其他：糖类占20%~25%；茶多酚占18%~36%；脂类约8%；生物碱占3%~5%（以咖啡碱为主）；有机酸约占3%；氨基酸占1%~4%（以茶氨酸为主）；色素约占1%；维生素占0.6%~1.0%；芳香物质占0.005%~0.03%。

（2）营养成分

茶叶中的化合物有500种左右。这些化合物有些是人体所必需的，被称为营养成分，如维生素类、蛋白质、氨基酸类、脂类、糖类及矿物质元素等，它们对人体有较高的营养价值。茶叶中维生素种类多，尤以维生素C、维生素D、维生素E等为主，具有保护视力、抗氧化、抗衰老、增强抵抗力等作用。蛋白质是组成人体一切细胞、组织的重要成分，较难溶于水，可以在茶中加入少量的奶、酥油等，使茶叶中的蛋白质在茶多酚的作用下，提升水溶质量和效率，促进人体的正常吸收。氨基酸类的主要成分是茶氨酸、谷氨酸等，作用是降低血脂，调节代谢。脂类物质的主要成分是糖脂、磷脂等，能调节人体细胞的渗透压。糖类中有淀粉、纤维素、木质素等成分，可补充人体能量。矿物质主要包括磷酸盐、铅、锰等金属元素，不溶于茶汤；还包括氟、硫、钠、锌、铜等微量元素，可以溶于沸水中，有防蛀牙、防过敏、防嗅觉异常等功效。

3.茶叶的分类

茶叶的分类标准很多，可以按原料采摘季节分为春茶、夏茶、秋茶和冬茶；按茶叶成品的聚合形状分为散茶、砖茶、末茶等；按干茶的具体形状分为扁形茶、圆形茶、针形茶、朵形茶、卷曲形茶等；按茶树生长的环境分为高山茶、平地茶等；按茶叶加工程度分为初加工茶、精加工茶、再加工茶和深加工茶。

通常所说的六大茶类，是根据加工工艺的发酵程度对茶叶所做的分类：绿茶（不发酵茶）、黄茶（微发酵茶）、白茶（轻度发酵茶）、青茶（半发酵茶）、红茶（全发酵茶）、黑茶（后发酵茶）。

任务训练与考核

认识茶叶的训练与考核评价参考表见表1-2-1。

表1-2-1　　　　　　　　　　认识茶叶的训练与考核评价参考表

序号	训练内容	考核要点	要点提示	配分	得分
1	茶叶"四喜四怕"，具体是指什么	茶的生长环境	喜温怕寒、喜光怕晒、喜酸怕碱、喜湿怕涝	4分	
2	请指出茶叶中的化学成分及其含量	茶叶内含物	水分、有机物、无机物、其他	4分	
3	请简述茶叶不同的分类标准	茶叶的分类	按采摘季节、形状、生长环境、加工程度、发酵程度进行分类	2分	

考核方式：以小组为单位，10分计分制。

延展学习

探讨春、夏、秋、冬不同季节茶叶成品的聚合形状。

任务二　认识绿茶

◎ **技能目标**

1.了解制作绿茶的主要工序。

2.了解绿茶的主要品种及品质特点。

3.熟悉绿茶的价值功效。

◎ **素养目标**

通过对绿茶茶样雨花茶的品鉴，引导学生学习革命烈士坚贞不屈的斗争精神，使学生在工作、学习中用革命的精神激励自己奋发图强、一往无前。

知识学习

1.绿茶概述

绿茶，又称不发酵茶。它保留了鲜叶的天然物质，含有的茶多酚、儿茶素、叶绿素、咖啡碱、氨基酸、维生素等营养成分较多。绿茶中的这些天然营养成分有防衰老、防癌、抗癌、杀菌、消炎等功效，是其他茶类所不及的。绿茶是以茶树新梢为原料，经杀青、揉捻、干燥等典型工艺过程制成的茶叶。其干茶色泽和冲泡后的茶汤、叶底以绿色为主调，故名绿茶。绿茶是将采摘

视频1-2-2

认识绿茶

来的鲜叶先经高温杀青，破坏各种氧化酶活性，保持茶叶绿色，然后经揉捻、干燥而制成，清汤绿叶是绿茶的特点。

中国绿茶的产地范围极广，河南、贵州、江西、安徽、浙江、江苏、四川、陕西（陕南）、湖南、湖北、广西、福建是我国的绿茶主要产地。

2.制作工序

绿茶的加工，简单分为杀青、揉捻和干燥3个步骤，其中关键在于杀青。鲜叶通过杀青，酶的活性钝化，内含的各种化学成分基本上是在没有酶影响的条件下，由热力作用进行物理、化学变化的，从而形成了绿茶的品质特征。

（1）杀青

杀青对绿茶品质起着决定性作用。通过高温，破坏鲜叶中酶的特性，抑制多酚类物质氧化，以防止叶子红变；同时，蒸发叶内的部分水分，使叶子变软，为揉捻造型创造条件。随着水分的蒸发，鲜叶中具有青草气的低沸点芳香物质挥发消失，使茶叶香气得到改善。

除特种茶外，杀青均在杀青机中进行。影响杀青质量的因素有杀青温度、投叶量、杀青机种类、时间、杀青方式等。这些因素是一个整体，互相制约。杀青的方式有炒青、烘青、晒青、蒸青等。

炒青杀青是指由于在干燥过程中受到机械或手工操力的作用不同，成茶形成了长条形、圆珠形、扁平形、针形、螺形等不同的形状，故又分为长炒青、圆炒青、扁炒青等。长炒青，精制后称眉茶，成品的花色有珍眉、贡熙、雨茶、针眉、秀眉等，各具不同的品质特征。如珍眉，条索细紧挺直，其形如仕女之秀眉，色泽绿润"起霜"，香气高鲜，滋味浓爽，汤色、叶底绿黄明亮；长炒青中的圆形茶精制后称贡熙，外形颗粒近似珠茶，圆结匀整，不含碎茶，色泽绿匀，香气醇正，滋味尚浓，汤色黄绿，叶底尚嫩匀；雨茶，是由珠茶中分离出来的长形茶，大部分从眉茶中获取，外形条索细短、尚紧，色泽绿匀，香气醇正，滋味尚浓，汤色黄绿，叶底尚嫩匀。圆炒青，外形圆紧，因产地和采制方法不同，又分为平炒青、泉岗辉白和涌溪火青等。平炒青，产于浙江嵊县、新昌、上虞等地。因历史上毛茶集中在绍兴平水镇精制和集散，成品茶外形细圆紧结似珍珠，故称平水珠茶或称平绿，毛茶则称平炒青。扁炒青，因产地和制法不同，主要分为龙井、旗枪、大方3种。

烘青杀青是用烘笼进行烘干的。烘青毛茶经再加工精制后，大部分作为熏制花茶的茶坯，香气一般不及炒青高，少数烘青名茶品质特优；按其外形亦可分为条形茶、尖形茶、片形茶、针形茶等。条形烘青，全国主要产茶区都有生产；尖形、片形烘青主要产于安徽、浙江等地区。特种烘青主要有马边云雾茶、黄山毛峰、太平猴魁、汀溪兰香、六安瓜片、敬亭绿雪、天山绿茶、顾渚紫笋、江山绿牡丹、眉毛峰、金水翠峰、峡州碧峰、南糯白毫等。如黄山毛峰产于安徽歙县黄山，外形细嫩稍卷曲，芽肥壮、匀整，有锋毫，形似"雀舌"，色泽金黄油润，俗称象牙色，香气清鲜高长，汤色杏黄、清澈、明亮，滋味醇厚，鲜爽回甘，叶底芽叶成朵、厚实鲜艳。

晒青杀青是用日光进行晒干的。晒青绿茶主要分布在湖南、湖北、广东、广西、四川、云南、贵州等省也有少量生产。晒青绿茶以云南大叶种的品质最好，称为滇青；其他如川青、黔青、桂青、鄂青等品质各有千秋，但都不及滇青。

蒸汽杀青是我国古代的杀青方法，唐朝时传至日本，相沿至今；我国则自明代起改为锅炒杀青。蒸汽杀青是利用蒸汽来破坏鲜叶中酶的活性，形成干茶色泽深绿、茶汤浅绿和茶底青绿"三绿"的品质特征，但香气较闷，带青气，涩味也较重，不及锅炒杀青绿茶那样鲜爽。由于对外贸易的需要，20世纪80年代中期以来，我国也生产少量蒸青绿茶。其主要品种有恩施玉露（产于湖北恩施）和煎茶（产于浙江、福建和安徽）。

（2）揉捻

揉捻，是绿茶塑造外形的一道工序。其通过外力作用，使叶片揉破变轻，卷转成条，体积缩小，且便于冲泡。同时，部分茶汁挤溢附着在叶的表面，对提高茶的滋味浓度也有重要作用。绿茶的揉捻有冷揉与热揉之分。所谓冷揉，即杀青叶经过摊凉后揉捻；热揉则是杀青叶不经摊凉而趁热进行的揉捻。嫩叶宜冷揉，以保持黄绿明亮之汤色与嫩绿的叶底；老叶宜热揉，以利于条索紧结，减少碎末。

（3）干燥

干燥是为了蒸发水分，并整理外形，充分发挥茶香。干燥的方法有烘干、炒干和晒干3种。绿茶一般先经过烘干，然后进行炒干。因揉捻后的茶叶含水量仍很高，如果直接炒干，很快会在炒干机的锅内结成团块，茶汁易黏结在锅壁上。因此，茶叶应先进行烘干，使其含水量降低至符合炒干的要求。

3.品质特性

绿茶是不发酵茶，这一特性决定了它较多地保留了鲜叶内的天然物质。其中，茶多酚、咖啡碱保留了85%以上，叶绿素保留了50%左右，维生素损失也较少，从而形成了绿茶"清汤绿叶、滋味收敛性强"的特点。绿茶对防衰老、防癌、抗癌、杀菌、消炎等均有特殊效果，为发酵类茶所不及。中国绿茶不但香高味远，品质优异，且造型独特，具有较高的艺术和欣赏价值。

4.有代表性的绿茶

（1）碧螺春

洞庭碧螺春（如图1-2-1所示）产于江苏吴中太湖洞庭山。碧螺春创制于明朝，乾隆下江南时已声名赫赫了。其条索纤细，卷曲成螺，满身披毫，银白翠隐，香气浓郁，滋味鲜醇、甘厚，汤色碧绿清澈，叶底嫩绿明亮，有一嫩（芽叶嫩）三鲜（色、香、味鲜）之称，是我国名茶中的珍品，以"形美、色艳、香浓、味醇"而闻名中外。

（2）西湖龙井

西湖龙井（如图1-2-2所示）属于炒青绿茶，产于杭州西子湖畔，历史上有狮、龙、云、虎、梅5个字号，其中以狮峰龙井最佳。龙井茶以"色翠、香郁、味甘、形美"四绝著称于世，素有"国茶"之称。成品茶形似碗钉，光扁平直，色翠略黄，呈"糙米色"，滋味甘鲜醇和，香气优雅高清，汤色碧绿清莹，叶底细嫩成朵。

（3）黄山毛峰

黄山毛峰（如图1-2-3所示）属烘青绿茶，产于安徽黄山。黄山产茶的历史可追溯至宋朝嘉祐年间，至明朝隆庆年间，黄山茶已经很有名气了。黄山毛峰始创于清代光绪年间。特级黄山毛峰形似雀舌，匀齐壮实，峰毫显露，色如象牙，鱼叶金黄，香气清香高长，汤色清澈明亮，滋味鲜醇有回甘，叶底嫩黄成朵。"黄金片"和"象牙色"是黄山毛峰的两大特征。

图1-2-1 碧螺春

图1-2-2 西湖龙井

（4）信阳毛尖

信阳毛尖（如图1-2-4所示）产于河南信阳市西部海拔600米左右的车云山一带。其种植于西周，兴盛于唐朝，成熟于北宋，闻名于清末。其条索细紧圆直，色泽翠绿，白毫显露；汤色清绿明亮，香气浓郁，滋味鲜醇；叶底芽壮，嫩绿匀整。信阳毛尖素以"色翠、味鲜、香高"著称。信阳毛尖的茶汤属浅绿型，汤色、叶底均嫩绿明亮；茶叶香气属清香型，并不同程度地表现出毫香、鲜嫩香、板栗香；内含有机物丰富，滋味浓醇鲜爽，香气高长而耐泡，叶底朵形，芽叶完整、匀称。

图1-2-3 黄山毛峰

图1-2-4 信阳毛尖

（5）南京雨花茶

雨花茶（如图1-2-5所示）是南京特产，因产于南京中华门外的雨花台而得名。雨花茶色、香、味、形俱佳，冲泡后，茶色碧绿而清澈，香气清雅，滋味醇厚，回味甘甜，有止渴清神、消食利尿、治喘、祛痰、除烦去腻等功效。雨花茶形似松针，细紧圆直。雨花茶冲上开水后，水面顿显白毫，茶入水即沉，色、香、味俱佳。

5.价值功效

绿茶被国人誉为"国饮"。现代科学研究证实，绿茶确实含有与人体健康密切相关的成分，它不仅具有提神清心、清热解暑、消食化痰、去腻减肥、清心除烦、解毒醒酒、生津止渴、降火明目、止痢除湿等药理作用，对现代疾病，如辐射病、心脑血管疾病、癌症等，也有一定的药理功效。绿茶具有药理功效的主要成分是茶多酚、咖啡碱、脂多糖、茶

图1-2-5　南京雨花茶

氨酸等。绿茶的价值功效有：

（1）抑疾病

茶多酚对人体脂肪代谢有着重要调节作用，有助于抑制心脑血管疾病。人体的胆固醇、三酸甘油酯等含量高，血管内壁脂肪沉积，血管平滑肌细胞增生后会引发动脉粥样硬化斑块等心血管疾病。茶多酚中的儿茶素ECG和EGC及其氧化产物茶黄素等有助于使这种斑状增生受到抑制，使血凝黏度增强的纤维蛋白原降低，凝血变清，从而抑制动脉粥样硬化。

（2）抗癌

茶多酚可以阻断亚硝酸铵等多种致癌物质在体内合成，并具有直接杀伤癌细胞和提高机体免疫力的功效。有关资料显示，茶叶中的茶多酚对胃癌、肠癌等多种癌症的预防和辅助治疗均有裨益。

（3）抗病毒菌

茶多酚有较强的收敛作用，对病原菌、病毒有明显的抑制和杀灭作用，对消炎止泻有明显效果。我国有不少医疗机构都应用茶叶制剂治疗急性和慢性痢疾、阿米巴痢疾、流感，治愈率达90%左右。

（4）美容护肤

茶多酚是水溶性物质，用它洗脸能清除面部的油腻，收敛毛孔，具有消毒、灭菌、抗皮肤老化、缓解日光中的紫外线辐射对皮肤的损伤等功效。

（5）醒脑提神

茶叶中的咖啡碱能使人体中枢神经兴奋，具有提神益思、清心的效果，对缓解偏头痛也有一定的功效。

（6）利尿解乏

茶叶中的咖啡碱可刺激肾脏，促使尿液迅速排出体外，提高肾小球的滤出率，减少有害物质在肾脏中的滞留时间。咖啡碱还可排除尿液中的过量乳酸，使人体尽快消除疲劳。

（7）缓解疲劳

绿茶中含强效的抗氧化剂以及维生素C，不但可以清除体内的自由基，还能分泌出对抗紧张压力的荷尔蒙。绿茶中所含的少量咖啡因可以刺激中枢神经、振奋精神。也正因为如此，推荐职场人士在上午饮用绿茶，以免因困顿而影响工作。

（8）护齿明目

茶叶中含氟量较高，每100克干茶中含氟量为10~15毫克，且80%为水溶性成分。

若每人每天饮用茶叶 10 克，则可吸收水溶性氟 1 ~ 1.5 毫克；而且茶叶是碱性饮料，可抑制人体钙质的流失，这对预防龋齿、护齿、坚齿都是有益的。茶叶中的维生素 C 等成分能降低眼睛晶体的浑浊度，经常饮绿茶，对减少眼疾、护眼明目均有积极的作用。

（9）降脂

唐代《本草拾遗》中对茶的功效有"久食令人瘦"的记载。我国边疆少数民族有"不可一日无茶"之说。茶叶有助消化和减少脂肪的重要功效，有助于减肥。这是由于茶叶中的咖啡碱能提高胃液的分泌量，可以帮助消化。另外，绿茶中含有丰富的儿茶素，有助于减少腹部脂肪。

任务训练与考核

认识绿茶的训练与考核评价参考表见表1-2-2。

表1-2-2　　　　　　　认识绿茶的训练与考核评价参考表

序号	训练内容	考核要点	要点提示	配分	得分
1	请同学们简述绿茶的制作过程	绿茶的制作工序	杀青、炒青、烘青、晒青、蒸青、揉捻、干燥	2分	
2	请指出绿茶的具体品种及其品质特征	绿茶的主要品种及特征	碧螺春、龙井、黄山毛峰、信阳毛尖、南京雨花茶	3分	
3	简述绿茶对人体的药用价值	绿茶的主要功效	提神清心、清热解暑、消食化痰、去腻减肥、清心除烦、解毒醒酒、生津止渴、降火明目、止痢除湿	5分	

考核方式：以小组为单位，10分计分制。

延展学习

试着分析一下抹茶和绿茶的异同。

任务三　认识红茶

◎ 技能目标

1.掌握红茶的概念及分类。

2.了解红茶对人体的利弊。

3.查阅资料了解更多种类的红茶。

◎ 素养目标

红茶的加工是金、木、水、火、土相生相克达到和谐平衡的过程，启发学生五行调和的茶道哲学，帮助学生构建和谐平衡的心灵。

●●●● 知识学习

1.红茶概述

红茶，英文为 Black Tea。红茶在加工过程中发生以茶多酚酶促氧化为中心的化学反应，使鲜叶中的茶多酚减少90%以上，产生了茶黄素、茶红素等新成分；香气物质比鲜叶明显增加。红茶具有茶红、汤红、叶红和香甜味醇的特征。

视频 1-2-3

认识红茶

我国红茶品种以祁门红茶最为著名。红茶为我国第二大茶类，出口量占我国茶叶总产量的50%左右，畅销全世界60多个国家和地区。

2.红茶的制作工序

红茶属全发酵茶，是以适宜的茶树新芽叶为原料，经萎凋、揉捻（切）、发酵、干燥等一系列工艺过程精制而成的茶。萎凋是红茶初制的重要工艺，红茶因其干茶冲泡后的茶汤和叶底呈红色而得名。

（1）萎凋

萎凋分自然萎凋和萎凋槽萎凋两种方式。自然萎凋就是将鲜叶放在室内或者室外阳光不是很强烈的地方，经过一定的时间，令鲜叶失去一定的水分而变成萎蔫凋谢的状态。萎凋槽萎凋则是将鲜叶放在通气槽体中，使用热空气来加快鲜叶的萎凋过程，这是当前普遍使用的萎凋方法。

（2）揉捻

揉捻的作用是令茶叶初步成型，同时提高茶叶色、香、味的浓度，并且通过破坏叶细胞来促进一系列化学反应的发生，从而为下一步的发酵做准备。

（3）发酵

红茶发酵过程的实质是使茶叶中原本无色的多酚类物质，在多酚类氧化酶的作用下，形成红色的氧化聚合物——红茶色素。红茶色素的一部分能够溶于水中，因此会形成红色的茶汤，另一部分则仍然留在叶片中，形成了红色的叶底。

（4）干燥

发酵之后，茶坯需要经过高温烘焙，迅速蒸发水分，固定茶形；与此同时，红茶所特有的一些高沸点的芳香类物质也被保留在茶叶中，从而形成了红茶所特有的醇厚、香甜的味道。

3.红茶的品质特点

红茶的品质特征是红叶红汤，香甜味醇。红茶的种类较多，自然产地也较广，按照加工方法与出品的茶形，一般又可分为3大类：小种红茶、工夫红茶和红碎茶。

优质红茶具有的品质特点是：外形条索紧细、匀齐；色泽乌黑油润，芽尖呈金黄色；小种红茶有松烟香、工夫红茶有糖香、川红有橘糖香；汤色红艳，碗沿有明亮金圈，冷却后有"冷浑浊"现象；茶汤滋味醇厚、鲜甜；芽叶齐整均匀，叶底柔软厚实，色泽红亮鲜活。

4.有代表性的红茶

（1）祁门红茶

祁门红茶（如图1-2-6所示），简称祁红，是中国传统工夫红茶中的珍品，为历史名茶，最早出产于19世纪后期，是世界三大高香茶之一，有"茶中英豪""群芳最""王子茶"等美誉。祁门红茶依其品质高低分为1~7级，主要产于安徽省祁门县，与其毗邻的石台、东至、黟县及贵池等地也有少量生产。其主要出口英国、荷兰、德国、日本、俄罗斯等几十个国家和地区，多年来一直是中国的国事礼茶。

（2）大吉岭红茶

大吉岭红茶（如图1-2-7所示）产于印度西孟加拉邦北部喜马拉雅山麓的大吉岭高原一带，是世界4大红茶之一。大吉岭红茶以5—6月的二号茶品质为最优，被誉为"红茶中的香槟"。大吉岭红茶拥有高贵的身份，三四月的一号茶多为青绿色，二号茶为金黄。其汤色橙黄，气味芬芳高雅，上品大吉岭红茶尤其带有葡萄香，口感细致柔和，适合春秋季饮用，也适合做成奶茶、冰茶及各种花式茶。其工艺是当时中国正山小种的工艺传至此处并加以改良形成的。

图1-2-6　祁门红茶

图1-2-7　大吉岭红茶

（3）乌巴-斯里兰卡

锡兰高地红茶以乌巴-斯里兰卡（如图1-2-8所示）最为著名，产于斯里兰卡山岳地带的东侧，是世界4大红茶之一。斯里兰卡山岳地带的东侧常年云雾弥漫，由于冬季（11月至次年2月）吹送的东北季风带来较多的雨量，不利于茶树生长，所以7—9月收获的茶品质最优。山岳西侧则由于受到夏季（5—8月）西南季风送雨的影响，所产的汀布拉茶和努沃勒埃利耶茶以1—3月收获的品质最佳。

（4）阿萨姆红茶

阿萨姆红茶（如图1-2-9所示）产自印度东北阿萨姆邦喜马拉雅山麓的阿萨姆溪谷一带。当地日照强烈，需要另种树为茶树适度遮阳；丰富的雨水促进了热带性的阿萨姆大叶种茶树的蓬勃发育。阿萨姆红茶以6—7月采摘的品质最优，但10—11月产的秋茶较香。阿萨姆红茶外形细扁，色呈深褐，汤色深红稍褐，带有淡淡的麦芽香、玫瑰香，滋味浓，属于烈性茶。

5.红茶的价值功效

红茶富含胡萝卜素、维生素A、钙、磷、镁、钾、咖啡碱、异亮氨酸、亮氨酸、赖氨酸、谷氨酸、丙氨酸、天门冬氨酸等多种营养元素。红茶在发酵过程中多酚类物质的化学

图1-2-8 乌巴-斯里兰卡

图1-2-9 阿萨姆红茶

反应使鲜叶中的化学成分变化较大，会产生茶黄素、茶红素等成分，其香气比鲜叶明显增强，从而形成红茶特有的色、香、味。其主要功效有：

（1）帮助消化

红茶可以帮助胃肠消化、促进食欲，并具有利尿、消除水肿及强壮心脏等功能。红茶中富含的黄酮类化合物能消除自由基，具有抗氧化作用，降低心肌梗死的发病率。中医认为，茶也分寒热，如绿茶属苦寒，适合夏天喝，用于消暑；红茶、普洱茶偏温，较适合冬天饮用；乌龙茶、铁观音等较为中性。

红茶能辅助血糖调节，冬天胃容易不舒服，吃太多感到不适的人，可以在红茶里酌情加黑糖、生姜片，趁温热慢慢饮用，有养胃的功效，身体会比较舒服，但不建议喝冰红茶。

（2）提神消疲

红茶中的咖啡碱会刺激大脑皮质，使神经中枢兴奋，使人的注意力集中，进而使思维反应更加敏锐，增强记忆力；对心血管系统和心脏具有兴奋作用，能够加快血液循环，有利于新陈代谢；同时，有发汗和利尿的作用，双管齐下加速排泄乳酸（使肌肉感觉疲劳的物质）及体内其他废物，具有消除疲劳的效果。

（3）生津清热

夏天饮红茶能止渴消暑，因为茶中的多酚类、糖类、氨基酸、果胶等会与口水产生化学反应，且刺激唾液分泌，使口腔觉得滋润，并且产生清凉感；同时，咖啡碱不仅能调节体温，也能刺激肾脏以促进热量和污物的排泄，维持体内的生理平衡。

（4）消除水肿

红茶中的咖啡碱和芳香物质联合作用，能使肾脏的血流量增加，提高肾小球的过滤率，扩张肾微血管，并抑制肾小管对水的再吸收，促成尿量增加。这有利于排除体内的乳酸、尿酸（与痛风有关）、过多的盐分（与高血压有关）、有害物等，并缓和心脏病或肾炎造成的水肿。

（5）消炎杀菌

实验发现，红茶中的多酚类化合物具有消炎的效果，儿茶素类能与单细胞的细菌结合，使蛋白质凝固沉淀，抑制和消灭病原菌。所以细菌性痢疾及食物中毒患者喝红茶有疗效。民间也常用浓茶溶液涂伤口、褥疮和治疗脚气。

（6）解毒

红茶中的茶多碱能吸附重金属和生物碱，并使其沉淀分解，对饮用水和食品的工业污染具有一定的缓解作用。

（7）强壮骨骼

2002年5月13日，美国医师协会发表了针对男性497人、女性540人连续10年的调查报告，指出饮用红茶的人骨骼强壮，红茶中的多酚类（绿茶中也有）物质有抑制破坏骨细胞物质的作用，为了防治女性常见的骨质疏松症，建议每天服用一小杯红茶，坚持数年效果明显。如在红茶中加入柠檬，强壮骨骼的效果更好。

（8）抗衰老

美国波士顿贝斯以色列女执事医疗中心心血管流行病学的主任医师说："红茶与绿茶的功效大致相当，但是红茶中的抗氧化剂比绿茶复杂得多，尤其是对心脏更是有益。"美国医学杂志报道，红茶抗衰老的效果强于大蒜、西兰花和胡萝卜等。

（9）养胃护胃

人在没吃饭的时候饮用绿茶会感到胃部不舒服，这是因为茶叶中所含的重要物质——茶多酚具有收敛性，对胃有一定的刺激作用，在空腹的情况下刺激性更强。红茶是经过发酵烘制而成的。红茶不仅不会伤胃，反而能够养胃。经常饮用加糖、加牛奶的红茶，能消炎，保护胃黏膜，对治疗溃疡也有一定的效果。

（10）舒张血管

美国医学界的一项研究发现，心脏病患者每天喝4杯红茶，血管舒张度可以从6%提高到10%。常人在受刺激后，则舒张度会提高到13%。

6.饮用红茶的禁忌

红茶对人体有益，但是针对特定的人群，它也有一定的禁忌。

① 结石病人和肿瘤患者一般不允许饮红茶。

② 对于贫血和神经衰弱的人，红茶的提神醒脑功效会使他们的失眠症状加重。

③ 红茶具有很好的提神作用，平时情绪容易激动或比较敏感、睡眠状况欠佳和身体较弱的人不适合饮用红茶。

④ 由于红茶是温性茶，胃热的人不宜饮用。

⑤ 舌苔厚者、口臭者、易生痘者、双目赤红的人和怕上火的人不宜喝红茶。

⑥ 对于正在服药的人，红茶会破坏药效。

⑦ 经期中的女性体内的铁会被大量消耗，红茶中的鞣酸会妨碍人体对食物中铁的吸收。

⑧ 红茶中的咖啡碱会增加孕妇心、肾的负荷，造成孕妇身体不适。

⑨ 红茶中的鞣酸会影响哺乳期女性乳腺的血液循环，会抑制乳汁的分泌，影响哺乳质量。

⑩ 红茶中的茶多酚会使更年期女性心跳加快，降低其睡眠质量。

▮▮▮ 任务训练与考核

认识红茶的训练与考核评价参考表见表1-2-3。

表1-2-3　　　　　　　　　认识红茶的训练与考核评价参考表

序号	训练内容	考核要点	要点提示	配分	得分
1	请简述红茶的外在特征	红茶的品质	红叶红汤，香甜味醇	2分	
2	作为一名茶艺师，请你向客人推介祁门红茶	红茶的种类	是中国传统工夫红茶中的珍品，主要产于安徽省祁门县，品质佳，是国事礼茶	5分	
3	红茶是中国出口茶叶的第二大类，世界上有哪些代表性的红茶	有代表性的红茶	祁门红茶、大吉岭红茶、锡兰高地红茶、阿萨姆红茶	3分	

考核方式：以小组为单位，10分计分制。

任务四　认识青茶

◎　技能目标
1.了解乌龙茶主要的产区分布。
2.熟知乌龙茶主要种类及其品质特点。
◎　素养目标
青茶的焙火是释放茶香的重要工序，历练风雨，涅槃重生。

●●● 知识学习

1.青茶概述

青茶，俗称乌龙茶，是半发酵茶，以茶的创始人而得名。据《福建茶叶民间传说》记载，清朝雍正年间，在福建省安溪县西坪镇南岩村里有一位将军，也是打猎能手，姓苏名龙，由于他长得黝黑健壮，乡亲们都叫他'乌龙'。一年春天，乌龙腰挂茶篓，身背猎枪上山采茶，采到中午，一头山獐突然从身边溜过，乌龙举枪射击，负伤的山獐拼命逃向山林中，乌龙紧追不舍，终于捕获了猎物。当把山獐背到家时已是掌灯时分，乌龙和全家人忙于宰杀、品尝野味，已将制茶的事全然忘记了。翌日清晨，全家人才忙着炒制前一天采回的茶青。没想到放置了一夜的鲜叶已镶上了红边，并散发出阵阵清香。茶叶制好后，滋味醇厚回甘，全无往日的苦涩之味。乌龙用心琢磨与反复试验，经过萎凋、摇青、杀青、半发酵、烘焙等工序，终于制出了品质优异的茶类新品——乌龙茶。安溪由此也就成了乌龙茶的故乡。

青茶是中国六大茶类中独具鲜明特色的品类，是经过萎凋、摇青、杀青、半发酵、烘焙等工序制出的茶。青茶俗称"乌龙茶"，由宋代贡茶龙团、凤饼演变而来，创制于1725

视频1-2-4

认识青茶

年前后。

2.乌龙茶的制作工序

乌龙茶制作工艺的前半部分类似红茶，鲜叶采摘后经过晒青、萎凋、反复数次摇青，部分发酵红变；制作工艺的后半部分则类似绿茶，经高温锅炒、揉捻、干燥而成。乌龙茶是介于绿茶与红茶之间的一种半发酵茶，主要的制作工序包括萎凋、摇青、杀青、揉捻、干燥、成品6个环节。其中，摇青是制作乌龙茶的重要工序。

乌龙茶在萎凋中会散失部分水分，提高叶子的韧性，便于后续工序的进行。在摇青工序中，叶绿细胞被破坏，发生轻度氧化，即发酵。摇青是制作乌龙茶的重要工序，它使叶片呈现红边，形成"绿叶红镶边"的品质特征。在乌龙茶的加工过程中，摇青过后必须杀青（炒青）。杀青应适度，使青气消失，显露清香，叶色转黄绿。形成乌龙茶外形条索特点的是包揉，揉捻的时间要短，以防茶条断碎。干燥是指蒸发茶叶中的水分，使其体积缩小，外形固定，以保持干燥，防止霉变。

3.制作优质乌龙茶的核心技术

乌龙茶的品质有高低之分，核心在于采摘和烘焙两个环节。

（1）采摘

闽南茶区气候温和，雨量充沛，茶树生长周期长，一年可采五季，即春茶、夏茶、暑茶、秋茶和冬片。具体采摘期因品种、气候、海拔、施肥等条件不同而有差异。通常，春茶在谷雨前后采摘，夏茶在夏至前后采摘，暑茶在立秋前后采摘，秋茶在秋分前后采摘，冬茶在霜降后采摘。各茶季的采摘间隔期为40～50天，在具体时间的掌控上，应做到"开头适当早，中间刚刚好，后期不粗老"。春夏两季采摘常遇阴雨连绵的天气，这对乌龙茶的品质会产生极大的影响。连续的阴雨天气使鲜叶水分多，又无法晒青，致使"走水消青"困难，鲜叶中的内含物质不能正常转化，也就无法形成优质乌龙茶。在一天当中，鲜叶采摘的时间对乌龙茶品质的形成也有一定影响。早青是上午10时以前采摘的鲜叶，大多带有露水，茶的品质较差。上午青是上午10时以后至中午12时以前所采的鲜叶，因茶树经过一段时间的阳光照射，露水已消失，茶的品质优于早晚青。下午青是午后12时至下午4时以前所采的鲜叶，其新鲜清爽，具有诱人的清香，又有充分的晒青时间，茶的品质较优。晚青是下午4时以后所采的鲜叶，因鲜叶下山时间较迟，大多错过了晒青的最佳时机，不能利用阳光晒青萎凋，茶的品质欠佳，但优于早青。总之，优质乌龙茶应选择连续几天晴朗天气的午青鲜叶制作，一般选择晴天中午的青鲜叶。

乌龙茶的采摘标准俗称"开面采"。待茶树新梢长到3～5叶将要成熟、顶叶六七成开面时采下2～4叶。小开面为新梢顶部第一叶面积相当于第二叶面积的1/2；中开面为新梢顶部第一叶面积相当于第二叶面积的2/3；大开面为新梢顶部第一叶面积相当于第二叶的面积。一般春、秋茶采取"中开面"采；夏暑茶适当嫩采，即采取"小开面"采。茶树生长茂盛，持嫩性强，也可采取"小开面"采，通常采摘一芽三四叶。茶农在实践中创造出了"虎口对芯"采摘法，即将拇指和食指张开，从芽梢顶部中心插下，稍加扭折，向上一提，就将茶叶采下。一般采叶的标准是：长3叶采2叶，长4叶采3叶，采下对夹叶，不采鱼叶，不采单叶，不带梗蒂。采摘时，应做到"五分开"，即不同品种分开，早午晚青分开，粗叶嫩叶分开，干湿茶青分开，不同的片分开，以利于提高毛茶的品质。

（2）烘焙

烘焙的目的是降低茶叶含水量，使含水量保持在4%～6%，防止茶叶贮存期间品质劣变出现陈茶味，进而延长贮存寿命；借烘焙技术去除茶叶的青臭味及其他异味，增进茶香，以提高茶叶品质；使茶叶中所含氨基酸类与还原性糖加温时经脱水转化成香气成分。此外，烘焙还有杀菌、降低农残等作用。烘焙技术的关键在于控制好火候，使茶叶保持最佳的含水量、原料老嫩度、形状紧结度，实现乌龙茶理想的香气和滋味。

这里的火候是使茶叶内产生物理、化学变化的程度。火候能影响茶叶的外形、色泽及叶底汤色等，火候掌握得好可以弥补茶叶品质的某些不足，掌握不当会降低茶叶的品质。特殊品种的茶叶，火候掌握得恰到好处，能衬托出特殊的香韵特征。"茶为君，火为臣，君臣佐使"就是这个道理。茶叶的品种不一样，耐火程度也不一样，如铁观音、大叶乌龙、梅占就较为耐火，黄旦、奇兰等香气较外露的品种较不耐火。

茶叶烘焙的首要工作是降低茶叶含水量至安全范围（4%～6%），延缓茶叶的后氧化作用，并延长茶叶的贮存寿命。茶叶水分达到8.8%，霉菌开始出现；水分达到12%以上，就会逐渐变质。而含水量不同的茶叶，烘焙条件也不同。一般而言，含水量高的茶叶，最初阶段烘焙温度应高些（95℃～100℃），时间要延长；若后续烘焙3个小时以上，必须调低温度至85℃左右，徐徐入火，烘焙出茶叶甘醇之滋味。含水量高的茶叶应摊薄些，否则易导致闷变而降低茶叶品质。

较粗老的茶叶需要中温（85℃～90℃）烘焙，烘焙时长视茶叶需求而在4～10小时作弹性选择。原料粗老而带微香的茶叶，烘焙时间宜缩短；幼嫩茶叶的烘焙温度应比粗老的茶叶微高，先中高温（90℃～100℃）烘焙，时间4～10小时，再以80℃～85℃的温度烘焙2～4小时，以确保茶汤滋味甘醇、不苦涩而保留香气为原则。

外形紧结的茶叶较耐烘焙，宜采用中温（85℃～90℃）且较长时间烘焙；反之，外形松散的茶叶宜采用高温（100℃）且短时烘焙。

香气是乌龙茶的灵魂之一。茶叶香气属挥发性物质，烘焙过程中香气成分易散失，因此，清香型、品质好的茶叶应低温短时烘焙；香气低的中等茶叶可采用较高温度较长时间烘焙；陈茶及异味重的茶叶，以去除异味和降低含水量为主，应先高温短时烘焙，次日再按80℃2小时→90℃2小时→100℃循序烘焙。空调做青的乌龙茶，为了保持其翠绿的色泽和高锐的香气，应采用60℃～70℃的低温烘焙至足干，使茶叶含水量在5%～6%，而后及时真空密封包装，以免香味散失。

滋味甘醇的茶叶可先中温（80℃～85℃）烘焙4～6小时，次日再以75℃～80℃的温度烘焙2～3小时，以防止高温使茶叶带熟味或火味而降低茶叶品质。

4.乌龙茶的品质特性

乌龙茶产于福建、广东、台湾三省，福建产量较多，品质也较好。乌龙茶的品种、花色很多，许多是以茶树品种命名的。按茶树品种单独采制，福建乌龙茶分为闽南、闽北两个产区。闽南产区生产的有安溪铁观音、安溪色种、安溪乌龙等；闽北产区生产的有闽北水仙、闽北乌龙、岩水仙、岩奇种等。广东乌龙茶有凤凰单枞、水仙、色种、浪菜等。台湾乌龙茶有台湾乌龙、台湾色种等。乌龙茶以崇安武夷岩茶、安溪铁观音的品质最优。

（1）武夷岩茶

武夷岩茶产自福建的武夷山，具体品种主要包括岩水仙、岩奇种、大红袍等。武夷岩茶外形肥壮匀整，紧结卷曲，色泽光润，叶背起蛙皮状砂粒；颜色青翠、砂绿、密黄，叶底、叶缘朱红或起红点，中央呈浅绿色。品饮此茶，香气浓郁，滋味浓醇，鲜滑回甘，具有特殊的"岩韵"。大红袍是武夷岩茶中品质最优者。

岩水仙（如图1-2-10所示）外形条索肥壮结实，叶端皱折扭曲，如蜻蜓头，色泽青翠黄绿、油润有光，具有"三节色"特征。内质香气浓郁清长，"岩韵"明显，滋味浓厚而醇、爽口回甘，汤色金黄浓艳，叶底绿叶红边、肥嫩明净。

岩奇种（如图1-2-11所示）外形条索紧结，叶端皱折扭曲，色泽油润，具有"三节色"特征。内质香气清锐细长，"岩韵"明显，滋味醇厚，浓而不涩，醇而不淡，回味清甘；汤色清澈，呈浅橙红色，叶底绿叶红边、柔软匀齐。

图1-2-10 岩水仙

图1-2-11 岩奇种

（2）闽北乌龙茶

闽北乌龙茶的产地包括崇安、建瓯、水吉等地，有闽北水仙、闽北乌龙等代表性茶叶。

闽北水仙（如图1-2-12所示）外形条索紧细垂实，叶端扭曲，色泽乌润，枝梗、黄片少，无夹杂物。内质香气浓郁，具有兰花的清香，滋味醇厚，鲜爽回甘，汤色清澈，呈橙黄色，叶底肥软黄亮，红边鲜艳。

闽北乌龙（如图1-2-13所示）外形条索细紧重实，叶端扭曲，色泽乌润，枝梗少，无夹杂物。内质香气清高细长，滋味醇厚鲜爽，汤色清澈，呈金黄色，叶底绿叶红边、匀整柔软。

图1-2-12 闽北水仙

图1-2-13 闽北乌龙

（3）闽南乌龙茶

闽南乌龙茶产地包括安溪、永春、南安、同安等地，有安溪铁观音、安溪色种等代表性茶叶。

安溪铁观音（如图1-2-14所示）外形条索肥壮、紧结、卷曲，多为螺旋形，身骨沉重，色泽油润带砂绿，红点明，素有"青蒂、绿腹、蜻蜓头"之称。内质香气浓郁清长，"音韵"（品质特征）明显，滋味醇厚甜鲜，入口微苦，瞬即转甜，稍带蜜味，汤色金黄清亮，叶底肥软，红边均匀，耐冲泡，是乌龙茶中的极品。

安溪色种（如图1-2-15所示）是由奇兰、梅占、毛蟹、香橼等多品种的茶树鲜叶混合制成的。其外形条索紧结、卷曲、匀净，色泽油润，红点明。内质香气清纯，滋味醇厚，各品种特征明显，汤色金黄，叶底软亮，发酵均匀。

图1-2-14 安溪铁观音

图1-2-15 安溪色种

安溪乌龙（如图1-2-16所示）外形条索紧结、细小，色泽乌润，香气清高，特征明显（俗称"香线"味），滋味浓醇，汤色黄明，叶底软亮，发酵均匀。

（4）广东乌龙

广东乌龙主要产区为潮安、饶平、陆丰等地，有潮安凤凰单枞、饶平乌龙等代表性茶叶。潮安的凤凰水仙不显毫，香气清雅，以香高、味浓、耐冲泡而著称。

凤凰单枞（如图1-2-17所示）外形条索卷曲紧结、肥壮，色泽青褐、油润，有红线。内质香气浓，有自然的花香，滋味醇厚，鲜爽回甘，汤色黄艳带绿，叶底柔嫩。其绿叶红边，耐冲泡，冲泡多次尚有余香。

图1-2-16 安溪乌龙

图1-2-17 凤凰单枞

饶平乌龙（如图1-2-18所示）外形条索紧结、秀匀，色泽砂绿鲜润。内质香气清新，有花香，滋味醇厚鲜爽，汤色橙黄清澈，叶底匀亮，叶缘银朱色，叶中浅黄色。其较耐冲泡，具有独特风味。

（5）台湾乌龙

台湾乌龙茶由于天然的气候条件和土壤环境，再加上高海拔，所以茶叶绿色健康。其果香味浓厚，而且耐泡。台湾有4种乌龙茶比较出名，分别是冻顶乌龙茶、文山包种茶、木栅铁观音及东方美人茶。

东方美人（如图1-2-19所示）是台湾独有的名茶，又名膨风茶，因其茶芽白毫显著，又名为白毫乌龙茶。东方美人外观颇显美感，叶身白、绿、黄、红、褐五色相间，茶汤呈较深的琥珀色，尝起来浓厚甘醇，并带有熟果香和蜂蜜的芬芳。

图1-2-18　饶平乌龙

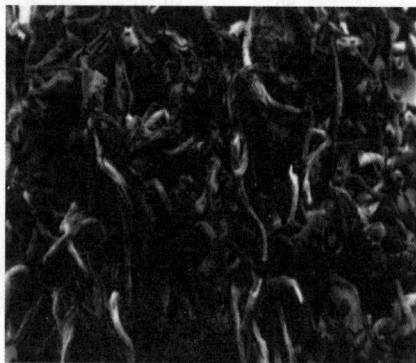

图1-2-19　东方美人

5.乌龙茶的价值功效

乌龙茶作为我国特种名茶，经国内外科学研究证实，除了与一般茶叶一样具有提神益思、消除疲劳、生津利尿、解热防暑、杀菌消炎、祛寒解酒、解毒防病、消食去腻、减肥健美等保健功能外，还具有防癌症、降血脂、抗衰老等特殊功效。

任务训练与考核

认识青茶的训练与考核评价参考表见表1-2-4。

表1-2-4　　　　认识青茶的训练与考核评价参考表

序号	训练内容	考核要点	要点提示	配分	得分
1	请指出乌龙茶分为哪几大类	乌龙茶的分类	闽南、闽北、广东、台湾	5分	
2	请简述乌龙茶区别于其他茶类的品质特征	主要品种的品质特点	外形、色泽、香气、滋味	5分	

考核方式：以小组为单位，10分计分制。

延展学习

探讨要制得优质的乌龙茶，在加工中要注重哪些环节。

任务五　认识白茶

◎　**技能目标**
1.了解白茶的概念。
2.掌握白茶的品质特征。
3.了解白茶的功效。

◎　**素养目标**
白茶恰似"清水出芙蓉，天然去雕饰"。真正的美是没有太多修饰的，启发学生做学问也要去伪存真。

知识学习

1.白茶概述

白茶，属微发酵茶，是中国六大茶类之一，是一种采摘后不经杀青或揉捻，只经过晒青或文火干燥制成的茶。其具有外形芽毫完整、满身披毫、毫香清鲜、汤色黄绿清澈、滋味清淡回甘的品质特点。白茶因其成品茶多为芽头，满披白毫，如银似雪而得名，是中国茶类中的特殊珍品。

视频1-2-5

认识白茶

白茶的主要产区在福建福鼎、政和、蕉城天山、松溪、建阳和云南景谷等地。其基本工艺包括萎凋、烘焙（或阴干）、拣剔、复火等。其中，萎凋是决定白茶品质的关键工序。云南白茶的制作工艺主要是晒青，晒青的优势在于可以保持茶叶原有的清香气。

2.制作工艺

白茶的制作工艺是最自然的，把采下的新鲜茶叶薄薄地摊放在竹席上，置于微弱的阳光下或通风、透光效果好的室内，让其自然萎凋；晾晒至七八成干时，再用文火慢慢烘干即可。其以最少的工序进行加工，制作过程简单。

以单芽为原料按白茶加工工艺加工而成的，称为银针白毫，一般多采摘自福鼎大白茶、泉城红、泉城绿、福鼎大毫茶。以泉城红、泉城绿、政和大白茶及福安大白茶等茶树品种的一芽一二叶，按白茶加工工艺加工而成的，称为白牡丹或新白茶。采用白茶的一芽二三叶加工而成的，称为贡眉。采用抽针后的鲜叶制成的白茶，称为寿眉。

白茶的制作工艺一般分为萎凋和干燥两道工序，其关键是萎凋。萎凋分为室内自然萎凋、复式萎凋和加温萎凋，要根据气候灵活掌握，以春秋晴天或夏季不闷热的晴朗天气，采取室内萎凋或复式萎凋为佳。其精制工艺是在剔除梗、片、蜡叶、红张、暗张之后，以文火进行烘焙至足干，只宜以火香衬托茶香，待水分含量为4%～5%时，趁热装箱。白茶制法的特点是既不破坏酶的活性，又不促进氧化作用，且保持毫香显现、汤味鲜爽。

白茶的加工包括以下5个环节：

（1）采摘

白茶根据气温采摘玉白色一芽一叶初展鲜叶，要做到早采、嫩采、勤采、净采。其芽叶成朵，大小均匀，留柄要短；轻采轻放；竹篓盛装、竹筐贮运。

（2）萎凋

采摘鲜叶后用竹匾及时摊放，厚薄均匀，不可翻动。摊青后，根据气候条件和鲜叶等级，灵活选用室内自然萎凋、复式萎凋或加温萎凋等方法。当茶叶达七八成干时，室内自然萎凋和复式萎凋都需进行并筛。

（3）烘干

烘干包括初烘和复烘。初烘时，烘干机温度为100℃～120℃，时长10分钟左右；摊凉的时间约15分钟。复烘时，要求烘干机的温度为80℃～90℃，也可以采取低温（70℃左右）长烘。

（4）保存

白茶的储存归纳起来就八个字：通风、透气、防晒、防潮。白茶的保存，一定要注意环境，不可将其置于高温、强光、有异味的环境，最好能够保证存茶环境适当通风、干燥、常温、无异味。白茶干茶含水量应控制在5%以内，放入温度1℃～5℃的冰库中；从冰库取出的茶叶最好3小时后再打开。

3.品质特性

白茶成茶满披白毫、汤色清淡、味鲜醇、有毫香。其最主要的特点是白色银毫，素有"绿妆素裹"之美感，芽头肥壮，汤色黄亮，滋味鲜醇，叶底嫩匀。冲泡后品尝，滋味鲜醇可口，还具有药理作用。白茶性清凉，有退热降火之功效。

白茶按照采摘、加工制作的工艺不同，可分为特级、一级、二级、三级，每一级别的品质特征都有不同的表现。现以白毫银针、白牡丹、贡眉为例进行说明。

白毫银针（如图1-2-20所示）的分类标准见表1-2-5。

表1-2-5　　　　　　　白毫银针的分类标准

项目	特级	一级	二级
条索	肥壮挺直，毫密	圆浑，壮直毫显	圆直紧实，毫长
色泽	银白闪亮	鲜白匀亮	鲜白匀亮
整碎	整齐	均匀	匀齐
净度	洁净	尚洁净	匀净
香气	清高持久	清醇持久	鲜醇浓郁
汤色	淡绿清亮	浅黄明亮	泛黄尚亮
滋味	清鲜嫩爽	清醇爽口	浓醇温润
叶底	幼嫩、肥软、匀亮	嫩黄、柔软、完整	黄嫩、松软，尚整

白牡丹（如图1-2-21所示）的分类标准见表1-2-6。

表1-2-6　　　　　　　　　　　白牡丹的分类标准

项目	特级	一级	二级	三级
嫩度	毫心多、显叶，叶张细嫩	毫心显，叶张细嫩	有毫心，稍瘦，叶张尚嫩	少数瘦毫心，有部分芽尖，叶张稍粗
色泽	叶面灰绿或翠绿，色调和，毫心银白，叶背有白茸毛	灰绿，暗绿尚调和，有部分嫩叶背有白茸毛，毫心银白，叶片嫩绿	灰绿欠匀，有黄绿及暗红片	黄绿夹红或枯绿暗杂
形状	芽叶连枝，匀整，破张少	芽叶连枝，尚匀整，有破张	部分芽叶连枝，破张稍多，尚匀整	部分芽尖连一叶，破张多，叶张不平展
净度	无蜡叶、籽及老梗	无蜡叶、籽及老梗	无蜡叶、籽及老梗，有少数嫩绿叶片	无蜡叶、籽及老梗，有破张及小型老叶、泛红叶、嫩绿片、小黄片
香气	鲜嫩醇爽，毫香显	鲜嫩醇爽，有香气	鲜嫩醇正，略有毫显	醇正或微粗或带青气香
汤色	清澈，橙黄	清澈，黄	深黄，尚清澈	深红或微红
滋味	清甜醇爽，浓厚，毫味足	尚清甜，醇爽，有毫味	浓醇	浓醇稍粗或稍粗淡
叶底	毫心多，肥壮，叶张软嫩完整，芽叶连枝，色黄绿，叶梗、叶脉微红明亮	毫心稍多，叶张软嫩微红，尚完整，有破张，尚明亮	稍有毫心，叶张尚软，叶色稍红，有破张	叶张尚软，破张多，叶色稍红或显黄

贡眉（如图1-2-22所示）的分类标准见表1-2-7。

表1-2-7　　　　　　　　　　　贡眉的分类标准

项目	特级	一级	二级	三级
嫩度	毫心多而肥壮，叶张幼嫩	毫心显露，叶张尚嫩	毫心稍显，叶张较粗老	毫心稀露，叶张粗老
整碎	芽叶连枝，叶态紧卷如眉，匀整，破张少	芽叶部分连枝，叶态垂卷稍展，有破张，尚匀整	毫尖部分连叶，叶态摊多，有破张，尚匀整	叶态少有卷形，破张多，尚匀整
色泽	灰绿或墨绿，色泽调和	墨绿，色泽尚调和	暗绿或黄绿，色泽较杂	黄绿，枯燥花杂
净度	洁净，无老梗、枳及蜡叶	无老梗、枳及蜡叶，夹有嫩的绿片	无老梗、枳及蜡叶，有小黄片	无老梗、枳及蜡叶，含蜡片较多
香气	鲜爽	浓醇	醇正	平淡稍粗
汤色	浅橙黄，清澈	橙黄，清澈	深黄或微红	深黄近红
滋味	清甜醇爽	稍清甜、醇厚	浓尚醇	浓稍粗或平淡稍粗
叶底	叶色黄绿，叶质柔软匀亮	叶色灰绿，叶质软亮	叶色暗绿，夹有红张，叶质挺硬、较粗	叶色暗杂，有红张，叶质粗老

图1-2-20　白毫银针　　　　　　　图1-2-21　白牡丹　　　　　　　图1-2-22　贡眉

4.主要品种

白茶因茶树品种、原料（鲜叶）采摘的标准不同，可分为白毫银针、白牡丹、贡眉、寿眉及新工艺白茶等。

（1）白毫银针

白毫银针，简称银针，又叫白毫，因白毫密披、色白如银、外形似针而得名。其香气清新，汤色淡黄，滋味鲜爽，是白茶中的极品，素有"茶中美女""茶王"之美称。

（2）白牡丹

白牡丹因其绿叶夹银白色毫心，形似花朵，冲泡后绿叶托着嫩芽，宛如蓓蕾初放，故得美名。白牡丹是以大白茶树或水仙种短小芽叶新梢的一芽一二叶制成的，是白茶中的佳品。

（3）贡眉

贡眉，有时又被称为寿眉，是白茶中产量最高的一个品种，其产量占白茶总产量的一半以上。它是以菜茶（福建茶区对一般灌木茶树之别称）的芽叶制成的，这种用菜茶芽叶制成的毛茶称为"小白"，以区别于福鼎大白茶、政和大白茶茶树芽叶制成的"大白"毛茶。以前，菜茶的茶芽曾经被用来制造白毫银针等品种，但后来改用"大白"来制作白毫银针和白牡丹，而"小白"就被用来制造贡眉了。贡眉的产区主要位于福建省的建阳，建瓯、浦城等地也有生产。制作贡眉的鲜叶的采摘标准为一芽二叶至一芽三叶，采摘时要求茶芽中含有嫩芽、壮芽。贡眉的制作工艺分为初制和精制，其制作方法与白牡丹的制作方法基本相同。优质的贡眉成品毫心明显，茸毫色白且多，干茶色泽翠绿，冲泡后汤色呈橙黄色或深黄色，叶底匀整、柔软、鲜亮，叶片迎光看去，可透视出主脉的红色，滋味醇爽，香气鲜纯。

（4）寿眉

寿眉是以菜茶品种的短小芽片和大白茶片叶制成的白茶。通常，贡眉用来表示白茶上品，其质量优于寿眉。

（5）新工艺白茶

新工艺白茶为福建特产，主要产区在福鼎、政和、松溪、建阳等地。新工艺白茶简称新白茶，是按白茶加工工艺，在萎凋后加入轻揉工序制成的；现已远销欧盟、东南亚及日本等多个国家和地区。新工艺白茶外形略有缩褶，呈半卷条形，色泽暗绿带褐，香清味浓，汤色味似绿茶但无清香，似红茶但无酵感，浓醇清甘是其特色。新工艺白茶因条形较贡眉紧卷，汤味和汤色较浓，而受到消费者的欢迎。

5.价值功效

医学研究表明，白茶的"三抗三降"功效显著，新工艺白茶的防癌功效明显。白茶的药效性能很好，具有解酒醒酒、清热润肺、平肝益血、消炎解毒、降压减脂、消除疲劳等功效，尤其针对烟酒过度、油腻过多、肝火过旺引起的身体不适、消化功能障碍等症状，具有独特的保健作用。因此，白茶受到了很多消费者的喜爱。

（1）治麻疹

白茶能防癌、抗癌、防暑、解毒、治牙痛，尤其是陈年白茶可用作患麻疹的幼儿的退烧药，其退烧效果比抗生素好，在华北及福建等地被广泛视为治疗护理麻疹患者的良药。清代福建按察使周亮工在《闽小记》中载："白毫银针，产太姥山鸿雪洞，其性寒，功同犀角，是治麻疹之圣药。"

（2）促进血糖平衡

白茶中除了含有其他茶叶固有的营养成分外，还含有人体所必需的活性酶，长期饮用白茶可以显著提高体内脂酶的活性，促进脂肪分解代谢，有效控制胰岛素分泌量，分解体内血液中多余的糖分，促进血糖平衡。白茶中的氨基酸含量是六大茶类中最高的，其性寒凉，具有退热、祛暑、解毒之功效。

（3）明目

白茶存放时间越长，其药用价值越高。白茶中含有丰富的维生素A原，它被人体吸收后能迅速转化为维生素A，维生素A能合成视紫红质，使眼睛在暗光下看东西更清楚，可预防夜盲症与干眼症。同时，白茶中还有防辐射物质，对人体的造血机能有显著的保护作用，能减少电磁辐射的危害。

（4）保肝护肝

白茶富含的二氢杨梅素等黄酮类天然物质可以保护肝脏，加速乙醇代谢产物乙醛的迅速分解，使其变成无毒物质，降低对肝细胞的损害。此外，二氢杨梅素能够改善肝细胞损伤引起的血清乳酸脱氢酶偏高的情形，抑制肝细胞胶原纤维的形成，从而起到保肝护肝的作用，大幅度降低乙醇对肝脏的损伤，使肝脏得以恢复。同时，二氢杨梅素起效迅速，作用持久，所以说白茶是保肝护肝、解酒醒酒的良品。

● ● ● ▶　**任务训练与考核**

认识白茶的训练与考核评价参考表见表1-2-8。

表1-2-8　　　　　　　　　　　认识白茶的训练与考核评价参考表

序号	训练内容	考核要点	要点提示	配分	得分
1	请指出白茶的独有属性	白茶的属性	白茶，属微发酵茶，是采摘后不经杀青或揉捻，只经过晒青或文火干燥制成的茶	2分	
2	按照白茶的不同采摘标准，说出白茶的主要品种	白茶的主要品种	白毫银针、白牡丹、贡眉、寿眉及新工艺白茶	3分	
3	白茶对人体有什么价值功效	白茶对人体的作用	白茶的药效性能很好，具有解酒醒酒、清热润肺、平肝益血、消炎解毒、降压减脂、消除疲劳等功效	5分	

考核方式：以小组为单位，10分计分制。

任务六　认识黄茶

◎ 技能目标

1.了解黄茶的制作程序。

2.掌握黄茶的特征。

3.熟悉黄茶品种及其品质特点。

◎ 素养目标

黄茶通过沤的环节，产生大量的消化酶，对脾胃有益处。这启发我们，天将降大任于是人也，必先苦其心志。

知识学习

1.黄茶概述

视频1-2-6

认识黄茶

黄茶按鲜叶老嫩、芽叶大小可分为黄芽茶、黄小茶和黄大茶。黄芽茶主要有君山银针、蒙顶黄芽和霍山黄芽、远安黄茶。沩山毛尖、平阳黄汤、雅安黄茶等均属黄小茶；三峡库区蓄水以后，秭归山区常年雾气笼罩，形成了独具特色的秭归黄茶，也属于黄小茶。安徽皖西金寨、霍山，湖北英山和广东大叶青则为黄大茶。黄茶的品质特点是"黄叶黄汤"。湖南岳阳为中国黄茶之乡。

黄茶属轻发酵茶类，加工工艺近似绿茶，只是在干燥过程的前或后，增加一道"闷黄"的工艺，促使其叶绿素被破坏、多酚类物质发生氧化。黄茶的杀青、揉捻、干燥等工序均与绿茶的制法相似，其最重要的工序是闷黄，这是形成黄茶特点的关键。其主要做法是将杀青和揉捻后的茶叶用纸包好，或堆积后以湿布盖之，时长几十分钟或几个小时不等，促使茶坯在湿热环境下进行非酶性的自动氧化，形成黄色。

2.黄茶的制作工艺

黄茶的品质特点是黄汤黄叶。其制作过程为：鲜叶杀青、揉捻、闷黄、干燥。制法特点主要是闷黄，利用高温杀青破坏酶的活性，其后多酚物质的氧化则是由湿热环境引起的，并产生一些有色物质。变色程度较轻的，是黄茶；程度重的，则形成了黑茶。

（1）杀青

黄茶通过杀青，破坏酶的活性，蒸发一部分水分，散发出青草气，对香味的形成有重要作用。

（2）揉捻

黄茶的揉捻通常采用热揉，在湿热条件下易揉捻成条，也不影响品质。同时，揉捻后叶温较高，有利于加速其重要工序"闷黄"的进行。所谓热揉，是杀青叶不经摊晾而趁热进行的揉捻；而冷揉，是杀青叶经过摊晾后进行的揉捻。嫩叶宜冷揉，以保持黄绿、明亮之汤色与嫩绿的叶底；老叶宜热揉，以利于条索紧结，减少碎末。目前，除名茶仍手工操作之外，大部分的茶类揉捻作业已实现机械化。

（3）闷黄

闷黄是黄茶制造工艺的特色，是形成黄色、黄汤的关键工序。从杀青到干燥结束，都可以为茶叶的黄变创造适当的湿热工艺条件，但作为一道制茶工序，有的在杀青后闷黄，有的则在毛火后闷黄，有的闷炒交替进行。针对不同的茶叶品质，方法不一，但殊途同归，都是为了形成良好的黄色、黄汤的品质特征。影响闷黄的因素主要有茶叶的含水量和叶温。含水量越大，叶温越高，则湿热条件下的黄变过程也越快。

（4）干燥

黄茶的干燥分两次进行。毛火采用低温烘炒，足火采用高温烘炒；干燥的温度先低后高。这是形成黄茶香味的重要因素。

堆积变黄的叶子，在较低温度下烘炒，水分蒸发得慢，干燥速度缓慢，多酚类化合物的自动氧化也较慢，叶绿素等物质在湿热环境下进行缓慢转化，从而促进黄叶、黄汤的进一步形成。后用较高的温度烘炒，固定已形成的黄茶品质；同时，在干热作用下使酯型儿茶素裂解为简单儿茶素和没食子酸，提升黄茶的醇和味感。糖转化为焦糖后，氨基酸受热转化为挥发性的醛类物质，成为黄茶香气的重要组成部分。低沸点芳香物质在较高温度下一部分挥发，部分青叶醇发生异构化，转为清香；高沸点芳香物质由于高温作用显露出来。这些变化综合形成了黄茶的香味。

3.黄茶的品质特征

黄茶的制作与绿茶有相似之处，不同点是多了一道闷堆工序。闷堆是黄茶制法的主要特点，形成了黄茶独有的品质特征。黄茶同绿茶的区别在于，绿茶是不发酵的，而黄茶属于发酵茶类。

从外形看，黄茶因所用原料不同，有芽茶与叶茶之分。它对新梢芽叶有不同的要求，除黄大茶要求有一芽四五叶新梢外，其余的黄茶都要求芽叶"细嫩、新鲜、匀齐、纯净"。

因品种和加工技术不同，黄茶的形状有明显差别。如君山银针以形似针、芽头肥壮、满披毛的为好，以芽瘦扁、毫少的为差。蒙顶黄芽以条扁直、芽壮多毫为上，以条弯曲、芽瘦毫少为差。鹿苑茶以条索紧结、卷曲呈环形、显毫为佳，以条松直、不显毫为差。黄大茶以叶肥厚成条、梗长壮、梗叶相连为好，以叶片状、梗细短、梗叶分离或梗断叶破为差。

黄茶的色泽要从黄色的枯润、暗鲜等方面来判断，以金黄色鲜润为优，以色枯暗为差。

黄茶的净度要分析梗、片、末及非茶类夹杂物含量，以杂物少为优。

黄茶的香气以火功足、有锅巴香为好，以火功不足为次，以有青闷气或粗青气为差。

黄茶的汤色以黄澄明亮为优，以黄暗或黄浊为次；香气以清悦为优，以有闷浊气为差；滋味以醇和鲜爽、回甘、收敛性弱为好，以苦、涩、淡、闷为次。

黄茶的叶底以芽叶肥壮、匀整、黄色鲜亮为好，以芽叶瘦薄、暗黄为次。

4.有代表性的黄茶

黄茶中的名茶有：君山银针、皖西黄大茶、蒙顶黄芽、霍山黄芽、北港毛尖、远安黄茶、沩江白毛尖、平阳黄汤、广东大叶青、海马宫茶等。

（1）君山银针

君山银针（如图1-2-23所示）产于湖南省岳阳市君山区洞庭湖边的君山，是黄芽茶之极品。其成品茶外形茁壮挺直，重实匀齐，银毫披露，芽身金黄光亮，内质毫香鲜嫩，被誉为"金镶玉"。汤色杏黄明净，滋味甘醇鲜爽，香气清雅。若以玻璃杯冲泡，可见芽尖冲上水面，悬空竖立，下沉时如雪花下坠，沉入杯底，状似鲜笋出土，又如刀剑林立。再冲泡再竖起，能够三起三落。

君山银针的特点是茶形紧实挺直；芽身金黄，色泽润亮；香气高；汤色杏黄清澈；茶味爽甜醇厚；叶底嫩黄明亮。

（2）皖西黄大茶

皖西黄大茶（如图1-2-24所示）为安徽霍山、金寨、岳西所产。品质最佳者当数霍山县大化坪、漫水河、金寨县燕子河一带所产，干茶色泽自然，呈金黄色，香高、味浓、耐泡。

黄大茶的品质特点是：外形梗壮叶肥，叶片成条，梗叶相连，形似钓鱼钩；梗叶金黄显褐，色泽油润；汤色深黄显褐；叶底黄中显褐；滋味浓厚醇和，具有高嫩的焦香。

图1-2-23　君山银针　　　　　图1-2-24　皖西黄大茶

（3）蒙顶黄芽

蒙顶黄芽（如图1-2-25所示）产于四川省蒙山山区，蒙山产茶的历史悠久，蒙顶茶自唐至明清，都是有名的贡茶。四川有不少茶馆、茶庄都悬挂"扬子江中水，蒙顶山上茶"的对联，可见蒙顶茶的影响之深远。蒙顶黄芽每年春分时节开始采制，通常选择肥壮的芽头一芽一叶初展，经杀青、处包、复炒等八道工序制成。

蒙顶黄芽的特点是：茶形扁直，芽毫毕露，色泽微黄，香气浓郁，汤色黄亮，叶底嫩黄匀亮。

（4）霍山黄芽

霍山黄芽（如图1-2-26所示）属黄芽茶中的珍品，产于安徽省大别山区的霍山县。霍山产茶的历史悠久，从唐代起，其所产黄芽即为极品，明清时更被列为宫廷贡品。《唐国史补》和《二如亭群芳谱》等对此均有记载。

图 1-2-25 蒙顶黄芽

图 1-2-26 霍山黄芽

霍山黄芽的特点是：茶形细嫩多亮，形如雀尖；茶色嫩黄；有栗香气；汤色黄绿清明；味醇厚有回甘；叶底黄亮、嫩匀、厚实。

5.黄茶的价值功效

黄茶和大部分茶类一样，具有提神醒脑、消除疲劳、消食化滞等功效。其最突出的优点在于，黄茶是沤茶，在沤的过程中，会产生大量的消化酶，对脾胃有好处，对消化不良、食欲不振、懒动肥胖的人有调节作用。此外，黄茶鲜叶中天然物质保留85%以上，富含茶多酚、氨基酸、可溶性糖、维生素等丰富的营养物质，这些物质对防癌、抗癌、杀菌、消炎均有特殊效果，为其他茶叶所不及。

纳米黄茶能更好地发挥黄茶原茶的功能，更能穿入脂肪细胞，使脂肪细胞在消化酶的作用下恢复代谢功能。

黄茶茶根可以用来按摩二扇门（手背第四掌骨小头与第五掌骨小头之间），使微量元素透入穴位，增强穴位磁场，产生调节作用，促进脂肪代谢。

任务训练与考核

认识黄茶的训练与考核评价参考表见表1-2-9。

表1-2-9　　　　　　　　　认识黄茶的训练与考核评价参考表

序号	训练内容	考核要点	要点提示	配分	得分
1	黄茶的加工环节包括哪几个？哪个是形成黄茶独有品质的加工环节	制作流程	鲜叶杀青、揉捻、闷黄、干燥。闷黄是形成黄茶特有品质的加工环节	2分	
2	请同学们指出黄茶中有代表性的名茶	主要名茶	君山银针、蒙顶黄芽、北港毛尖、远安黄茶、霍山黄芽等	3分	
3	假设你在茶馆工作，请试写一款黄茶的推荐词	三个名茶及其品质特点	从产地、品质特点、品饮价值三方面阐述	5分	

考核方式：以小组为单位，10分计分制。

任务七 认识黑茶

◎ **技能目标**

1.了解黑茶的概念。

2.了解黑茶的分布地区。

3.能够列举黑茶的主要品种。

4.结合生活常识，掌握黑茶的内质及对人体的作用。

◎ **素养目标**

黑茶陈香，沉淀的是岁月的风霜，人也一样，只有遭遇一次次的挫折，才能绽放生命的光彩。

● ● ● **知识学习**

1.黑茶概述

视频1-2-7

认识黑茶

黑茶（Dark Tea），因成品茶的外观呈黑色而得名。黑茶属于六大茶类之一，是后发酵茶，主产区包括四川、云南、湖北、湖南、陕西、安徽等地。传统黑茶采用的黑毛茶原料成熟度较高，是压制紧压茶的主要原料。黑茶按地域分布，主要分为湖南黑茶（茯茶、千两茶、黑砖茶、三尖茶等）、湖北青砖茶、四川黑茶（边茶）、安徽古黟黑茶（安茶）、云南黑茶（普洱熟茶）、广西六堡茶及陕西黑茶（茯茶）等。

2.制作工序

黑茶的制作工艺一般包括杀青、揉捻、渥堆和干燥4道工序。

（1）杀青

杀青是利用高温破坏酶的活性，以抑制多酚类物质的酶性氧化。由于原料较老，水分含量较低，黑茶不易杀匀、杀透。为了避免水分不足杀不匀透，一般除雨水叶、露水叶和幼嫩芽叶外，都要按10∶1的比例洒水（即10千克鲜叶洒1千克清水）。洒水要均匀，以便于黑茶杀青能杀匀、杀透。杀青的方法分为传统手工杀青（如图1-2-27所示）和机械杀青。

（2）揉捻

黑茶的揉捻分为初揉（如图1-2-28所示）和复揉（如图1-2-29所示）两个环节。初揉是在杀青后趁热揉捻，将大部分粗大茶叶初步揉成条，且茶汁溢附于茶叶表面，细胞破损率达20%以上，为渥堆的理化创造条件。由于黑茶叶质较粗老，无论是初揉还是复揉，都必须遵循轻压、慢揉、短时的原则，揉捻时间15分钟左右为好，待黑茶嫩叶成条、粗老叶皱叠即可。

图1-2-27 传统手工杀青

图1-2-28 初揉

（3）渥堆

初揉后的茶叶，无须解块直接进行渥堆（如图1-2-30所示）。渥堆应选择背窗、洁净的地面，避免阳光直射，堆高66～100厘米，上盖湿布等物，借以保湿、保温。渥堆适宜的环境条件是室温25℃左右、相对湿度85%以上。

图1-2-29 复揉

图1-2-30 渥堆

渥堆一般要求茶坯含水量65%左右，如果揉捻叶过干，可在堆面上洒些清水。如果气温高，叶温上升过快，可在渥堆过程中翻拌一次，以防烧坏茶坯。堆积24小时左右时，茶坯表面会出现水珠，叶色由暗绿变为黄褐，带有酒糟气味或酸辣气味，对光透视呈竹青色而透明，且手伸入茶堆感觉发热，茶团黏性变小，一打即散，即为渥堆适度。

（4）复揉

将渥堆适度的黑茶茶坯解块后，上机复揉，压力较初揉稍小，时长一般6～8分钟；下机解块，及时干燥。当然，也可以手工复揉。

（5）烘焙（干燥）

烘焙是黑茶初制中的最后一道工序，通过烘焙形成黑茶特有的品质，即油黑色和松烟香味。黑茶的干燥方法与其他茶类不同，其采用松柴旺火烘焙，不忌烟味，分层累加湿坯和进行长时间的一次干燥。黑茶的干燥在七星灶（如图1-2-31所示）上进行。陆羽《茶经·二之具》中对黑茶烘焙的描述是："焙，凿地深二尺，阔二尺五寸，长一丈。上作短墙，高二尺，泥之。"现在的烘焙方式仿古代，在灶口处的地面燃烧松柴，松柴采取横架方式，并保持火力均匀，借风力使火温均匀地透入七星孔内，火温要均匀地扩散到灶面焙帘上。

图1-2-31 七星灶

当焙帘上的温度达到70℃以上时，开始撒第一层茶坯，厚度为2~3厘米；待第一层茶坯烘至六七成干时，撒第二层茶坯，撒叶厚度稍薄。这样一层一层地加到5~7层，总的厚度不超过焙框的高度。待最上面的茶坯达七八成干时，即退火翻焙。翻焙用特制铁叉，将已干的底层翻到上面来，将尚未干的上层翻至下面去；继续升火烘焙，待上中下各层茶叶干燥到适度，即行下焙。

3.品质特征

各类黑茶所用鲜叶原料较粗老，都有渥堆变色过程，有的是干坯渥堆变色，如两湖青砖和四川茯砖等；有的采用湿坯渥堆变色，如安化黑茶和广西六堡。黑茶都要经过蒸压和缓慢干燥过程，所以反映在品质上，干茶呈褐色，汤色橙黄或橙红，香味醇而不涩，叶底黄褐粗大。

压制茶的形状与规格要符合该茶类应有的规格要求，如成型的茶外形平整，压制紧实或紧结，不起层脱面，压制的花纹清晰。茯砖茶还要求砖内发花茂盛。各种压制茶的色泽应具有该茶类应有的色泽特征；内质要求香味醇正，没有酸、馊、霉、异等不正常气味，也无粗、涩等口感。

4.有代表性的黑茶品种

从成品形态上可将黑茶分为散装黑茶、压制黑茶和篓装黑茶。散装黑茶有安化黑毛茶、普洱散茶、广西六堡散茶等。压制黑茶是以安化黑毛茶、两湖青砖茶、四川毛庄茶或做庄茶、广西六堡散茶、云南晒青毛茶、普洱散茶等为原料，经整理加工后，汽蒸压制成型的各种黑茶产品。压制黑茶有砖形茶（如茯砖、花砖、黑砖、青砖、普洱砖茶、普洱紧茶等）、圆柱体形茶（安化千两茶）、枕形茶（如康砖茶、金尖等）、圆形茶（七子饼茶等）、碗臼形茶（普洱沱茶）等。篓装黑茶有安化湘尖茶、广西六堡茶、四川方包茶等。

不同类别的黑茶因其产地、原料、加工工艺等不同，品质也有所不同。

（1）两湖青砖茶

两湖青砖茶（如图1-2-32所示）可按产地分为湖北青砖和临湘青砖。湖北青砖是以老青茶为主要原料蒸压成砖形的成品，也称"老青砖"，主要产于湖北省咸宁市的赤壁、崇阳等地。湖南临湘也生产青砖茶，主要销往内蒙古等地。老青茶的茶叶原料较粗老，含有较多的茶梗，经杀青、揉捻、初晒、复炒、复揉、渥堆、晒干等工序制成。青砖茶要求砖面光滑，棱角整齐，紧结平整，色泽青褐，压印纹理清晰，砖内无黑霉、白霉、青霉等霉菌；内质香气醇正，滋味醇和，汤色橙黄明亮，叶底暗褐。

（2）四川黑茶

四川黑茶（如图1-2-33所示）俗称"边茶"，边茶历史悠久，清代规定雅安、宜宾、天全、荥经等地所产的边茶专销康藏，称南路边茶，是专销藏区的一种紧压茶，故也被称为"藏茶"。过去南路边茶有毛尖、芽细、康砖、金尖、金玉、金仓6个花色，现只有康砖、金尖2个花色。康砖茶外形为圆角长方形，俗称枕形，规格为160×90×60毫米，每包净重500克。外形表面平整、紧实，洒面明显，色泽棕褐，无青霉、黑霉；内质香气醇正，汤色红黄尚明，滋味尚浓醇，叶底棕褐稍花。20世纪90年代后，安化梅城茶厂（现更名为安化国津茶业有限公司）开发生产的康砖茶在西藏市场享有较高声誉。

图1-2-32 两湖青砖茶

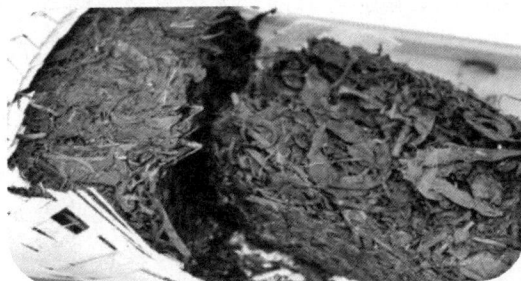

图1-2-33 四川黑茶

金尖茶外形为圆角长方形，规格比康砖茶稍大，为220×180×110毫米，每包净重2.5千克。外形表面平整，稍紧实，无脱层，色泽棕褐，无青霉、黑霉、黄霉，香气醇正，汤色黄红尚明，滋味醇和，叶底暗褐。四川灌县、北川、崇州、大邑等地所产边茶专销川西北松潘、理县等地，称西路边茶。西路边茶的鲜叶原料比南路边茶更粗老，采割当年或1~2年生茶树枝叶，杀青后直接晒干即可。西路边茶成品有茯砖和方包。方包茶外形为长方形蔑包状，四角方正稍紧，规格为660×500×320毫米，每包净重3.5千克。品质特征为多粗壮梗、少叶，色泽黄褐，稍带烟焦气，汤色黄红稍暗，滋味醇和，叶底多粗壮梗、黄褐。

（3）云南普洱茶

云南普洱茶（如图1-2-34所示）是以云南省一定区域内的大叶种晒青毛茶为原料，经过后发酵加工成的散茶和紧压茶，按发酵方式不同又可分为生普洱茶和熟普洱茶。其外形色泽褐红，内质汤色红浓明亮，陈香独特，滋味醇厚有回甘，叶底褐红。

（4）广西六堡茶

广西六堡茶（如图1-2-35所示）因产于广西苍梧县六堡镇而得名，品质特点是条索长整尚紧，色泽黑褐光润，汤色红浓，香气陈醇，滋味爽口，带有松烟味和槟榔味，叶底呈铜褐色。六堡茶有散装茶和篓装紧压茶两种，除销往广东、香港外，还销往我国其他沿海地区以及泰国、马来西亚、新加坡等国。

图1-2-34　云南普洱

图1-2-35　广西六堡茶

5.价值功效

黑茶中含有较丰富的营养成分，最主要的是维生素和矿物质。黑茶中的咖啡碱、维生素、氨基酸、磷脂等有助于人体消化，调节脂肪代谢；咖啡碱的刺激作用更能提高胃液的分泌量，从而增进食欲，帮助消化。另外，黑茶还有降脂减肥、抗氧化、抗癌、降血压、降血糖、利尿解毒、杀菌消炎等功效。

需要注意的是，饮用凉黑茶只能短暂降低体表或局部温度，不能持久解热、解渴。而适当地饮用热黑茶，对消暑解渴、清热凉身更为有利。因为饮热茶后能扩张血管，促进汗腺分泌，使排汗畅快。大量汗液通过皮肤表面的毛孔渗出体外而挥发，会带走大量体热，能降低体表温度2℃～3℃。在炎炎夏日，闲暇时喝上一杯凉黑茶确实是一种难得的享受，但在身体处于缺水的状态下，急于饮用凉茶不但无法体会它的独特风味，甚至可能对身体造成伤害，这时候喝热茶反而是更好的选择。

黑茶在生活中也有一些妙用，对治疗习惯性便秘有一定的效果；用黑茶洗头可止痒养发；用黑茶泡脚能迅速缓解疲劳、除臭抑菌。

●●● 任务训练与考核

认识黑茶的训练与考核评价参考表见表1-2-10。

表1-2-10　　　　　　　　　认识黑茶的训练与考核评价参考表

序号	训练内容	考核要点	要点提示	配分	得分
1	区别前面学习的几种茶，分析黑茶的独特之处	黑茶的属性	后发酵茶	2分	
2	请列举你所了解的黑茶2～3种	黑茶的主要品种	安化黑茶、湖北佬扁茶、四川黑茶、广西六堡散茶等	3分	
3	假设你是黑茶营销员，请推介一下普洱茶	黑茶的价值	主要从普洱茶的产地、品质、营养价值3个方面介绍	5分	

考核方式：以小组为单位，10分计分制。

任务八　认识其他茶

◎ **技能目标**
1.掌握花茶的制作工艺。
2.了解花茶的主要品种。

◎ **素养目标**
花茶，一为"天香"，一为"佳人"，两相拥抱孕育出灿然珍品。世界各地互相融通交流，能够创造出更多美好的宝物。

●●●▶ **知识学习**

1.花茶

花茶（Scented Tea），又名香片，是以绿茶、红茶或者乌龙茶为茶坯，以能够吐香的鲜花为原料，采用窨制工艺制作而成的茶叶。花茶的制作工艺主要包括多次提花、窨花、压花、打底。

视频1-2-8

认识其他茶

根据所用的花的品种不同，花茶可分为茉莉花茶、玉兰花茶、桂花茶、珠兰花茶、玫瑰花茶、玳玳花茶等，其中以茉莉花茶产量最大。花茶是利用茶善于吸收异味的特点，将有香味的鲜花和新茶一起窨，茶将香味吸收后再把干花筛除，制成的花茶香味浓郁、茶汤色深、气味芬芳并具有养生疗效。普通花茶大都是用绿茶制作的，也有用红茶制作的。大部分花茶条索紧结匀整，色泽黄绿尚润；内质香气鲜灵浓郁，具有明显的鲜花香气，汤色浅黄明亮，叶底细嫩匀亮。花茶产于福建、江苏、浙江、广西、四川、安徽、湖南、江西、湖北、云南等地。

花茶集茶味与花香于一体，茶引花香，花增茶味，相得益彰，既保持了浓郁爽口的茶味，又有鲜灵芬芳的花香，冲泡品吸，花香袭人，甘芳满口，令人心旷神怡。花茶不仅仍有茶的功效，而且鲜花具有良好的药理作用，对人体健康有益，有助于排出宿便、调理肠胃、排毒等。此外，花茶还具有美容护肤、美体瘦身、排毒除臭的功效。

2.花果茶

也有人将花茶定义为用植物的花或叶或果实泡制而成的茶，是中国特有的一类再加工茶。按照这个定义，花茶可细分为花草茶和花果茶。饮用叶或花的茶称为花草茶，如荷叶茶、甜菊叶茶、玫瑰花茶、勿忘我花茶、金盏花茶、百合花茶等。饮用果实的茶称为花果茶，如无花果茶、柠檬茶、山楂茶、罗汉果茶等。

花果茶是德国人饮食生活中不可或缺的一部分，不但老人喜欢喝，德国妇女更将花果茶视为一种不可或缺的美容养颜佳品。他们将花果茶按口味不同分为巴黎香榭、放肆情人、倾国梦幻、蓝色忧郁、出水芙蓉、欧陆风情、清秀佳人、黑森林、夏日情怀、蓝莓深情等，浓郁的水果味闻起来酸酸的。纯正的花果茶有巴黎香榭、蓝色忧郁、放肆情人、紫屋魔恋4种。

花果茶又被称为果粒茶，是一种类似茶的饮料，以各种不同的花朵与水果浓缩干燥而成。花果茶中含有维生素、果酸与矿物质，但不含咖啡因与单宁酸。不同口味的花果茶在成分上略有不同，如以芙蓉花、蔷薇实、橙皮与苹果片为主要组成元素的花果茶，在冲泡后仍能保持花果的原风味，加上冰糖饮用，可以舒缓情绪，另有美容养颜的效果。

花果茶中含有大量维生素C，其中的各种水果和花卉各具特性。其中，葡萄味甘、性平，能补肝肾、益气血、生津液、利小便；苹果味甘、性凉，能生津止渴、清热除烦、益脾止泻，同时还治大便干燥；番木瓜、柑橘皮能消食健胃、增进食欲；蔷薇花味苦、性凉，能清热利湿、祛风、活血、解毒；玫瑰花味甘、性温，能行气解郁、活血止痛。其种种功效不一而足，都与调和脾胃之气有关。

花果茶能治感冒，是茶本身所含的活性维生素C在起作用。维生素C能够提高人体免疫力，增强其抗病能力。一些消化不良的人在喝花果茶的同时，会把果肉也吃下去，因为它能促进胃肠蠕动，帮助排除体内毒素，防止大便干燥。经常饮用花果茶还可以排毒养颜，避免脸上长痘。

●●● 任务训练与考核

认识其他茶的训练与考核评价参考表见表1-2-11。

表1-2-11　　　　　　　　认识其他茶的训练与考核评价参考表

序号	训练内容	考核要点	要点提示	配分	得分
1	请简述花茶的概念及其加工工艺	花茶的内涵	花茶主要是以绿茶、红茶或者乌龙茶作为茶坯，配以能够吐香的鲜花作为原料，采用窨制工艺制作而成的茶。其制作工艺主要包括多次提花、窨花、压花、打底	5分	
2	简要概述按照茶的口味不同，花果茶的4种类型	花果茶的分类	巴黎香榭、蓝色忧郁、放肆情人、紫屋魔恋	5分	

考核方式：以小组为单位，10分计分制。

●●● 延展学习

实践练习花果茶的制作。

实训模块三　选购茶叶

◎ **情景导入**

　　小罐茶，是在中国文化复兴和消费升级的趋势下，诞生的一个全品类高端中国茶品牌。北京小罐茶业有限公司创立于2014年，是互联网思维、体验经济下应运而生的一家现代茶商。小罐茶运用创新理念，以极具创造性的手法，整合中国茶行业的优势资源，联合六大茶类的八位制茶大师，坚持原产地原料，依托大师工艺、大师监制，独创小罐保鲜技术，共同打造大师级的中国茶。

　　2017年，一则小罐茶的广告占据了央视屏幕，在这个向来只注重茶叶分类的行业中，从未有人如此用力打造一个品牌，但伴随小罐茶互联网营销一同而来的是懂茶人的质疑。小罐茶声称特别邀请了中国八大名茶中最具代表性的8位泰斗级制茶大师，包括西湖龙井制茶大师戚国伟、黄山毛峰传统制作技艺第49代传承人谢四十、中国普洱茶终身成就大师邹炳良等。2019年1月，小罐茶广告引发争议。有网友算了笔账，如果按销售额20亿元来算，小罐茶的8位大师平均一年需要炒出4万千克茶叶。对此，小罐茶广告中制茶大师邹炳良之女回应称，小罐茶是他们的合作项目，是大师"作"，而不是大师亲自"做"。

◎ **学茶悟道**

　　明确目标，坚定信念：选茶意味着在权衡与取舍中历练与成长。

　　选茶是一门需要耐心和技巧的艺术，涉及对茶叶品种、质量、口感以及产地、采摘季节等多个因素的考量。选茶也是一个涉及文化、历史、审美等多方面知识的过程，是一种深刻的文化体验。茶叶作为我国传统文化的瑰宝，每种茶叶都有其独特的文化背景和象征意义，蕴含着丰富的文化价值，因此选茶其实是一种与古人对话的方式，可以更深入地了解和感受其中悠久的历史和文化底蕴，比如绿茶代表清新、自然，红茶则象征浓郁、热情。选茶——意味着权衡与取舍。在人生的道路上，我们经常会像选茶一样，面临各种诱惑和挑战，需要有清晰的目标和坚定的信念，才能做出正确的抉择。有时候，只有放弃一些看似诱人的东西，才能追求到更加长远和有价值的目标。在取舍与得失的选择中不断磨砺自我，可以不断提高自己的判断力，是一种学习和成长的过程。

　　通过对比不同种类的茶叶，引导学生了解不同茶叶的形状及其茶汤的色泽、香气等特点，体会不同茶叶所代表的文化内涵和审美价值，深刻感受我国茶文化的博大精深和独特魅力，增强对传统文化的认同感和自豪感，同时可以锻炼学生的观察能力与分析鉴别能力，在坚定目标与信念中拥有足够的智慧和判断力。

◎ **学习重点**

1.茶叶的评审

2.茶叶的选购

任务一　察看茶叶

◎ 技能目标

1. 了解如何察看茶叶的外形。

2. 熟记各种茶叶的外形特征。

◎ 素养目标

茶叶不会在意是否有人注意到它，仍自吐香舞动，成就一杯茶的美好。我们要学习茶叶奉献自己，成就他人的精神。

● ● ◗ 知识学习

察看茶叶就是观赏干茶和茶叶开汤后的形状变化。

1. 干茶形状

干茶是指未冲泡的茶叶，开汤是指用开水冲泡干茶。在本任务中，以察看干茶为主，察看开汤后茶叶的变化将会在后面的任务中学习。

视频 1-3-1

察看茶叶

茶叶的外形千姿百态，有针形、扁形、条索形、螺形、眉形、球形、半球形、兰花形、片形、曲形、束形、雀舌形、珠形、菊花形等（如图 1-3-1 所示），各具美感。待茶叶开汤后，其形态会产生各种变化，乃至展露原本的形态，令人赏心悦目。

（1）针形

外形圆直如针，如南京雨花茶、安化松针、君山银针、白毫银针等。

（2）扁形

外形扁平挺直，如西湖龙井、茅山青峰、安吉白片等。

（3）条索形

外形呈条状稍弯曲，如信阳毛尖、桂平西山茶、径山茶、庐山云雾等。

（4）螺形

外形卷曲似螺，如洞庭碧螺春、临海蟠毫、普陀佛茶、井冈翠绿等。

（5）兰花形

外形似兰，如太平猴魁、兰花茶等。

（6）片形

外形呈片状，如六安瓜片、齐山名片等。

（7）束形

外形成束，如江山绿牡丹、婺源墨菊等。

（8）珠形

外形如珠，如泉岗辉白、涌溪火青等。

龙井茶（扁形）　　　　君山银针（针形）

信阳毛尖（条索形）　　　碧螺春（螺形）

太平猴魁（兰花形）　　　六安瓜片（片形）

江山绿牡丹（束形）　　　涌溪火青（珠形）

图 1-3-1　各种干茶外形

2.察看干茶

察看干茶主要从形状、色泽、嫩度 3 方面进行。

（1）形状

抓一小撮茶叶散开，使条索暴露在眼前，从粗细、大小等方面评审干茶叶的形状。形状一致，表明采摘规格严，鲜叶的一芽几叶全都相同，制工精良。

此外，好茶叶的条索卷得很紧，外形卷曲优美、圆浑重实，完整匀齐，表面油润、洁净，不含木质纤维、粉末及杂物。

（2）色泽

色泽一致（只有在茶树的品种、采摘的茶园、叶色这三要素相同的前提下，加上精良的制工，茶叶色泽才能一致）表明干茶"三相同，制工好"。干茶的色泽依茶类不同有很大差异。以绿茶为例，色泽呈黄绿为好，浅绿次之，深绿最差。细嫩绿茶色泽翠绿油润，有神采；嫩度稍差些的，色泽青绿带暗；而较老的茶叶，色泽绿中带枯暗。

（3）嫩度

在外形审评中，察看茶叶的嫩度也是关键。嫩度好的茶叶，条索紧结、色泽调匀、净度也好；而嫩度较差的茶叶，条索粗松、色泽花杂、净度也差。这点与干茶的干燥程度也有关，茶叶若是回软，则品质不佳；其次要观察叶片是否整洁，如果有太多的叶梗、黄片、渣末、杂质，则不是上等茶叶。

3.察看冲泡茶形

察看茶叶开汤后茶形的变化，最好是通过玻璃杯进行观察。具有欣赏价值的主要是绿茶，部分白茶、黄茶冲泡后也极具艺术气息，其他茶类更注重茶汤的颜色和香气。外形干瘪的茶叶在冲泡之后渐渐舒展，呈现出叶片本来的样子。不同工艺加工的茶叶，冲泡后的茶形也有较大差异。

绿茶形美，汤清叶绿。如龙井茶有分层；碧螺春袅袅娜娜、叶片完整；竹叶青根根直立，如雨后春笋、油润碧绿，尽显美态。

红茶红汤红叶，香甜味醇。如祁门红茶条索紧细苗秀、色泽乌润，开汤后金毫显露，汤色红艳明亮，滋味鲜醇酣厚，香气清香持久，似花、似果、似蜜。

青茶开汤后可见绿叶红边，茶汤呈蜜绿色或蜜黄色，茶香具有花香果味，滋味醇厚回甘。如经沸水冲泡之后的铁观音茶，叶底柔软、色泽嫩绿，汤色橙黄明亮，香气馥郁，几乎恢复到茶叶原来的自然状态。

白茶冲泡后，具有外形芽毫完整、满身披毫、叶香清鲜、汤色黄绿清澈、滋味清淡回甘的品质特点，有"绿妆素裹"之美感。白毫银针干茶都是茶芽，冲泡后芽叶肥壮，满披白色茸毛，色泽鲜白，闪烁如银，条长挺直，如棱如针，汤色清澈晶亮，呈浅杏黄色，极具美感，入口毫香显露，甘醇清鲜。

黄茶，汤黄叶黄，香气高扬。以黄茶中的君山银针为例，若以玻璃杯冲泡，可见芽尖冲上水面，悬空竖立，下沉时如雪花下坠，沉入杯底，状似鲜笋出土，又如刀剑林立。再冲泡再竖起，能够三起三落。

一般的黑茶冲泡后汤红浓酽或橙黄发亮，滋味醇厚，凸显陈香。品质好的黑茶叶片较完整，一般的黑茶在自然存放过程中，叶片容易碎，所以冲泡后的茶叶缺少美感。

4.察看叶底

叶底是茶叶品评的一种常用术语，亦称茶渣，指干茶经开水冲泡后展开的叶片。察看叶底是指将泡过的茶叶倒入叶底盘或杯盖中，并将其拌匀铺开，观察其嫩度、匀度、色泽等；也可将泡过的茶叶倒入漂盘中，用清水漂叶进行观察。好的茶叶叶底芽头多，叶子长而细小，叶质优嫩柔软，叶色鲜艳明亮；反之则芽小叶薄，质硬无肉，叶脉显现。

任务训练与考核

察看茶叶的训练与考核评价参考表见表1-3-1。

表1-3-1　　　　　　　　　察看茶叶的训练与考核评价参考表

序号	训练内容	考核要点	要点提示	配分	得分
1	请指出雨花茶是什么形状的	干茶的形状	针形	5分	
2	请以龙井茶为例，对干茶的形状、色泽、嫩度进行评价	干茶外形的审评	形态扁平光滑挺直，色泽翠绿光润，锋苗好，白毫显露	5分	

考核方式：以小组为单位，10分计分制。

任务二　嗅闻茶香

◎ **技能目标**

1.列举干茶的香气类型，并指出有代表性的茶叶。

2.阐述优质茶叶所具备的香气。

3.掌握嗅闻茶汤香气的方法。

◎ **素养目标**

正所谓璞玉浑金，香气淡雅，气质非凡，冷静沉着，低调行事。凡事不锋芒毕现，更不故弄玄虚，这是做人做事的一种态度。

知识学习

唐朝陆羽在《茶经》中说，茶花的味道浓但是没有香味，因为香气都凝聚到叶子里面去了。《茶经》也说："啜苦咽甘，茶也。"茶有三妙，即"一色，二香，三味"。品鉴茶叶，嗅闻茶香极为重要。

1.干茶香气的类型

目前已知的干茶香气达500余种，有各种醇类、酯类、醛类、醚类等。各

视频1-3-2

嗅闻茶香

类茶叶本身都有香味，如绿茶清香，上品绿茶还有兰花香、板栗香等；红茶有清香、甜香或花香；乌龙茶有熟桃香、兰花香等；花茶则更以浓香吸引茶客。若茶叶香气低沉，则为劣质茶，有陈气的为陈茶，有异味、毒气的为变质茶。典型的干茶香气类型有：

（1）毫香型

白毫多者为鲜叶，嫩度在一芽一叶以上，经过加工制作成干茶，干茶多白毫者，冲泡时会散发出毫香。绿茶中的银针茶、碧螺春，最具典型毫香；部分毛尖、毛峰茶，嫩香带毫香。福鼎白茶中的银针或白牡丹有毫香或杏仁香。

（2）嫩香型

毫香与嫩香多出现在比较细嫩的茶叶中，鲜叶新鲜柔软，一芽二叶初展，及时加工的

新茶，多具嫩香；陈茶叶无嫩香。如各种毛尖、毛峰茶新茶有嫩香。

（3）花香型

特殊茶树的鲜叶，嫩度在一芽二叶，制作合理，这种茶叶具有幽雅的鲜花香气，又分为清花香和甜花香两类。清花香有兰花香、栀子花香、珠兰花香、米兰花香、金银花香等；甜花香有玉兰花香、桂花香、玫瑰花香、墨红花香等。如青茶中的铁观音、凤凰单丛、水仙、浪菜等都有花香，武夷岩茶讲究山场，除了可以体现岩骨之外，山场与香气之间的关联也很密切。兰花香与摊晾也有着密切的关系，比如有些山场的水仙品种可以散发出兰花香，有些却怎么做都做不出来，这跟土壤及生态环境有很大的关系。花茶因窨花种类不同而各具花香，绿茶中的桐城小花、舒城兰花、涌溪火青、高档舒绿等有幽雅的兰花香；红茶的祁门工夫茶有花蜜香。

（4）果香型

茶叶中类似水果的香气，有毛桃香、蜜桃香、雪梨香、佛手香、橘子香、李子香等，例如乌龙茶有蜜桃香。果香肉桂茶是由老茶人沿用传统的手工方法，经萎凋、杀青、揉捻、烘焙等十几道工艺逐一精制而成，比较正宗的是武夷山正岩果香肉桂茶。萎凋适度是形成香气滋味的基础，萎凋的时间全凭茶师的经验，需要保证茶叶走水情况和花色变化适宜。

（5）清香型

鲜叶嫩度一芽二三叶，制茶及时，此香型包括清香、清高、清纯、清正、清鲜等。清香是绿茶的典型香型。少数闷堆程度较轻、干燥且火功不饱满的黄茶和摇青、做青程度偏轻、火功不足的青茶，也有清香之气。

（6）甜香型

红茶的典型香型就是甜香，鲜叶嫩度一般多为一芽二三叶，此香型包括清甜香、甜花香、干果香、栗子香、橘子香、蜜糖香、桂圆香。绿茶的炒青香型与烘青香型有较大的差异，栗香为炒青比较透时容易出现的香气，豆香常出现于杀青时火温较高的茶叶。建阳水仙制成的白茶，有奶油香。

（7）火香型

鲜叶较老，含梗较多，制作时烘焙火温高、糖类趋焦糖化的茶叶，会产生香气。此香型包括米糕香、高火香、老火香、锅巴香，如黄大茶、武夷岩茶、古劳茶等。

（8）陈醇香型

鲜叶较老的话，制作时会有渥堆醇化的过程，如六堡茶、普洱茶及其他多数压制茶。通过茶香也可辨识某款山头茶，比如普洱茶常会有其山头的典型香气特征，如易武的冰糖香、景迈的蜜兰香、曼松的糯香等。传统工艺的乌龙茶，经多年存储后，所形成的香气，常被人称为"酸梅香"，嗅一下就会让老茶客流口水。而老黑茶或普洱一类，多出现木香、樟香，老白茶则为药香。

（9）松烟香型

制作干燥工序中，以松柏或黄藤、枫球等熏烟的茶叶为松烟香型，如正山小种红茶、沩山毛尖、六堡茶、黑毛茶等。

2.识别病香

读懂病香，就可识得茶的真味。所谓病香，就是茶中的焦、糊、闷、馊、霉、浊等异味。茶叶有油臭味、焦糊味、菁臭味、陈旧味、火味、闷味或其他异味者为劣品。生活中常见的病香有：

（1）焦糊味

如果在茶中能闻到焦糊味，那往往是因为炒青的锅未及时清洁，或由于急火导致茶叶边缘焦糊。有一些红茶，喝起来有较冲的焦糖香甚至火香，往往是烘干时温度过高导致的，饮这样的茶，舌面很容易留下燥感。

（2）酸香味

酸香要看是否伴着馊味，酸馊味意味着工艺过程中存在问题。好的酸香，会令人心情愉悦，有水果般清新甘美之特性。

（3）香精味

加了香精的茶，刚刚冲泡时香气高冲，再冲已弱，三四水后完全没有之前的香气了，其虽有香气却令人生腻。

（4）浓香味

所谓"清则幽远，锐则浓长"，讲的就是香气能够深远绵长。香气的悠长与回味，常用于判断是否为正岩茶、普洱中的古树茶等。好的内质，香气表现深长细密，饮后往往令人回味，香韵常留口腔。品饮老茶时，人们常常形容茶汤中有药香、枣香，这是比较正的香气。如果茶汤有参香或樟香，则要留意这些香味正不正，不正的味道近似木头房子受潮的气味，不要把霉味当成参香或樟香。

（5）旧茶香

若是陈茶，则香气淡薄或有一股陈气味，新茶一般都有新茶香。好的新茶，茶香格外明显。如新绿茶闻之有悦鼻高爽的香气，其香气有清香型、浓香型、甜香型，质量越好的茶叶，香味越浓郁扑鼻。口嚼或冲泡时，绿茶以甜香为上，若闻不到茶香或闻到一股青涩气、粗老气、焦糊气，则不是好茶。

总的来讲，质量好的茶叶，一般都香味醇正，沁人心脾。若茶叶香味淡薄或根本无香，甚至有异味的，均为劣质茶。例如许多消费者喜爱的茉莉花茶，有着浓郁的茉莉花清香，如无这种香气或有其他气味，则说明该茉莉花茶质量较差。

3.嗅闻茶叶香气的方法

（1）嗅闻茶香的器皿

适合闻茶香的器皿有高密度的白瓷盖碗、白瓷品杯以及匀杯。

白瓷盖碗常用于乌龙茶的冲泡与品香。白瓷品杯也可用于闻香，但一定要选择烧结温度高、天然釉面且形状为束口的杯子。人们也经常在匀杯中探嗅茶香，匀杯深长，挂香细密，与盖香相得益彰。

（2）嗅闻香气的方法

先嗅香气是否突出，再区别香气高低、长短、强弱、纯浊。嗅香时采用热嗅、温嗅、冷嗅相结合的方法。香气突出、清高，馥郁悠长的，为上品；反之为次品。冲泡时的茶香，还分热香、冷香与温香，所以还需要在冲泡过程中闻香。在专业审评中，乌龙茶在出汤前1分钟才开始闻盖香，这是含水的盖香，自然与出汤后的盖香不一样，所以它也作为闻香的一项重要指标。出汤后留下的盖香，尤其是迷人的冷香，让人忍不住闻了又闻，这是好茶的魅力。最难能可贵的则是汤水中带的香，也称"香沉水底"，这往往在内质过硬或工艺到位的茶中才能出现。叶底的香气，有时候会因巧妙的冲泡手法凸显出来；某些有缺陷的香气不会出现在茶汤中，但会在叶底上遗留下来，比如假老茶的燥气或杂味、存储受潮的某种气味、焦糊的气味等。

嗅闻香气的具体方法是：直接闻干茶香，壶或盖碗一定要提前温热，嗅闻时朝自己的方向揭开45度，只需深嗅一下，再嗅则弱。出汤之后，一手拿着盖碗或茶壶，一手将盖子打开一半，半掩着壶盖，将鼻子凑近品闻。需注意的是不能靠得太近，小心烫伤，先远一点感受热度再慢慢由远及近，最佳的闻香温度是55℃，这是热嗅。掀开盖，待温度降下来，再进行温嗅、冷嗅。

干茶的香气往往比茶汤的香气淡薄，这是因为在干茶的制作过程中，烘干水分时将沸点低的芳香醇都挥发了。烘得越久，芳香醇挥发得越多，干茶里的香气越少，干茶质量越好。

⬤⬤◗ 任务训练与考核

嗅闻茶香的训练与考核评价参考表见表1-3-2。

表1-3-2　　　　　　　　　　嗅闻茶香的训练与考核评价参考表

序号	训练内容	考核要点	要点提示	配分	得分
1	列举茶叶常见的几大香气	茶香类型	毫香、嫩香、花香、果香、陈醇香、松烟香等	2分	
2	请同学们指出有陈醇香的代表性茶叶	茶香类型	六堡茶、普洱茶、部分乌龙茶	3分	
3	以小组为单位，设计乌龙茶的茶香评鉴	茶香评鉴	列出所需器皿，陈述嗅闻干茶香气以及开汤香气的具体方法	5分	

考核方式：以小组为单位，10分计分制。

⬤⬤◗ 延展学习

请同学们列表总结六大茶类所具备的香气，并从种植加工环节探究香气呈现的原因。

任务三　观赏汤色

◎ 技能目标

1.了解影响茶汤颜色的因素。

2.识别各种茶汤的颜色。

◎ 素养目标

茶汤颜色是衡量茶质的一个重要因子,哪怕是同一茶类,品质不同,其茶汤颜色也会不同。这启发我们:是非观是一个人得以安身立命的基石。只有明辨是非、区分善恶、辨析真假,才能决定自己应该做什么、不应该做什么,才能抵制诱惑、扬善抑恶,做一个正直善良、遵纪守法的人。

●●●▶ 知识学习

中国茶叶品种繁多,不同的茶类有着不同的汤色,即使是同一类茶,茶汤也会因各种因素呈现出不同的颜色,或金黄透亮,或翡翠隐绿,或红艳鲜明。对于一款没有喝过的茶,最能吸引人的地方就是汤色了,它能给茶客感官上的享受。

视频1-3-3

品赏茶汤

各种茶因制作方式及发酵程度的不同,各具其色(好品质的红茶汤冷却后出现乳化现象,则另当别论)。

1.茶汤的主要呈色物质

茶叶的汤色主要从反光率、浓度和杂质来评价。反光率有光泽明亮与灰暗之分,浓度有颜色饱满与浅淡之分,杂质有茶汤清澈与浑浊之分,至于哪种美观度高,不可一概而论。

茶叶中的茶多酚在生产加工以及后期的储存过程中会发生一系列的化学反应,其氧化过程为:茶多酚→邻醌→茶黄素→茶红素→茶褐素。决定茶汤主要颜色的是溶解于茶汤中的水溶性物质,正是这些物质使茶汤的颜色变化丰富多彩。水溶性物质是能溶于水的色素物质的总称,天然存在于鲜叶叶片的有花黄素、花青素等;在茶叶加工中形成的有茶黄素、茶红素及茶褐素等,它们对茶汤色泽的形成具有重要的作用。

2.茶汤的颜色判定指标

茶汤颜色主要从色相、明度和彩度三方面考量。

色相是指颜色的种类,茶汤的颜色主要是绿与红之间的变化,这与茶的发酵程度有关,发酵愈少,汤色愈偏绿;发酵愈多,汤色愈偏红;其间也有黄绿、金黄、橘红等非阶梯式的变化。

明度是指颜色的明暗程度,这与茶的焙火程度有关,焙火程度低的茶,汤色显得明亮,随着焙火程度的加重,汤色变得愈来愈深。

彩度是指颜色的饱和程度,这与茶汤内可溶物的多少有关,可溶物溶出愈多,茶汤的稠度就愈大,表现在汤色上就是彩度高。相反,可溶物愈少,茶汤就愈稀薄,汤色的彩度就愈低。

3.六大茶类的茶汤颜色

(1)绿茶

绿茶的汤色,包括绿、黄绿、绿黄等。

茶汤的色泽是由黄酮醇苷、叶绿素和茶多酚共同呈现出来的。其中,黄酮醇苷是绿茶中主要的呈色物质,其水溶液为绿黄色;叶绿素虽然是脂溶性色素,但也会有少量溶入到茶汤中，颜色为绿色；而茶多酚的存在会使汤色变浅，并减缓绿茶汤色的劣变。

新鲜绿茶泡出的茶汤色泽碧绿，有清香、兰花香、熟板栗香等，滋味甘醇爽口，叶底鲜绿明亮。陈旧绿茶外观色黄暗晦、无光泽，香气低沉。如对茶叶用口吹热气，湿润的地方叶色黄且干涩，闻有冷感，泡出的茶汤色泽深黄。如龙井，茶汤应为翠绿色且散发清香。

（2）白茶

白茶属于微发酵茶，品质由高到低汤色不同，分别为：高级白茶淡绿清亮、中档白茶浅黄明亮、低档白茶泛黄尚亮。

白茶的加工很简朴，不揉捻、不杀青，只有萎凋和烘干两道主要工序。天然的日光能促使茶叶内的物质转化，更好地保留白茶的鲜爽感，保存下更多的茶氨酸和叶绿素。日光萎凋加工出来的白茶，受叶绿素较多保留的影响，在新茶阶段汤色偏绿、偏黄绿。而烘干过程，对白茶成品泡出来的汤色，也有很重要的影响。烘干温度、时长等因素，决定了白茶内物质的保留程度。急火高温烘，难免将茶烤焦，产生类似褐色、暗褐等颜色，导致汤色变样。而故意渥堆，人为加重发酵程度的白茶，汤色偏红。对于饼茶，压饼包揉时，白茶的叶片细胞发生部分破壁，导致细胞液流了出来，这部分细胞液与空气中的氧分子反应，会让饼茶的发酵略微比散茶深。故而，相比原汁原味的散茶，饼茶的汤色会更浓、更深，且略红一点。

（3）乌龙茶（青茶）

乌龙茶由于发酵程度不同，茶鲜叶中叶绿素的转化程度不同，因而呈现出的干茶、茶汤颜色不同；另外，由于焙火程度的不同，茶叶的颜色也不同。乌龙茶干茶、茶汤呈现出的色彩多样，大致可分为以下几种：干茶呈绿色、砂绿或墨绿色等，茶汤为淡黄色、黄色；干茶呈金色，茶汤为金黄色；干茶呈褐色或红褐色，有的茶比较乌润，茶汤为橙红色。

乌龙茶汤之所以橙黄明亮，是因为其所含呈色物质以茶黄素为主，并辅以适量的茶红素与儿茶素轻度氧化产物及黄酮等。乌龙茶以绿叶红镶边为特色，边缘呈现红茶的特点，中部呈现绿茶的特点。因其含有的呈色物质跨度较大，所以它也是最能体现生产工艺水平的一款茶。同属乌龙茶的铁观音和大红袍，因发酵程度的不同，所含呈色物质的比例不同，因而呈现出的颜色也有差异。铁观音属于低发酵茶，所含的叶绿素成分较多，茶汤的颜色偏绿；而大红袍的发酵程度较高，故茶红素含量多，茶汤会偏红一些。

（4）红茶

传统的红茶汤色以红艳明亮著称，近几年，一些高端新茶也有金黄色的茶汤。

红茶汤色主要由茶黄素、茶红素以及茶褐素3种成分构成，这些成分都是一系列化合物的总称。茶黄素和茶红素主要是由茶叶中的儿茶素经过氧化脱氢聚合转化形成的，茶黄素呈黄色，茶红素呈红色，而纯粹的儿茶素是无色的。

在红茶中有一种现象叫作"金圈"，要想出现"金圈"，汤色不能过浅，且必须明亮。"金圈"成为衡量红茶品质的一项重要指标。3种物质中对品质至关重要的是茶黄素，它是形成茶汤收敛性的主要因素，其含量直接决定了茶汤的鲜爽度，也是茶汤中"金圈"的主要成分，对茶汤的亮度也起重要作用。单一的茶黄素不足以形成"金圈"，还需要茶红素的搭配。茶红素的组成更为复杂，其分子量远远大于茶黄素，除了儿茶素酶促氧化聚合、缩合反应产物外，也有儿茶素氧化产物与多糖、蛋白质、核酸和原花色素等产生非酶促反应的产物。茶红素对茶汤的甜醇起作用，茶黄素与茶红素的比值是判断红茶品质的关键指标，如果比值过高，茶汤虽然刺激性强，亮度好，但汤色不够红浓，难以形成"金圈"；而比值过低，则不够鲜爽，汤色暗淡，不够明亮。

（5）黄茶

黄茶的汤色为亮黄色，主要的呈色物质为花黄素和茶黄素。黄茶的制作有一个重要的工序——闷黄，闷黄过程中叶绿素被大量破坏和分解而减少，故叶黄素显露，部分多酚类物质氧化成为茶黄素，这是形成黄茶黄叶的一个重要原因。

（6）黑茶

黑茶汤色有橙黄型、橙红型、红浓型、红暗型4种，汤色类型的深浅随茶褐素含量的多少而变化，茶红素与茶黄素变化的规律尚不明显。而茶褐素的增加，往往与陈化作用的时间较长有关，茶褐素是影响黑茶茶汤色泽的主要因素之一。

黑茶中的色素物质主要是茶褐素与茶红素。随着时间的推移，茶黄素逐渐减少，但是在一些年份不长的普洱茶中占绝大部分比例，使茶呈现黄亮的颜色，有点像青茶汤色；而对于新的普洱生茶，汤色则更接近绿茶或者白茶。黑茶的色泽和亮度取决于两者的比例，如果比例合适，则会给人很好的视觉体验。以普洱茶界最具代表性的生茶7542和熟茶7572为例，生茶新茶的汤色和绿茶无异，但是存放5年时，茶汤开始变得黄亮，整体以黄色为主，涩度也减轻了许多。随着年份的增长，生茶汤色开始逐渐接近熟茶。由于工艺不同，生茶汤色很难达到熟茶汤色的深度。熟茶汤色的深度看7572就可以了，正常冲泡出来的茶汤呈现栗红色或者红褐色，如果长时间冲泡则会接近黑色。

4.汤色评语

在对茶叶的汤色进行专业评审时，通常会用到下面一些专业术语。

艳绿：水色翠绿微黄，清澈鲜艳。亮丽显油光，为质优绿茶之颜色。

绿黄：绿中多黄的汤色。

黄绿（蜜绿）：绿中带黄，绿多黄少的汤色。

浅黄：汤色黄而淡，亦称淡黄色。

金黄：汤色以黄为主，稍带橙黄色。清澈亮丽，犹如黄金之色泽。

橙黄：汤色黄中微带红，似成熟甜橙之色泽。

橙红：汤色红中带黄，似成熟桶柑或椪柑之色泽。

红汤（水红）：烘焙过度或陈茶之汤色，浅红或暗红。

凝乳：茶汤冷却后，出现浅褐色或橙色乳状的浑汤现象。品质好、滋味浓烈的红茶，常有此现象。

清澈：清净、透明、光亮、无沉淀。

鲜艳：汤色鲜明艳丽，有活力。

鲜明：新鲜、明亮，略有光泽。

深亮：汤色深而透明。

明亮：茶汤深而透明，水色清，显油光。明净与此同义。

浅薄：茶汤中物质欠丰富，汤色清淡。

昏暗：汤色不明亮，但无悬浮物。

浑浊：茶汤中有大量悬浮物，透明度差。

沉淀物多：茶汤中沉于碗底的渣末多。

●●● 任务训练与考核

观赏汤色的训练与考核评价参考表见表1-3-3。

表1-3-3　　　　　　　　观赏汤色的训练与考核评价参考表

序号	训练内容	考核要点	要点提示	配分	得分
1	请同学们指出茶汤的主要呈色物质	茶汤物质	茶黄素、茶红素及茶褐素等	2分	
2	请以表格形式，列出6大茶类的汤色，并指出呈色的主要原因	茶汤物质	从茶类、汤色、呈色原因3个指标设计表格	5分	
3	以金骏眉红茶为例，在开汤之后，评价茶汤色泽	茶叶评鉴	汤色金黄	3分	

考核方式：以小组为单位，10分计分制。

任务四　分辨叶底

◎ 技能目标

1.列举叶底评价的指标。

2.掌握茶叶的加工工艺与叶底外形特征的关系。

◎ 素养目标

在专业的茶叶审评中，最后一步是看叶底并进行评分。因为真金不怕火炼，真正的人才是经得住考验的。

●●● 知识学习

视频1-3-4

分辨叶底

叶底即茶叶冲泡后剩下的茶渣，茶叶在冲泡后吸水膨胀，使叶片还原为原有的形状。一款茶的好坏，叶底是重要的评价因子，叶底的评价术语主要有：细嫩（形容芽头多，叶子细小软嫩）；肥厚（芽叶肥厚，叶肉厚实、质软）；粗老（叶质粗硬，叶脉显露，手按之粗糙无弹性）；红张（一般是指冲泡后的茶叶，叶片呈现暗红色，主要是萎凋过度导致的红边，多是白茶的叶底）；暗杂（指茶叶冲泡后，叶色偏暗且花杂，出现此类情况，通常说明茶叶品质存在一定问题）；花青（通常形容冲泡后红茶的叶片颜色，一般指叶片红中带有青色，或者有青色的斑块，红里夹青，此类情况可能是拼配不当或者发酵不均匀导致的）。

叶底评价具体可以从叶底的外形特征、叶面展开度、叶形整碎度、嫩度、弹性、色泽、品种、齐一程度、走水状态、发酵程度、焙火程度等角度进行。

1.外形特征

叶底是茶叶品评的一种常用术语，即干茶经开水冲泡后所展开的叶片。

（1）叶底起泡

叶底起泡，是指茶叶冲泡后会看到叶片上有小的气泡，通常是茶叶受到高温而导致的。对大多数茶类而言，叶底起泡表明茶叶的工艺有瑕疵或出现问题，但是对有些茶而言，这反而是好工艺的体现，比如岩茶和部分黄茶。

（2）蛤蟆背

一般是形容乌龙茶干茶、叶底的用语，多见于武夷岩茶。

"蛤蟆背"即干茶叶背起蛙皮状的沙粒白点，叶底是蛙皮状泡泡，它是传统型的岩茶经过漫长的焙火后起的小泡点。"叶面呈蛙皮状沙粒白点"，这个特征在青褐的干茶条索上不仔细看，极难发现。

（3）鱼子泡

鱼子泡是指干茶上有鱼子大小的烫斑，叶底则呈现小气泡。由于多数黄茶要求高火香，所以在干燥时会进行高温烘炒，而鱼子泡一般便是指茶叶因高温而导致的烫斑。

（4）黑焦

黑焦是指冲泡后，叶片上出现明显的焦黑炭化的现象，或在叶片上，或是细小的黑点。这样的叶底一般还会伴有糊味甚至焦味。此类情况是高温造成的，而且出现这样的状况属于工艺不到位，这种情况在绿茶中经常见到。

（5）丝瓜瓤

丝瓜瓤，多用于描绘黑茶干茶叶底或者干茶外形。其表现为茶叶主脉和叶肉分离、侧脉裸露，看起来很像丝瓜瓤。通常此类情况是渥堆过度造成的。

2.叶面展开度

冲泡后茶叶逐次展开，直至完全舒展，这样的茶叶通常制造技术良好、陈化期稳定，冲泡次数亦多。

冲泡后很快展开的茶叶，大都是粗老之茶青，条索不紧结，一般不耐泡。叶面不开展或冲泡多次仍只有小程度展开的茶叶，则是因为制造过程错误或陈化期环境不好。被高温焙火时，叶面绒毛会掉落，入口后会感觉喉头有点燥。

3.叶形整碎度

叶底形状越整齐越好，碎叶多且细杂的都只能算低级品。但有紧压过度的例外情况，如铁饼类茶品，则须视茶面而定，经冲泡后的叶底形状在整碎度这个指标上也只能作参考。

4.嫩度

茶叶泡开以后就会恢复鲜叶的原状，这时用肉眼观察，或用手轻捏就可明白茶叶的老嫩了。老的茶叶摸起来比较刺手，嫩的茶叶比较柔软。

5.弹性

用手捏茶，弹性强的叶底，原则上是幼嫩肥厚的茶青所制，而且制茶过程没有失误。

弹性佳的茶叶，喝起来会比较有活性；如果茶青粗老或制造不当就会失去弹性。

6.色泽

叶底的色泽会随着不同的采制方法和货品种类而有差异，但是原则上叶底的色泽仍然要求均匀、鲜艳明亮才好。

7.品种

冲泡之后，叶片展开如鲜叶之原本形状，可以观察是何种原料茶。

8.齐一程度

是否有新旧茶，或其他因素的混杂，从叶底可看得很清楚。新茶鲜艳有光泽，而旧茶会变成黄褐色或暗褐色，没有光泽。又如颜色比较接近的茶类之混杂，如白毫乌龙混入红茶，不同品种、不同制法的茶混在一起会影响茶叶的齐一程度。原则上以均匀整齐为佳，但是有特殊风味要求的并堆是被允许的，不能视为劣茶。

9.走水状态

茶青在萎凋的过程中会慢慢地将叶中的水分经由水孔散发出去，这个过程叫作"走水"。如果走水良好，叶底在光线的照射下，会呈半透明的状态，颜色鲜艳，红茶会红而明亮，包种茶则淡绿透明，绿茶则全叶呈淡绿色。

10.发酵程度

发酵程度，叶底会呈现淡绿、咸菜绿、褐绿、橘红、深红等不同色彩，发酵程度越重，颜色越红。

11.焙火程度

随着焙火的加重，叶底颜色会从浅到深到暗，从绿、褐绿一直到黑褐色，焙火越重，叶底颜色越深、越暗。

⬤⬤⬤ 任务训练与考核

分辨叶底的训练与考核评价参考表见表1-3-4。

表1-3-4　　　　　　　　　分辨叶底的训练与考核评价参考表

序号	训练内容	考核要点	要点提示	配分	得分
1	请以铁观音为例，评价冲泡后叶底的好坏	叶底评价指标	叶片完整与否，叶片嫩度、厚度、弹性等	8分	
2	如果一款茶叶渥堆过度，叶底会出现什么样的外形特点	叶底的外形特征	丝瓜瓤	2分	

考核方式：以小组为单位，10分计分制。

实训模块四　保存茶叶

◎　情景导入

普洱茶是云南特色茶，也是中国名茶，产于西双版纳、思茅、临沧、下关等地。"越陈越香"是普洱茶备受追捧的原因，炒作普洱茶自然也要在"陈"字上做文章。普洱茶新茶便宜陈茶贵，其原因有三：一是陈茶"陈韵"独特奇美，为新茶所不及；二是普洱茶自身的历史文化积淀，使其具有一定的"赏玩""寻古"价值；三是世间老陈茶存货凤毛麟角，因而奇货可居。正因为陈者贵，所以在市场的驱使下，世间便徒增了许多"老茶"。其实这些"老茶"大多只是一二年或三五年的"湿仓茶"。干仓陈年普洱茶以醇和、温润、香高、汤美、甘甜、洁净称奇。1975年前后的"7572""7542"饼茶，无人不为其深厚的"陈韵"而称奇。而市场中的"湿仓"普洱茶除汤色变深外，茶汤沉闷，滋味不醇，有强烈的漂浮感，缺乏沉着感。严重霉变的"湿仓"普洱茶大多气味霉浊，失去茶叶应有的光泽，给人以欠洁净、不自然的感觉。

普洱茶如果保存得当会越陈越香。相信很多喜欢普洱茶的茶友都有一种感觉，那就是"一入普洱深似海，从此茶叶不好买"。在良莠不齐的普洱茶市场里，有人盲目跟风、有人勇敢尝试、有人退缩、有人困惑，到底什么是陈茶，普洱茶应如何保存呢？

◎　学茶悟道

去伪存真，保持初心：以专业、专注对待每一片茶叶。

鉴别和保存茶叶是一种技艺，也是一种责任，需要具备深厚的专业知识和丰富的实践经验，要有敏锐的观察力和感知力。鉴别茶叶要熟悉茶叶习性，要通过看、闻、摸、品等方法，从色、香、味、形等方面鉴别茶叶品质，保存茶叶要根据茶理茶性掌握茶叶保存方法，确保茶叶保持原有的品质和风味。其实，鉴别和保存茶叶的过程体现了专业的素养与专注的品质，二者正是工匠精神的精髓。专业，体现在要不断学习和掌握茶叶知识，了解各种茶叶的品种、产地、制作工艺和品质特点，以便能够准确鉴别茶叶的品质。专注，体现在对茶叶要有深厚的热爱和敬畏之心，要认真对待每一片茶叶，用心感受茶叶的韵味和气质，将鉴别、保存茶叶视为一种使命和责任。鉴别茶——去伪存真；保存茶——保持初心。对待茶的态度就是对待人生的态度，二者之间实则蕴含着深刻的内在联系。在人生道路上，要始终牢记自己的使命，坚守道德底线，不忘初心，心存敬畏，方得始终。

通过学习茶叶的鉴别和保存知识，培养学生的观察力、认知力和鉴赏力，增强学生的文化自信和责任意识，秉持专注认真、精益求精的工作态度，践行工匠精神，珍视、尊重和传承我国传统茶文化。

◎　学习重点

1.如何鉴别茶叶

2.如何保存茶叶

◎ **学习难点**
1.鉴别茶叶的技巧
2.陈化茶叶的技术

任务一　鉴别茶叶

◎ **技能目标**
1.评判茶叶的品质。
2.真假茶叶的甄别方法。
3.新茶和陈茶的鉴别方法。
4.春茶、夏茶、秋茶的区别方法。

◎ **素养目标**
通过本任务的学习，使学生明白"千里之行，始于足下"的道理。成功离不开平时的积累，所以"勿以恶小而为之，勿以善小而不为"。

● ● ● ● **知识学习**

视频1-4-1

鉴别茶叶

好的茶叶具有保存价值，在存茶之前，我们首先需要鉴别茶叶的品质。茶叶的优劣除了与茶叶内质有直接联系外，茶叶的新旧、采摘的季节以及存放的方式也会影响茶叶的品质。前面的模块我们从茶叶的内质进行了分析，本模块我们从外观和经验等方面进行直观鉴别。

1.茶的品质鉴别

茶叶品质的好坏，在没有科学仪器的时候，可以通过感官进行评价。一般来说，专业的评价指标有9项，干评5项：整碎、色泽、嫩度、条形、净度；湿评4项：汤色、香气、滋味、叶底。实际操作中，可以从色、香、味、形4个方面来评价、评定茶叶质量的优劣，通常通过看、闻、摸、品进行鉴别，即看色泽、闻香气、尝滋味、辨外形。

（1）看色泽

不同茶类有不同的色泽特点。绿茶中的炒青应呈黄绿色，烘青应呈深绿色，蒸青应呈翠绿色，龙井则应在鲜绿色中略带米黄色。如果绿茶色泽灰暗、深褐，质量必定不佳。绿茶的汤色应呈浅绿或黄绿，清澈明亮，若为暗黄或浑浊不清，也定不是好茶。红茶应乌黑油润，汤色红艳明亮，有些上品工夫红茶，其茶汤可在茶杯四周形成一圈黄色的油环，俗称"金圈"，若汤色暗淡，浑浊不清，必是下等红茶。乌龙茶则以色泽青褐光润为好。

（2）闻香气

茶叶香气物质主要由脂肪类衍生物、萜烯类衍生物、芳香族衍生物、含氮、氧的杂环类化合物构成。这些物质极容易在温、湿、氧、光作用下发生或快或慢的化学反应，所以茶香不稳定、易挥发、难测量。在评价茶的品质时，不能以香气作为主要依据。

（3）尝口味

口味也称茶叶的滋味，茶叶本身的滋味由苦、涩、甜、鲜、酸等多种成分构成。其成分比例得当，滋味鲜醇可口。不同的茶类，滋味也不尽相同。上等绿茶初尝有苦涩感，但回味浓醇，口舌生津；粗老劣茶则淡而无味，甚至涩口、麻舌。上等红茶滋味浓厚、强烈、鲜爽；低级红茶则平淡无味。苦丁茶入口很苦，但饮后口有回甘。

（4）辨外形

从茶叶的外形可以判断茶叶的品质，因为茶叶的好坏与采摘的鲜叶直接相关，也与制茶的过程密不可分，这都反映在茶叶的外形上。例如好的龙井茶，外形光滑、扁平直挺，形似碗钉；好的珠茶，颗粒圆紧、均匀；好的工夫红茶条索紧齐；好的毛峰茶芽毫多、芽锋露等。如果条索松散，颗粒松泡，叶表粗糙，身骨轻飘，就算不上是好茶了。

2.真假茶叶的鉴别

真茶与假茶，既有形态特征上的区别，又有生化特性上的差异。据唐代陆羽《茶经》所载："茶者，南方之嘉木也……其树如瓜芦，叶如栀子，花如白蔷薇，实如栟榈，蒂如丁香，根如胡桃。"茶叶由茶树幼嫩牙叶经采摘、加工而成，有其独特的功用。如元代忽思慧的《饮膳正要》所称："凡诸茶，味苦甘，微寒无毒，去痰热，止渴，利小便，消食下气，清神少睡。"决定茶叶功用的是其内含的生化成分，这是近代借助化学方法逐渐证实的。假茶，是形似茶树芽叶的其他植物的嫩叶，如柳树叶、冬青树叶、女贞树叶、槭树叶等，做成类似茶叶的样子，再冒充真茶出售，它们有害身体健康。还有一种茶叶，是用不同的树种加工名优茶叶，比如，将四川蒙山的茶青贩卖至杭州，按龙井茶的加工方式，高价售卖，从中牟利。但是有的用非茶树叶（如绞股蓝、人参叶、杜仲叶等）制成的也称茶，还有一些保健茶，其中只有部分是茶叶，其他为一些中草药，不能把这些茶归为假茶一类，应注意区别。

鉴别真假茶，可以通过感官判断。首先，手捧一把茶叶，闻干茶的香气，凡有茶叶本来的香气为真茶，若有其他异味为假茶。若取少量茶叶用火灼烤，更易辨别其气味。其次，也可以通过观色、开汤进一步确定茶叶的真假。

鉴别真假茶，也可以通过其生化特点，具体方法是：

（1）区别叶缘锯齿

茶树叶片叶缘锯齿一般为16～32对，且上部密而深，下部稀而疏，近叶柄处平滑无锯齿。而其他植物叶片多数叶缘四周布满锯齿或无锯齿。

（2）区别叶脉

茶树叶片叶背叶脉凸起，主脉明显，并向两侧发出7～10对侧脉，侧脉延伸至离边缘1/3处向上弯曲呈弧形，与上方侧脉相连，构成封闭形的网脉系统。而其他植物叶片的侧脉多呈羽状分布，直通叶片边缘。

（3）区别茸毛

茶树叶片背面的茸毛，在放大镜或显微镜下观察，除主脉上的茸毛外，大多具有基部短、弯曲度大，通常呈45°～90°角弯曲。而其他植物叶片上的茸毛多呈直立状生长或无茸毛。

（4）区别叶片生长

如果有条件观看茶青，茶树叶片在茎上的分布呈螺旋状互生，而其他植物叶片在茎上的分布，通常是对生或几片叶簇状着生。

鉴别真假茶，除了上述感官判断、生化特点区别之外，也可以使用化学鉴定法。茶叶中含有2%~5%的咖啡碱、10%~20%的茶多酚，另外还有茶叶所独有的茶氨酸。通过这些成分的检测，可最终判断茶叶的真假。

3.新茶和陈茶的鉴别

新茶与陈茶是相比较而言的。人们习惯将当年春季从茶树上采摘的头几批鲜叶，经加工而成的茶叶，称为新茶。但也有人将当年其他季节采制加工而成的茶叶称为新茶。上年甚至更长时间采制加工而成的茶叶，即使保管妥当，茶性良好，也统称为陈茶。

在现实生活中，多数茶叶品种新茶比陈茶好，但对于深发酵的茶叶，比如红茶、黑茶、老白茶，如果存放得当，陈茶却比新茶更有价值。鉴别新茶与陈茶，主要掌握以下4点：

（1）看

从茶叶外观看，新茶新鲜，干硬疏松；陈茶紧缩色暗、柔软、似受潮状。从茶叶叶片看，泡开新茶叶上边缘为锯齿状，齿上有腺毛，叶组织有星状的酸钙晶体，茶叶背肌有绒毛，老嫩均匀，整碎的程度相当；但一两年的陈茶则紧缩暗软，茶叶片形状不清晰。从茶叶的光泽度看，一般干茶外观有油光状且新鲜，颜色较好的新茶为佳品，杂而不均为次品；伪劣的陈茶则色泽灰暗。还可从茶汤的颜色看，新茶冲泡的茶汤清澈；陈茶茶汤则色泽灰暗、淡浊不明或呈褐色。

（2）摸

优质的新茶干燥，用手一捏，叶片即碎；如果软而湿重，不易捏碎，则为陈茶。优质新茶含水量一般在5.0%~8.0%。

（3）闻

新茶清香扑鼻，经冲泡后芽叶舒展；陈茶则香气低沉，芽叶萎缩。取一点茶叶放在手心上，用口呵气，使茶叶受潮而散发出香气，如果散发出紫香味、霉味、酸味、馊味等，则说明是陈茶或劣质茶叶。

（4）尝

味道是茶叶成分的综合反映。新茶茶汤有强劲浓郁的口感，醇和且久久不淡的鲜浓纯正香味；而陈茶茶汤饮后不仅没有清香醇和之感，甚至还有轻微的草味、苦涩味、酸味等异味。

4.春茶、夏茶和秋茶的鉴别

"春茶苦，夏茶涩，秋白露，冬茶甘"，这是人们对季节自然品质的概括。春茶、夏茶、秋茶还可以从以下两个方面去鉴别：

（1）干看

干看主要从茶叶的外形、色泽、香气上加以判断。凡红茶、绿茶条索紧结，珠茶颗粒圆紧；红茶色泽乌润、绿茶色泽绿润；茶叶肥壮重实，或有较多毫毛，且香气馥郁者，为春茶。凡红茶、绿茶条索松散，珠茶颗粒松泡；红茶色泽红润，绿茶色泽灰暗或乌黑，香气略带粗老者，为夏茶。凡茶叶大小不一，叶片轻薄瘦小；绿茶色泽黄绿，红茶色泽暗红，且茶叶香气平和者，为秋茶。另外，还可以结合偶尔夹杂在茶叶中的花、果来判断，如果发现有茶树幼果，鲜果大小近似绿豆，那么可以判断为夏茶。到秋茶时，茶树鲜果已差不多有桂圆大小了，一般不易混杂在茶叶中，但7—8月间茶树花蕾已经开始开花，9月为开花盛期，因此，凡茶叶中夹杂有花蕾、花朵者，为秋茶。但通常在茶叶加工过程中，经过筛分、拣剔，是很少混杂花、果的，因此必须进行综合分析，避免片面。

（2）湿看

湿看就是通过闻香、尝味、看叶底来进一步做出判断。冲泡时茶叶下沉较快，香气浓烈持久，滋味醇厚，绿茶汤色绿中透黄，红茶汤色红艳显金圈，叶底柔软厚实，芽多，叶张脉络清晰，叶缘锯齿不明显者，为春茶。冲泡时茶叶下沉较慢，香气欠高，汤色暗淡，叶底夹杂铜绿色芽叶，夹叶多，叶脉较粗，叶缘锯齿明显者，为夏茶。香气不高，滋味淡薄，叶底有杂叶，叶张大小不一，对夹叶较多，叶缘锯齿明显者，为秋茶。

●●▶ 任务训练与考核

鉴别茶叶的训练与考核评价参考表见表1-4-1。

表1-4-1　　　　　　　　　　　鉴别茶叶的训练与考核评价参考表

序号	训练内容	考核要点	要点提示	配分	得分
1	小王拿来家乡的桑叶茶，问老师其属于什么茶？如果你是老师，怎么回答小王	区分真假茶	桑叶茶属于药茶，保健茶，是非茶之茶	3分	
2	云南某茶商拿着湿仓的七子饼，号称上百年的好茶，请以小组为单位，讨论如何确定此茶非上百年的陈茶	区分新旧茶	湿仓是迅速陈化的手段，陈茶香气有"陈韵"，湿仓存放的陈茶香气低沉	3分	
3	龙井茶有明前、雨前之分，请问其茶价是否有差异？	区分不同季节的茶	从采摘时间，茶叶内质区分。明前茶经过冬天的潜伏期，香气物质含量丰富、滋味醇香，茶树发芽数量有限，因此价格高	4分	

考核方式：以小组为单位，10分计分制。

任务二　保存茶叶

◎　技能目标

1.了解茶叶陈化的影响因素。

2.掌握茶叶保存的方法。

3.利用数字媒介，详细了解各种茶的储存方法。

◎　素养目标

保存茶叶，要符合茶理茶性，启发学生做任何事情都要有理有据，有力有节，展示大国的青年气度。

● ● ◗　知识学习

茶叶作为健康饮品，在一定时期内要保证其质量不受影响或最大限度地降低影响，有效延长茶叶保鲜期，让消费者能够买到色、香、味、形都保存完好的茶叶产品。茶叶储存就是在茶叶基本包装的基础上，确保茶叶保持原有品质，甚至在此基础上进一步提升储存环境的条件。

茶叶吸湿及吸味性强，很容易吸附空气中水分及异味，贮存方法稍有不当，就会在短时期内失去风味，而且愈是发酵程度高的名贵茶叶，愈是难以保存。通常茶叶在贮存一段时间后，香气、滋味、颜色会发生变化，原来的新茶香气消失，陈味渐显。因此，掌握茶叶的储存方法、保证茶叶的品质是饮茶者必不可少的技能。

1. 茶叶存放的影响因素

茶叶在储存过程中许多化学成分会发生氧化作用，使茶叶陈化或劣变。一般茶叶在存放过程中会受到下述因素的影响：

（1）湿度的影响

叶绿素在嫩芽叶中的含量很高，在光和热的条件下，容易失去绿色而变成褐色。茶多酚在贮藏过程中容易发生氧化，导致色泽变褐。维生素 C 是茶叶营养价值的重要成分，其含量多少与茶叶品质密切相关。维生素 C 也是容易被氧化的物质，难以保存，维生素 C 被氧化后，既降低了茶叶的营养价值，又使茶叶变成褐色，失去鲜爽滋味。

当茶叶中的含水量太低时，茶叶容易陈化和变质。当茶叶中的含水量为 3% 左右时，茶叶容易保存，当茶叶含水量超过 6%，或空气湿度高于 60% 时，茶叶的色泽变深，茶叶品质变劣。成品茶的含水量应该控制在 3%～6%，超过 6% 应该复火烘干。

因为茶叶的吸湿性颇强，无论采取何种贮存方式，贮存空间的相对湿度最好控制在 50% 以下，贮存期间茶叶水分含量须保持在 5% 以下。

（2）温度的影响

温度越高茶叶陈化得越快。在贮藏的过程中，温度每升高 1℃，茶叶褐变的速度就会加快 3～5 倍，在 10℃ 以下贮藏，能够抑制茶叶褐变。

（3）氧气的影响

如果茶叶储藏不当，接触氧气，会加快茶叶的氧化作用，影响茶叶的品质。

（4）光线的影响

光属于能量，在光线的照射下，茶叶的叶绿素分解褪色。因此茶叶在储藏过程中，受到光线照射会影响品质，甚至失去饮用价值。

（5）其他因素的影响

除了湿度、光线、温度、氧气等的影响之外，微生物和异味污染也是影响茶叶品质的重要因素。微生物引起的劣变受温度、水分、氧气等因子的限制，而异味污染则与贮存环境有关。因此，防止茶叶劣变，除了要对光线、温度、水分及氧气加以控制以外，包装材料必须选用能遮光的材料，如金属罐、铝箔积层袋等，氧气的去除可采用真空或充氮包装，亦可使用脱氧剂。茶叶贮存方式依其贮存空间的温度不同可分为常温贮存和低温贮存两种。

2.茶叶储存的方法

根据茶叶的特性和造成茶叶陈化变质的原因，从理论上讲，茶叶的储藏保管以干燥（含水量在6%以下，最好是3%~4%）、冷藏（最好是零摄氏度）、无氧（抽成真空或充氮）和避光保存为最理想。但由于各种客观条件的限制，以上这些条件往往不可能兼备。因此，在具体操作过程中，可抓住干燥这个必需的要求，根据各自现有条件设法延缓茶叶的陈化过程，再采取一些其他措施。常用的茶叶储存方法有：

（1）铁罐储存法

选用市场上供应的马口铁双盖彩色茶具作盛器。储存前，检查罐身与罐盖是否密闭，不能漏气。储存时，将干燥的茶叶装罐，罐要装实装严。这种方法采用方便，但不宜长期储存。

（2）热水瓶储存法

选用保暖性良好的热水瓶作盛具。将干燥的茶叶装入瓶内，装实装足，尽量减少空气存留量，瓶口用软木塞盖紧，塞缘涂白蜡封口，再裹以胶布。由于瓶内空气少，温度稳定，这种方法保持效果也较好，且简便易行。

（3）陶瓷坛储存法

选用干燥无异味，密闭的陶瓷坛一个，用牛皮纸把茶叶包好，分置于坛的四周，中间嵌石灰袋一只，上面再放茶叶包，装满坛后，用棉花包紧。石灰隔1~2个月更换一次。这种方法利用生石灰的吸湿性能，使茶叶不受潮，效果较好，能在较长时间内保持茶叶品质，特别是龙井、大红袍等一些名贵茶叶，采用此法尤为适宜。

（4）食品袋储存法

先用洁净无异味白纸包好茶叶，再包一张牛皮纸，然后装入无空隙的塑料食品袋内，轻轻挤压，将袋内空气挤出，随即用细软绳子扎紧袋口，另取一只塑料食品袋，反套在第一只袋外面，同样轻轻挤压，将袋内空气挤压再用绳子扎紧口袋，最后把它放进干燥无味的密闭铁桶内。

（5）木炭密封的储存法

木炭密封的储存法是利用木炭吸潮能力强的特性来储藏茶叶。先将木炭烧燃，随后立即用火盆或铁锅覆盖，使其熄灭，晾凉后用干净的布将木炭包裹起来，放于盛茶叶的瓦缸中间。缸内木炭要根据其受潮情况，及时更换。

（6）干燥剂贮存法

使用干燥剂，可使茶叶的贮存时间延长到一年左右。干燥剂种类的选用，可依茶类和取材方便而定。贮存绿茶，可选用块状未潮解的石灰；贮存红茶和花茶，可用干燥的木炭；有条件者，也可用变色硅胶。

用生石灰保存茶叶时，可先将散装茶用薄质牛皮纸包好（以几两到半斤成包），捆牢，分层环列于干燥无味且完好的坛子或无锈无味的小口铁筒四周，在坛和筒中间放一袋或数袋未风化的生石灰，上面再放茶叶数小包，然后用牛皮纸、棉花垫堵塞坛口或筒口，再盖紧盖子，置于干燥处贮藏。一般1~2个月换一次石灰，只要按时更换，茶叶就不会吸潮变质。木炭贮茶法，与生石灰法类似。

硅胶干燥剂防潮效果更好。其贮藏方法与生石灰、木炭法相同，但此法效果更好，一般贮存半年后，茶叶仍然保持其新鲜度。变色硅胶未吸潮前是蓝色的，当干燥剂颗粒由蓝色变成半透明粉红色时，表示吸收的水分已达到饱和状态，此时必须将其取出，放在微火上烘焙或放在阳光下晒干，直至恢复原来的颜色，便可继续放入使用。

上述六种储藏茶叶的方法比较适用于家庭，但其科学原理对于茶馆储藏茶叶是有一定参考价值的。茶馆储藏茶叶，一般都有专门的储藏室。

为了降低储藏室的湿度可采用干燥法和吸湿机除湿。干燥法即在储藏室内的空处，放上盛有石灰或木炭的容器，每隔一段时间检查石灰是否潮解，如果石灰潮解应立即换掉，这样就可以保持储藏室内的干燥。采用吸湿机除湿对储藏红茶更适宜。

另外，茶叶储藏室平时应少开门窗，如要换气，应选择晴天中午，开窗半小时，以利通气。茶叶进入储藏室时，要检查是否夹杂霉变茶叶，入仓后要勤查，发现茶叶霉变后要及时清除，同时要找到霉变原因，并排除不良因素。吸湿机除湿，只有在储藏室封闭的情况下，才能发挥作用，因此平时进出都要及时关闭门窗。

3.茶叶贮存的注意事项

（1）轻焙火的茶叶贮存

高山茶、乌龙茶、包种茶、龙井茶、碧螺春、白针银毫、东方美人、绿茶类等轻焙火茶叶，可以选择密封度好的pc塑胶真空罐，马口铁罐，不锈钢、锡材质制作的茶叶罐，用铝箔袋脱氧真空包装，避免阳光直射，从而防潮，避免茶叶变质走味。一般轻焙火、香气重的茶叶因还有轻微水分会发酵，建议尽快喝完，短时间喝不完，可将茶叶密封，存放于冰箱冷藏室中低温保鲜贮藏。

（2）重焙火的茶叶贮存

武夷岩茶、铁观音、陈年老茶等重焙火的茶叶或普洱茶贮存时要先把茶叶的水分烘干一点，这样利于茶叶久放不变质，若要让茶叶回稳消其火味，用瓷罐或陶罐都是很好的选择。普洱各种茶类如用陶罐、瓷罐贮存，切记不要盖盖子，应用布盖上口，让其通风。因为普洱等茶类属于后发酵，需借由空气中水分来发酵，自然陈化，放得越久普洱茶的滋味就会越柔和、汤色鲜红明亮、入口滑顺、生津回甘。茶叶罐应放在阴凉通风、干燥避光的环境中，不要放在有异味的储存柜或与有气味的物体一起存放，避免吸入异味。

◼◼◼ 任务训练与考核

保存茶叶的训练与考核评价参考表见表1-4-2。

表1-4-2 保存茶叶的训练与考核评价参考表

序号	训练内容	考核要点	要点提示	配分	得分
1	简述茶叶的存放受到哪些因素的影响	茶叶劣变的因素	光线、温度、茶叶水分含量、湿度、氧气、微生物、异味污染	5分	
2	小明爸爸买了一斤龙井茶，为了方便招待客人，随手放到车后备箱，请问这种做法对吗	茶叶储存的方法	干燥（含水量在6%以下，最好是3%~4%）； 冷藏（最好是0℃）； 无氧（抽成真空或充氮）；避光保存	5分	

考核方式：以小组为单位，10分计分制。

2

第二部分　茶之器

　　茶，源于木；器，源于土。木与土同为天地间最基本的元素，却在水与火的历练下成就了最独特的灵性与韵致。所谓"大道至简，大美无形"，天地间的万物在转化中创造着奇迹，成就着无与伦比的美丽。

实训模块一　认识茶具种类

◎ **情景导入**

　　鲁迅先生对喝茶与人生有着独到的见解，并且善于借喝茶来剖析社会和人生。他有一篇名为《喝茶》的文章，其中写道："有好茶喝，会喝好茶，是一种'清福'。不过要享这'清福'，首先就须有工夫，其次是练习出来的特别的感觉。""喝好茶，是要用盖碗的。果然，泡了之后，色清而味甘，微香而小苦，确是好茶叶。但这是须在静坐无为的时候的。"

　　盖碗如图 2-1-1 所示。

图 2-1-1　盖碗

◎ **学茶悟道**

　　精益求精，匠心独运：茶具是工匠精神的外化呈现。

　　茶具，是茶文化的重要载体和物质表现，蕴含着丰富的历史和文化底蕴。它不仅是实用的饮茶器具，更是一种文化的象征与精神的寄托。

　　茶具的设计和制作体现了工匠精神和创新意识，通过精心挑选制作茶具的原材料、用心钻研茶具制作工艺，将对茶文化的理解蕴含于一件件精美的茶具中，呈现在世人面前。茶具，展现了工匠精益求精的精神和匠心独运的设计。他们用心雕琢每一个细节，追求完美的线条和比例，使每一件茶具不仅具有实用性，更具有观赏性和收藏价值，成为了独特的艺术品。他们全身心投入的敬业精神、着眼于细节的专注笃定，淋漓尽致地体现了大国工匠的精神特质；他们在传承中追求突破、创新发展，为茶文化注入了新的活力和魅力，使茶具成为了连接过去与现在、传统与现代的桥梁。

　　本模块通过对茶具的介绍和讲解，引导学生了解茶具的种类、发展、制作过程及其内涵，借助实物展示让学生在轻松愉快的氛围中感受茶具的文化魅力，通过茶具设计与制作包含的精湛技艺和文化底蕴理解工匠精神的外化呈现，帮助学生更好地理解和感悟中国茶文化的物态展示，激发学生的创新思维和创造力，增强文化自信。

◎ 学习重点

　　1.认识陶土茶具

　　2.认识紫砂茶具

　　3.认识玻璃茶具

　　4.认识陶瓷茶具

　　5.了解茶具发展史

◎ 学习难点

　　1.认识紫砂茶具

　　2.认识茶具发展史

任务一　认识陶土茶具

◎ 技能目标

　　1.了解认识陶土茶具。

　　2.掌握陶土茶具的特点。

◎ 素养目标

　　通过探寻古老陶瓷文化，领悟传承工匠精神。

●◗ 知识学习

1.概述

古书记载，最早的茶具是用陶土制成的缶。

陶土茶具（如图2-1-2所示）以黏土烧制而成，其中，以宜兴陶土制作
的紫砂茶具最为著名。

动画 2-1-1

认识茶具

宜兴陶土广泛分布于南郊丘陵地带，种类繁多。当地人通常把陶土分为
白泥（灰白色粉砂质铝土质黏土）、甲泥（紫色为主的杂色粉砂质黏土）、嫩
泥（以土黄、灰白色为主的杂色黏土）3大类。

在浙北长兴的鼎甲桥、顾渚、新槐一带也有这3种泥，它们均系同一矿脉，只是有山
阳、山阴之分而已。

图2-1-2　陶土茶具

陶土器具是新石器时代的重要发明。

最初是粗糙的土陶，然后逐步演变成较为坚实的硬陶，再发展为表面敷釉的釉陶。

古代宜兴制陶技术颇为发达，在商周时期就出现了几何印纹硬陶，秦汉时期已有釉陶的烧制技术了。

陶土茶具是我国最早的茶具种类，早在北宋初期就已经初具规模。

由于成陶火温高，烧结密致，因此既不渗漏，又有肉眼看不见的气孔，适宜导热而不烫手。

陶土茶具的造型往往简单大方，外形各异，色泽淳朴古雅。

2.陶土茶具的优缺点

（1）优点

粗陶茶具不仅造型美观，而且在冲泡功能上具有突出的优越性。

用粗陶沏茶不失原味，且茶香不涣散，得茶之真香真味。

粗陶透气性好，能够吸收茶汁，久放无须刷洗，沏茶时也不会出现杂气或者异味。尤其在经久使用后，表面积累的"茶锈"闻起来茶香扑鼻。

（2）缺点

其缺点是，双气孔结构的存在会吸纳茶叶的香味，所以不适合冲泡像绿茶这样口味偏淡的茶种。

◖◖◗ 任务训练与考核

认识陶土茶具的训练与考核评价参考表见表2-1-1。

表2-1-1　　　　　　　认识陶土茶具的训练与考核评价参考表

序号	训练内容	考核要点	要点提示	配分	得分
1	请说出陶土茶具的发展历史	陶土茶具的文化历史	是新石器时代的重要发明，北宋初期被广泛使用	5分	
2	陶土茶具是否适合冲泡绿茶	陶土茶具的优缺点	不适合，原因是陶土的双气孔易吸收茶味	5分	

考核方式：以小组为单位，10分计分制。

任务二　认识紫砂茶具

◎ 技能目标

1.紫砂茶具的主要产地。

2.紫砂茶具的特点。

◎ 素养目标

通过紫砂茶具的学习，厚植行业情怀和家国情怀。

●●● 知识学习

1.紫砂茶具简介

视频2-1-1

认识茶具

紫砂茶具（如图2-1-3所示），是一种中国传统茶具，由陶土茶具发展而成，是一种新质陶器。

紫砂茶具源自宋代至明武宗正德年间，制作材料是紫砂矿土，由紫泥、绿泥和红泥三种基本泥构成。因其特殊的双气孔结构能吸收茶香、茶色、茶味，因此茶壶使用越久，泡出来的茶越香越醇，有"一壶不侍二茶"之说。

图2-1-3 紫砂茶具

北宋梅尧臣在《依韵和杜相公谢蔡君谟寄茶》中写道："小石冷泉留早味，紫泥新品泛春华。"这是诗人几次登临古阳羡（即如今的宜兴）留下的千古名句。文火细烟，小鼎长泉乃是梅尧臣心中最美妙的境界，他不仅在这里汲南岭活泉、烹北园之茶，更喜用紫砂器泡盛香茗，留下一段千古流传的佳话。

据说紫砂茶具由佛教僧人所创，后经北宋书吏吴颐山的书僮供春推广，宋代被命名为供春壶，后由世人改称紫砂壶。至于茶具是由何人所创，已无从考证。从确切的文字记载来看，紫砂茶具创造于明代正德年间。

2.紫砂茶具的主要产地

大部分紫砂茶具都是用紫金泥烧制而成的。紫金泥是江苏宜兴南部及其毗邻的浙江长兴北部埋藏的一种特殊陶土。这种陶土含铁量大，有良好的可塑性，烧制温度以1 150℃左右为宜。利用紫泥的色泽和质地的差别，经过"澄""洗"，紫砂茶具可以呈现不同的色彩，如可使天青泥呈暗肝色、蜜泥呈淡赭石色、石黄泥呈朱砂色、梨皮泥呈冻梨色等；另外，还可通过不同质地紫泥的调配，呈现古铜、淡墨等色泽。宜兴因拥有色泽天然的优质原料，成为了紫砂茶具的主要原料供给地。

3.紫砂茶具的特点

（1）可塑性好

宜兴紫砂泥经高温烧制后不易变形，即形成范围极宽，成品和坯体收缩率仅为10%。

（2）透气性好

紫砂茶具能够保持2%的气孔率，透气性能极好。夏天用紫砂茶具泡茶不易变馊，可在较长时间内保持茶汤的原汁原味。

（3）保温性好

紫砂茶具传热慢，茶汤不会很快变凉，同时便于握在手中畅饮赏玩。

紫砂茶具耐高温，冬天泡茶不会产生炸裂现象，而且可以在紫砂茶具底部炖烧。

（4）经久耐用

通过泡养，茶壶会更加细、润、柔。将一把新壶养成温润如玉的老壶，是每一个壶友的不懈追求，经过养护的壶会更加经久耐用。

4.紫砂茶具的选购

一件较好的紫砂茶具，必须具有"三美"，即造型美、制作美和功能美，三者兼备方称得上是一件完美之作。

后人总结得出紫砂茶具的3大特点，就是"泡茶不走味，贮茶不变色，盛暑不易馊。"

好的紫砂茶具，集美学思想、自然韵味、书画艺术、经济价值于一体，通过它的形、神、气，给人以平淡、娴雅、质朴、温和等内在的心灵感受。与心灵相通的珍品，自然比金银珠宝的价值要高，这便是紫砂茶具一直被收藏家珍爱并被誉为"茶具之王"的主要原因。

那么如何挑选紫砂茶具呢？

以紫砂壶为例，在挑选的时候，应注重"四看"：

第一看泥，紫砂茶具的独特之处在于其制作原料的优越性。

评估一把紫砂壶的优劣，首先要看紫砂泥的品质。虽然泥色的变化，只给人带来视觉的差异，与使用功能无关。但就使用习惯而言，紫砂壶通过不断地抚摸，透过手感的舒适，可达到愉悦心灵的效果。好的紫砂泥应具有"色不艳、质不腻"的显著特性。所以，选购紫砂壶首先应就紫砂泥的良莠加以考虑。

第二看形，即壶的形象，也就是形状和样式。

紫砂壶的造型千姿百态，其间蕴藏了丰富多彩的完美器形，汇集了历代艺人的创作智慧和心血结晶，素有"方非一式，圆不一相"的赞誉。至于选择何种形态的壶为佳，则因各人心理需求的不同，很难定论。紫砂壶属于茶文化的组成部分，同时具有茶道所追求的"涤净烦嚣，淡泊明志，超世脱俗"的意境。"古拙素雅"与茶道文化的意境最是融洽，所以紫砂壶的造型考量应以能表现"古拙"意境为优选。

第三看功，即壶艺的功能美。

一些紫砂艺人的创新作品，徒有造型的形式美，却忽视了实用的功能美。还有些艺人因为自己不饮茶，所以对饮茶习惯知之甚少，从而直接影响了紫砂壶功能的发挥，在泡茶、品茗的过程中，有的紫砂壶已然出现"中看不中用"的失衡现象。

紫砂壶的功能美主要表现在容量适度、高矮得当、口盖严谨及出水流畅4个方面。按目前家庭饮茶习惯，3～5人聚饮时，一般采用容量350毫升的茶壶为佳，无论手拿、手提都不费吹灰之力，所以人称"一手壶"。

第四看款，即壶的款识。

紫砂壶的署款，素来非常讲究，它不同于一般作品自署图章戳记式的格局。因壶艺的韵致格调和书法绘画艺术同传，所用印款往往出自一代金石篆刻名家之手。

鉴赏紫砂壶的款识有两个意义：一是鉴别壶的作者；二是欣赏镌刻的诗词书画及印款

（金石篆刻）。

紫砂壶的装饰艺术结合了中国传统艺术中诗、书、画、印为一体的特点。所以欣赏一把紫砂壶，除讲究泥料、造型及制作工艺之外，还有文学、书法、绘画、金石等诸多方面。

5.紫砂茶具的保养

（1）用后的紫砂茶具必须保持壶内干爽，勿积存湿气。

（2）紫砂茶具应置于空气流通的地方，不宜放在闷热处，更不可因为珍贵而厚裹或密封。

（3）勿将紫砂茶具放在多油烟或多尘埃的地方。

（4）用后最好把紫砂茶具的壶盖侧放，勿将壶盖一直盖紧。

（5）勿将紫砂壶内经常浸水，应到要泡茶时才冲水。

（6）最好多备几个紫砂壶，喝某种茶时只用特定的壶，不可什么茶都用同一个茶壶冲泡。

（7）切勿用洗洁精等化学物剂浸洗紫砂茶具，否则会把茶味洗掉，并使茶具外表失去光泽。

（8）每次用完后，应用布吸干紫砂壶外面的水分，接着倒出壶内2/3的茶叶，留下约1/3，冲进沸水两三次，将冲过的水留用，然后清理干净。

在保养紫砂壶的过程中，要始终保持壶的清洁，尤其不能让紫砂壶接触油污，保证其结构的通透。

在冲泡的过程中，应该先用沸水浇壶身外壁，然后再往壶里冲水，也就是常说的"润壶"。

应常用棉布擦拭壶身，不要将茶汤留在壶面，否则久而久之壶面上会堆满茶垢，影响紫砂壶的品相。紫砂壶浸泡一段时间后要有"休息"的时间，一般晾干三五天，让整个壶身（中间有气孔结构）彻底干燥。

任务训练与考核

认识紫砂茶具的训练与考核评价参考表见表2-1-2。

表2-1-2　　　　　　　　　认识紫砂茶具的训练与考核评价参考表

序号	训练内容	考核要点	要点提示	配分	得分
1	假设你是一名茶具营销人员，请试着给客人做推荐	紫砂茶具的主要产地及特点介绍	紫砂茶具的产地、特点	5分	
2	小王在茶馆服务的过程中，将绿茶投进了紫砂壶中进行冲泡，请问这样做是否正确	紫砂茶具的特点	一把壶适合一种茶，紫砂壶气孔大，容易吸收香气	5分	

考核方式：以小组为单位，10分计分制。

任务三 认识玻璃茶具

◎ **技能目标**

1. 了解玻璃茶具的原料及发展历史。

2. 掌握玻璃茶具的特点、性能、用途以及如何选购。

◎ **素养目标**

通过认识玻璃茶具的任务学习，提升文化艺术的审美情趣和审美能力。

●●● 知识学习

视频 2-1-2

玻璃茶具

1. 玻璃茶具简介

玻璃，古人称之为流璃或琉璃，是一种有色半透明的矿物质。用这种材料制成的茶具（如图2-1-4所示），能给人以色泽鲜艳、光彩照人之感。

图 2-1-4 玻璃茶具

玻璃茶具一般是用含石英的砂子、石灰石、纯碱等混合后，在高温下熔化、成形，再经冷却后制成的。

玻璃茶具有很多种，如水晶玻璃茶具、无色玻璃茶具、玉色玻璃茶具、金星玻璃茶具、乳浊玻璃茶具等。玻璃也可制成各种其他盛具，如酒具、碗、碟、杯、缸等，多为无色，也有用有色玻璃或套色玻璃的。

2. 玻璃茶具的发展历史

我国的琉璃制作起步较早，依据考古发现，在西周就有了琉璃制作工艺，但是其后发展一直很缓慢。

春秋至汉代为我国琉璃制造的早期阶段，当时已能炼制七种颜色的琉璃，制作工艺有模制、堆贴、镶嵌等。从出土的器物看，有礼器、佩饰、明器等，均是小件器物。

直到唐代，随着中外文化交流的增多与西方琉璃器皿的不断传入，我国才开始烧制琉璃茶具。陕西扶风法门寺地宫出土的，由唐僖宗供奉的素面圈足淡黄色琉璃茶盏和素面淡黄色琉璃茶托，都是地道的中国琉璃茶具。虽然造型原始、装饰简朴、透明度低，但却表明我国的琉璃茶具在唐代已经起步，当时堪称珍贵之物。

唐代元稹曾写诗赞誉琉璃，说它是"有色同寒冰，无物隔纤尘。象筵看不见，堪将对玉人"。因而唐代在供奉法门寺塔佛骨舍利时，也将琉璃茶具列为供奉之物。

宋代，我国独特的高铅琉璃器具相继问世。

元代、明代时，规模较大的琉璃作坊在山东、新疆等地出现。

清代康熙年间，在北京开设了宫廷琉璃厂，只是自宋代至清代，虽有琉璃器件生产，且价格高昂，但多以生产琉璃艺术品为主，只有少量的茶具制品，始终没有形成琉璃茶具的规模生产。

近代，随着玻璃工业的崛起，玻璃器皿有了较大的发展，玻璃茶具很快兴起。玻璃质地透明、光泽夺目、外形可塑性强、用途极广，用玻璃制成的茶具形态各异、用途广泛，加之价格低廉、购买方便，深受茶人好评。在众多的玻璃茶具中，以玻璃茶杯最为常见。

3.玻璃茶具的特点

用玻璃茶具泡茶，可直接观赏到茶汤的鲜艳色泽，茶叶的细嫩柔软，以及在整个冲泡过程中茶叶的上下游动、叶片逐渐舒展等状态，这是一种动态的艺术展示。

特别是冲泡各类名茶或有特别造型的茶叶，如西湖龙井、碧螺春、君山银针等名茶，更能充分发挥玻璃器皿透明的优越性，观之令人赏心悦目。

玻璃茶具晶莹剔透，杯中轻雾缥缈，澄清碧绿，芽叶朵朵，亭亭玉立，赏其形、嗅其香、品其味，别有风趣。因此，用玻璃茶具来冲泡各种细嫩优茗，最富品饮和观赏价值。

玻璃茶具的不足之处在于，玻璃器皿质地较脆，容易破碎，而且导热较快，比陶瓷还烫手。

不过目前一些厂家生产的中空玻璃杯，有杯把和盖子，轻便透明，保温性好，导热较慢。还有一种经特殊加工的钢化玻璃制品，比较坚实且隔热性好，其特点表现在：

①耐热性好，可用蜡烛、酒精加热。

②透明度高，可直接观察冲泡过程，欣赏茶叶、花草、果粒伸展的美姿。

③凸显茶真味。因玻璃无毛细孔的特性，不会吸取花茶的味道，能品尝到百分之百的原味，容易清洗且味道不残留。

④造型优雅。专为冲泡花茶设计，可以看到花草茶轻盈的茶色，享受喝茶的乐趣。

4.玻璃茶具的性能

我国玻璃茶具主要采用膨胀系数为3.3的质量上乘的高硼硅绿色环保玻璃，其理化性能达到德国 DIN 标准及美国 ASTM-E438 一级 A 标准，相当于美国康宁公司的 PYREX-7740玻璃。

其在生产中广泛采用推进式自动加料、浸入式测温、炉底鼓泡、机械搅拌、电助溶、激光技术及电控隧道窑等一系列先进技术。

瞬间温度差为-20℃～150℃、极佳的化学稳定性、低膨胀系数、耐高温冲击是该类玻璃产品最显著的特点，可与欧美国家的玻璃产品相媲美，质量稳定，主要外销日本、美国等国家。

高硼硅玻璃茶具为耐热玻璃茶具，可以明火加热或使用微波炉加热。

玻璃茶具主要适用于冲泡花草茶、红茶、绿茶、普洱茶、水果茶、养生茶及工艺花茶等，并且有较高的观赏性和趣味性。

5.如何选购玻璃茶具

玻璃茶具表面看来都是很通透的，不过内在还是存在很大的差别。

一般正品的玻璃茶具，玻璃厚度均匀，阳光照射下非常通透，而且敲击时声音清脆。

玻璃茶具大都经过抗热处理，不会出现炸裂的情况。

个别玻璃茶具，虽然价格相对便宜，但是敲击时声音发闷，而且相对浑浊，抗热性能也一般，尤其是煮花草茶的玻璃茶壶，如果抗热性能不好，危险性极大。

选购玻璃茶具除了要注重茶具整体的美观、玻璃的清澈度以及玻璃整体的流畅度，还需要注意下述事项：

（1）玻璃的厚度

大部分的茶具都使用高硼硅玻璃制作，玻璃壁的厚度、重量都有专业的技术标准。

好的玻璃茶具耐高温，可以用酒精炉、蜡烛等工具进行明火加热，而且不会炸裂。

过厚的玻璃壁散热速度慢，容易炸裂。过薄的玻璃壁容易烫手。所以，过薄过厚都不是最好的选择。

（2）壶盖的松紧

玻璃茶壶的盖子不能太松也不能太紧。太松，容易脱落；太紧，热胀冷缩会导致茶具内外的气压无法达到平衡，一旦超过耐压负荷就会爆炸。

所以，玻璃茶具的壶盖在选购时需要考虑的一个重要因素。

（3）茶具的整体结构

结构对于任何一种材质的茶具都是不可忽略的因素，其外观是否整体协调、是否光滑圆润都是在选购时需要考虑的因素。

（4）茶具的吹制技术

吹制技术是利用玻璃在一定的温度范围内具有可塑性的特点，使用中空的铁棍从炉中挑出玻璃料，一个人在一端吹气，另一端的玻璃料即被吹成球形。这时可以通过剪刀、模具等工具来塑形。

吹制操作通常需要几个人合作完成。

人工吹制的玻璃茶具可以弥补机械制作带来的冰冷和雷同之感，手工茶具可以让人感受杯具与茶水交相辉映的美妙，感受到喝茶的那份怡然自得，因此价格也要比机械生产的茶具高。

任务训练与考核

茶的起源的训练与考核评价参考表见表2-1-3。

表2-1-3　　　　　　　　　　茶的起源的训练与考核评价参考表

序号	训练内容	考核要点	要点提示	配分	得分
1	简述如何选购一款合适的茶具	茶具的选购	玻璃的薄厚，壶盖的松紧，整体结构，吹制技术等因素	5分	
2	茶店中摆放着两个一模一样的茶杯，一个价格低廉，另一个价格昂贵，请分析其制作工艺的区别	茶具的吹制	一个是机械生产，另一个是手工吹制	5分	

考核方式：以小组为单位，10分计分制。

任务四　认识陶瓷茶具

◎　技能目标
1.阐述各种陶瓷茶具的主要产地。
2.鉴别陶瓷茶具的主要类型。
◎　素养目标
通过学习宋代斗茶所使用的建盏，感受古代茶具的艺术质感。

●●●▶　知识学习

1.陶瓷茶具简介

陶瓷茶具（如图2-1-5所示），主要是以高岭土、紫砂泥等材料烧制而成的泡饮茶叶的专门器具，包括陶瓷茶壶、陶瓷盖碗、陶瓷茶杯、陶瓷茶盘、陶瓷茶托、陶瓷茶洗等。

视频2-1-3

认识陶瓷茶具

其主要产地有江西景德镇、广东佛山、山东淄博、江苏宜兴、福建德化、广东潮州、湖南醴陵、河北唐山等。

图2-1-5　陶瓷茶具

古人讲究饮茶之道的一个重要表现，是非常注重陶瓷茶具本身的艺术。一套精致的茶具，配合色、香、味三绝的名茶，可谓相得益彰。

随着饮茶之风的兴盛以及各个时代饮茶风俗的演变，茶具的品种越来越多，造型也越来越精美。

2.陶瓷茶具的发展历史

元代中后期，青花瓷茶具开始批量生产，特别是景德镇，成为我国青花瓷茶具的主要生产地。

青花瓷茶具绘画工艺水平高，并且将中国传统绘画技法运用在瓷器上，是元代绘画的一大成就。

元代以后，除景德镇生产青花瓷茶具外，云南的玉溪、建水，浙江的江山等地也生产少量的青花瓷茶具，但无论是釉色、胎质，还是纹饰、画技，都不能与同时期景德镇生产的青花瓷茶具相比。

到了明代，景德镇生产的青花瓷茶具（如茶壶、茶盅、茶盏），花色品种越来越多，质量也越来越精良。无论是器形、造型、纹饰等都称冠全国，成为其他生产青花瓷茶具窑场模仿的对象。

清代初期，特别是康熙、雍正、乾隆年间，青花瓷茶具在古代陶瓷发展史上，又进入了一个历史高峰，它超越前朝，影响后代。康熙年间烧制的青花瓷器具，史称"清代之最"。

纵观明、清时期，由于制瓷技术提高，社会经济发展，对外出口扩大，以及饮茶方式的改变，青花瓷茶具获得了迅猛的发展。

当时，除景德镇生产的青花瓷茶具外，较有影响力的还有江西的吉安、乐平，广东的潮州、揭阳、博罗，云南的玉溪，四川的会理，福建的德化、安溪等地生产的青花瓷茶具。

此外，全国还有许多地方生产"土青花"茶具，供民间饮茶使用。

3.陶瓷茶具的分类

（1）青瓷茶具

青瓷茶具（如图2-1-6所示）以浙江生产的质量最好。

早在东汉年间，已有了色泽纯正、透明发光的青瓷。晋代浙江的越窑、婺窑、瓯窑已具相当规模。

宋代，作为当时5大名窑之一的浙江龙泉哥窑生产的青瓷茶具，已达到鼎盛时期，远销各地。

明代，青瓷茶具更以其质地细腻、造型端庄、釉色青莹、纹样雅丽而蜚声中外。

16世纪末，龙泉青瓷出口法国，轰动了整个法国，人们用当时风靡欧洲的名剧《牧羊女亚司泰来》中男主角雪拉同的美丽青袍与之相比，称龙泉青瓷为"雪拉同"，视其为稀世珍品。当代，浙江龙泉青瓷茶具又有新的发展，不断有新产品问世。这种茶具除了具有瓷器茶具的众多优点外，因色泽青翠，用来冲泡绿茶更有益汤色之美。不过其也存在着不足之处，如果用它来冲泡红茶、白茶、黄茶、黑茶，则易使茶汤失去本来面目。

（2）白瓷茶具

白瓷茶具（如图2-1-7所示），具有坯质致密透明，上釉、成陶火度高，无吸水性，音清而韵长等特点。

图2-1-6　青瓷茶具

图2-1-7　白瓷茶具

白瓷茶具色泽洁白，能反映出茶汤色泽，传热、保温性能适中，且造型各异，堪称饮茶器皿中之珍品。

早在唐代，河北邢窑生产的白瓷器具已"天下无贵贱通用之"，白居易还作诗盛赞四川大邑生产的白瓷茶碗。

到了元代，江西景德镇白瓷茶具已远销国外。如今，白瓷茶具更是面目一新。

白瓷茶具适合冲泡各类茶叶，加之造型精巧，装饰典雅，其外壁多绘有山川河流、四季花草、飞禽走兽、人物故事，或缀以名人书法，颇具艺术欣赏价值，故得到普遍使用。

（3）黑瓷茶具

黑瓷茶具（如图2-1-8所示），始于晚唐，鼎盛于宋，延续于元，衰落于明、清。这是因为自宋代开始，饮茶方法已由唐代的煎茶法逐渐变为点茶法，而宋代流行的斗茶，为黑瓷茶具的崛起创造了条件。

宋人衡量斗茶的效果，一看茶面汤花色泽和均匀度，以"鲜白"为先；二看汤花与茶盏相接处水痕的有无以及出现的迟早，以"盏无水痕"为上。

时任三司使、给事中的蔡襄，在他的《茶录》写道："视其面色鲜白，著盏无水痕为绝佳。建安斗试，以水痕先者为负，耐久者为胜。"

而黑瓷茶具，正如宋代祝穆在《方舆胜览》中所写："茶色白，入黑盏，其痕易验"。

所以在宋代，黑瓷茶盏成了瓷器茶具中的最大品种。

福建建窑、江西吉州窑、山西榆次窑等，都大量生产黑瓷茶具，都是黑瓷茶具的主要产地。

在生产黑瓷茶具的窑场中，建窑生产的"建盏"最为人称道。

蔡襄在《茶录》中这样写道："建安所造者……最为要用。出他处者，或薄或色紫，皆不及也。"建盏配方独特，在烧制过程中使釉面呈现兔毫条纹、鹧鸪斑点、日曜斑点，一旦茶汤入盏，能放射出五彩纷呈的点点光辉，增加了斗茶的情趣。

明代开始，由于"烹点"之法与宋代不同，黑瓷建盏"似不宜用"，仅作为"以备一种"而已。

（4）彩瓷茶具

彩瓷亦称"彩绘瓷"（如图2-1-9所示），是在器物表面中加以彩绘的瓷器，主要有釉下彩瓷和釉上彩瓷两大类。

釉下彩瓷始于唐代青花；明清时期开始出现了釉上彩，同时也是彩瓷发展的盛期，以景德镇窑成就最为突出。

图2-1-8 黑瓷茶具

图2-1-9 彩瓷茶具

彩瓷茶具，顾名思义，就是运用彩绘瓷器制作而成的茶具，彩瓷技法多样，因而彩瓷茶具的品种和花色很多，釉下彩、釉上彩、釉中彩、青花、新彩、粉彩、珐琅彩等茶具丰富多样，其中尤以青花瓷茶具最引人注目。

青花瓷茶具，是以氧化钴为呈色剂，在瓷胎上直接描绘图案纹饰，再涂上一层透明釉，之后在窑内经1 300℃左右的高温还原烧制而成的器具。

然而，对"青花"色泽中"青"的理解，古今亦有所不同。古人将黑、蓝、青、绿等诸色统称为"青"，故"青花"的含义比现代要广。

青花瓷茶具的特点是：花纹蓝白相映成趣，有赏心悦目之感；色彩淡雅，有华而不艳之力。彩料之上涂釉，显得滋润明亮，更平添了青花瓷茶具的魅力。

▶ 任务训练与考核

认识陶瓷茶具的训练与考核评价参考表见表2-1-4。

表2-1-4　　　　认识陶瓷茶具的训练与考核评价参考表

序号	训练内容	考核要点	要点提示	配分	得分
1	请同学们陈述陶瓷的主要产地	陶瓷茶具	江西景德镇、广东佛山、山东淄博、江苏宜兴、福建德化、广东潮州、湖南醴陵、河北唐山等	4分	
2	宋代斗茶是否使用建盏	建盏的特点	宋人衡量斗茶的效果，建盏的特点	6分	

考核方式：以小组为单位，10分计分制。

任务五　了解茶具的发展史

◎ 技能目标

1. 简述茶具的发展历程。
2. 学会使用易泡壶组、飘逸杯。

◎ 素养目标

通过对茶具发展历史的学习，感受我国茶文化的魅力，激发同学们弘扬传统文化、勇于创新的精神。

▶ 知识学习

1.汉晋时期茶具

视频2-1-4

了解各茶具发展史

最早的茶具是与酒具共用的，是一种陶制的小口大肚的缶。早期的器具类别很少，技术也达不到加工成型的高度。

2.唐代茶具

唐代的茶具在之前的基础上有了很大的发展。在唐代，因越瓷似玉，光泽如水，釉色青，造型好，"口唇不卷，底卷而浅"（出自《茶经·四之器》），使用方便，而备受人们喜爱。当时饮茶的汤色淡红，遇白色、黄色、褐色的瓷器，都会使茶汤呈现红色、紫色、黑色，故人们普遍认为，除越瓷外"悉不宜茶"。

由于茶文化盛行，在唐代的上层社会，贵族家中逐渐出现了金、银、铜、锡等金属茶具。

1987年，在陕西扶风法门寺出土的茶具（如图2-1-10所示）充分证实了这一点，由此可见当时宫廷和佛门的茶事盛况以及宫廷茶事中茶具的规格之高。唐代的茶圣陆羽则在《茶经》中第一次较系统地记述了茶具。

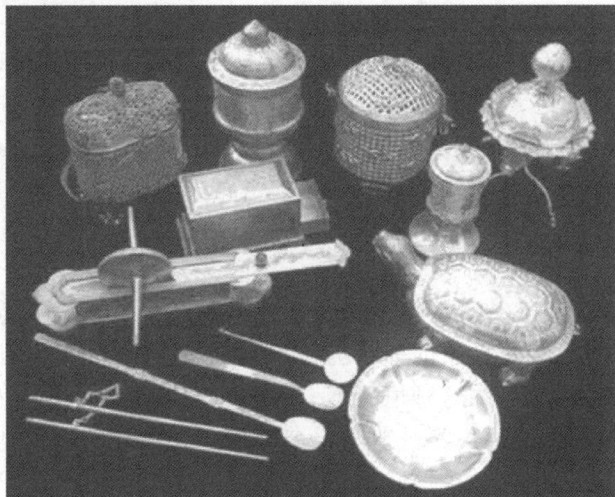

图2-1-10 唐代御用鎏金茶具

3.宋代茶具

宋代的饮茶方法与唐代相比，发生了一定变化，唐代所用的煎茶法逐渐为宋人摒弃，点茶法成了当时主要的饮茶方式。

到了南宋，点茶法更是大行其道，但宋人饮茶之法都来自唐代，因此，饮茶器具与唐代大致相同，只是煎茶的茶鍑逐渐被点茶的茶瓶所替代。

宋人的饮茶器具有茶焙、茶笼、砧椎、茶钤、茶碾、茶罗、茶盏、茶匙、汤瓶等，尽管在种类和数量上，比唐代少了一些，但宋代茶具更加讲究。如饮茶用的盏、注水用的瓶（执壶）、炙茶用的钤、生火用的铫等，不但质地精良，制作也更为精细。

4.元代茶具

从某种意义上说，无论是茶叶加工，还是饮茶方法，抑或是使用的茶具，元代都是上承唐、宋，下启明、清的一个过渡时期。

元代历史不足百年，在茶文化的发展史上，找不到一本茶事专著，但仍可以从诗词、书画中找到一些有关茶具的踪迹。

当时有采用点茶法饮茶的，但更多是采用沸水直接冲泡散茶。

在元代，用沸水直接冲泡散形条茶的饮用方法已较为普遍，不仅可在众多元人的诗作中找到依据，还可从出土的元冯道真墓壁画中找到佐证。

5.明代茶具

相对于唐、宋而言，明代茶具发生了较大的变革。

唐、宋时期人们以饮饼茶为主，采用的是煎茶法或点茶法。

元代时，条形散茶已在全国范围内兴起，饮茶改为直接用沸水冲泡，这样，唐、宋时期的炙茶、碾茶、罗茶、煮茶的器具成了多余之物，一些新的茶具品种脱颖而出。

明代对这些新的茶具品种是一次定型，因为从明代至今，人们使用的茶具品种基本上无大的变化，仅仅在茶具式样或质地上有所变动。

另外，由于明代人们饮用的是条形散茶，贮茶、焙茶的器具比唐、宋时期显得更为重要。而饮茶之前，用水淋洗茶，又是明代人特有的饮茶习惯。

明代茶具简便，但也有特定要求，同样讲究制法、规格，注重质地，特别是新型茶具的问世，以及制作工艺的改进，使得明代的茶具比唐、宋时期又有了较大的发展。其主要表现在饮茶器具上，最突出的特点，一是出现了小茶壶，二是茶盏的形和色有了较大的变化。

总的说来，与前代相比，明代茶最具创新的当属小茶壶，进行改进的当属茶盏，它们都由陶或瓷烧制而成。

6.清代茶具

到了清代，茶类有了很大的发展，除绿茶外，出现了红茶、乌龙茶、白茶、黑茶和黄茶，形成了六大茶类，但这些茶的形状仍属条形散茶。所以，无论哪种茶类，饮用方法仍然沿用明代的直接冲泡法。在这种情况下，清代的茶具无论是种类还是形式，基本上没有突破明代人的规范。清代的茶盏、茶壶，多以陶或瓷制作，以康熙、乾隆年间最为繁荣，以"景瓷宜陶"最为出色；茶盏以康熙、雍正、乾隆年间盛行的盖碗最负盛名。

清代瓷茶具精品，多由江西景德镇生产，当时，除生产青花瓷和五彩瓷的茶具外，还创制了粉彩茶具和珐琅彩茶具。

清代江苏宜兴的紫砂茶具，在继承传统的同时，又有新的发展。乾隆、嘉庆年间，宜兴紫砂还推出了以红、绿、白等不同石质粉末施釉烧制的粉彩茶壶，使传统砂壶的制作工艺又有新的突破。

此外，自清代开始，福州的脱胎漆茶具、四川的竹编茶具、海南的生物（如椰子、贝壳等）茶具也开始出现，自成一格，令人喜爱，终使清代茶具异彩纷呈，形成了这一时期茶具创新的重要特色。

7.现代茶具

现代茶具式样更新，名目更多，且做工更精，质量上乘。

在众多质地的茶具中，昂贵的如金银茶具，廉价的如竹木茶具，此外还有用玛瑙、水晶、玉石、大理石、陶瓷、玻璃、漆器、搪瓷等制作的茶具，数不胜数。

传统的泡饮法经历6 000多年，至今仍然是人们主要的饮茶方式。

面对现代紧张繁忙的生活节奏，时间和空间都不适合采用传统的茶具产品，古老的茶具艺术正面临现代生活的考验。

现代工业设计对于人机工程学、设计心理学、材料学等领域的研究，都给现代茶具的设计提供了更坚实、更科学的基础。因此，现代茶具的适用性、通用性、安全性等特点十分鲜明。

有许多经过改良的现代茶具，就是为了满足人们简化饮茶过程、在室内便于冲泡、在旅途或户外便于携带收纳的需求所做的尝试，比如：

（1）现代同心杯

同心杯，顾名思义，茶杯与内胆同心，内胆用于过滤茶叶。

泡茶时，将内胆搁入外杯，然后把茶叶放置在内胆中，冲入热水，茶汤随着内胆上的漏茶孔流到外杯里。待茶泡好后可取出内胆，同时也就取出了茶叶，轻松实现茶叶与茶汤的分离。

同心杯的材质除了使用传统茶具常用的陶瓷、紫砂外，还有塑料、玻璃等，造型上也与现代生活相贴近，外观装饰更趋向于仿古设计。

（2）易泡壶组

一只壶、两盏杯，组成了泡工夫茶最简易的装置——易泡壶组。易泡壶组通常采用紫砂烧制，为了节省空间，茶壶省去了壶柄，但使用者仍然能从细微之处体会到它的实用性。

易泡壶上套有海草环，冲入热水泡茶时，可以隔热，防止烫手；壶嘴内装有滤网，使茶汤过滤后清澈干净，不含杂质。同时，易泡壶可以当壶使用，也可以当茶海使用，能均匀茶汤浓度。

（3）飘逸杯

飘逸杯的内杯通常采用聚碳酸树脂，母杯采用同材料或玻璃材质，内部带有不锈钢的过滤筒、过滤网和止水珠。

它的工作原理与同心杯相似，但造型与材质更加现代化，泡茶的同时还可以欣赏到茶叶在水中舒展的优美形态。

飘逸杯可用于泡花茶、乌龙茶、绿茶、红茶及各式茶包，也适用于居家办公、出差旅行、酒楼会所等场景，能够满足大多数泡茶者的需求。

飘逸杯的优点集中体现在：在冲泡过程中可以看得到茶汤，易于控制浓淡；同一杯组可同时泡茶、饮茶，不必另备茶海、杯子和滤网；泡茶速度快，适合居家待客，可同时招待十余位朋友，不会有冲泡不及之尴尬；办公室自用时，可将外杯当饮用杯；招待客人时，可将外杯当公杯；便于旅游携带；不吸入异味，可保原茶香；容易清洗，只要把内杯向下倾倒，茶渣就会掉出来，随后倒入清水摇一摇，再将水倒掉即清洁完毕。

同一杯组可使茶叶与茶汤分离，并自动过滤，避免浸泡过久、茶味苦涩的问题。

飘逸杯的缺点在于：保温性稍差，不宜控制冲泡的温度；对于某些高香的茶来说，飘逸杯不能提香，还可能会造成香气的部分损失。如普洱茶和沱茶，因冲泡时用茶量较多而且茶叶粗老，必须用100℃的沸水冲泡。

●●● 任务训练与考核

了解茶具的发展史的训练与考核评价参考表见表2-1-5。

表2-1-5 了解茶具的发展史的训练与考核评价参考表

序号	训练内容	考核要点	要点提示	配分	得分
1	请同学们讨论各个时代茶具的典型代表	茶具发展历程	汉晋、唐、宋、元、明、清、现代	5分	
2	小明过生日时，一家十余人围坐在一起，使用什么茶具喝茶最为适宜	飘逸杯	泡茶速度快，适合居家待客，可同时招待十余人，不会有冲泡不及之尴尬	5分	

考核方式：以小组为单位，10分计分制。

实训模块二　选择茶具搭配

◎　情景导入

古人云："茶滋于水，水藉乎器。"一次好的饮茶体验，除了茶好、心情好，茶具也是尤为重要的。

一套精美的茶具可以带来美的视觉享受，恰如其分地使用茶具，还可以完美地映衬出茶最好的一面。

那么我们应如何选择茶具呢？

作为茶饮，自然要以其实用性作为第一考量因素，其他观赏性的功能可作为锦上添花之举来选择。

小微的爸爸经常拿着搪瓷茶具不离手，用久了露出铁皮也不舍得丢弃，他的这种做法对吗？

解析：在父辈的泡茶工具中，搪瓷茶具很常见。搪瓷茶具用久了容易磨损，露出铁皮，其金属成分会溶解在茶水中，使茶水色泽发黄并失去原味，而且搪瓷茶具散热快、传热快，茶香也容易散发。

◎　学茶悟道

相得益彰，美美与共：茶与茶具共同营造了一种和谐共生的氛围。

茶，作为大自然的馈赠，早已超越了单纯的饮品范畴，其独特的香气和口感在赋予人们品茗时愉悦感受的同时，已成为一种精神的象征和文化的载体。而茶具作为茶文化的物质表现，不仅承载了茶叶的精神，也体现了人们对美好生活的追求，其实用的功能和精美的造型为品茶增添了更多雅趣。

茶与茶具，相得益彰，美美与共。

茶与茶具之间的关系可谓交相辉映，共同营造了一种和谐共美的氛围。

例如，绿茶在透明玻璃杯中能更好地展示舒展的姿态和翠绿的茶汤，而红茶在紫砂壶中则能够充分地释放自身的香气。

茶与茶具的和谐共生不仅代表了我国传统文化的精髓，还承载着丰富的思想内涵和道德伦理。

茶与茶具相互依存、相互衬托，不仅在实用性上相互配合，更在审美和文化内涵上相互融合。它们之间的关系，就像人与人之间的和谐相处，强调的是尊重、包容和理解。这种和谐理念可以引导学生树立正确的世界观、人生观和价值观，懂得相互尊重、礼让有度，营造一种和谐融洽的人际关系，培养他们的社会责任感和公民意识。

本模块通过学习和体验茶与茶具的搭配，让学生在亲身体验中领悟茶文化的精髓，培养学生的礼仪意识和审美情趣，在茶文化的和谐理念中悟人生之真谛。

◎ **学习重点**

1.练习绿茶与茶具的搭配

2.练习红茶与茶具的搭配

3.练习青茶与茶具的搭配

4.练习黑茶与茶具的搭配

◎ **学习难点**

好茶如何选美器

任务一 认识茶叶冲泡的基本用具

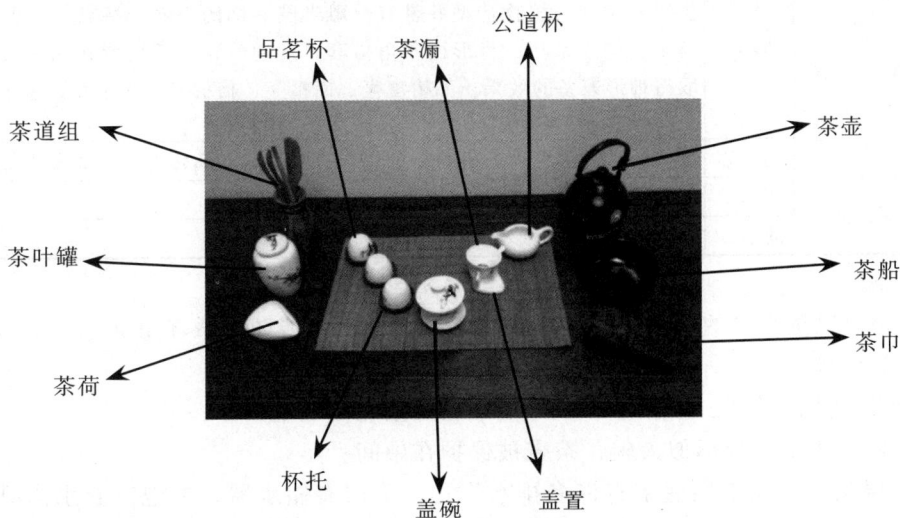

◎ **技能目标**

1.准确认识主泡器和辅助用具。

2.了解茶具在不同地域的使用习俗。

3.了解茶具的选择依据。

◎ **素养目标**

通过学习茶具的使用，培养学生的合作精神和团队意识。

● ● ◗ **知识学习**

冲泡茶叶，除了好茶、好水外，还需要有好的器皿。陆羽在《茶经》里列举了煮茶和饮茶的29种器皿。

视频 2-2-1

认识茶叶冲泡
的基本用具

我国茶具种类繁多，各种茶具有其独特的结构特点，极具艺术价值。我们按茶具功能的不同，将其分为主泡器和泡茶辅助用具（如图2-2-1所示）。

图2-2-1 主泡器和辅泡器

1.主泡器

与泡茶活动直接相关的器皿，称之为主泡器。

（1）茶壶

茶壶是用以泡茶的器具，由壶盖、壶身、壶底和圈足4部分组成。壶盖有孔、钮、座、盖等细部；壶身有口、延（唇墙）、嘴、流、腹、肩、把（柄、扳）等细部。由于壶的把、盖、身、形间细微的差别，茶壶的形态就有几百种，见表2-2-1。

表2-2-1   茶壶的形态

分类标准	名称	器型特点
根据壶把造型	侧提壶	壶把呈耳状，在壶嘴对面
	提梁壶	壶把呈虹状，在壶盖上方
	飞天壶	壶把如彩带飞舞，在壶身一侧上方
	握把壶	壶把如握柄，与壶身形成直角
	无把壶	无握把，手持壶身头部倒茶
根据壶盖造型	压盖壶	壶盖平压在壶口之上，壶口不外露
	嵌盖壶	壶盖嵌入壶内，盖沿与壶口平
	截盖壶	壶盖与壶身浑然一体，只显截缝
根据壶底造型	捺底壶	壶底心捺成内凹状，不另加足
	钉足壶	壶底上有三颗外突的足
	加底壶	壶底加一个圈足
根据茶壶形态特征	圆器	主要由不同方向和曲度的曲线构成的茶壶。骨肉匀称、转折圆润、隽永耐看
	方器	主要由长短不等的直线构成的茶壶。线面挺括平整、轮廓分明，呈现干净利落、明快挺秀的阳刚之美
	塑器	仿照各类动、植物造型并带有浮雕半圆装饰的茶壶。特点是巧形、巧色、巧工，构思奇巧、肖形而不落俗套；理趣兼顾，巧用紫砂泥的天然色彩，取得神形兼备的效果，如树瘿壶、南瓜壶、梅桩壶、松干壶、桃子壶，等
	筋纹壶	壶体选用云水纹理，口盖部分仍保持圆形，如鱼化龙壶、莲蕊壶等
根据有无内胆	普通壶	无内胆
	滤壶	壶口内安放直桶形的滤胆，使茶渣与茶汤分开

（2）茶船

茶船是放置茶壶等的垫底茶具，它既能增加美感，又能防止烫坏桌面。

其主要形状有：

①盘状，边沿低矮，形似盘子，可使茶壶线条完全展现出来；

②碗状，边沿高耸形似大碗，茶壶被保护在中间；

③双层状，茶船上层底部有许多排水小孔，下层有储水器，冲泡时弃水由排水孔流入下层。

（3）茶盅

茶盅又名公道杯或者茶海，是分茶的器具，可将泡好的茶汤全部倒入，因有均匀茶汤浓度的作用，又叫公平杯。

其种类包括：

① 壶形盅，即用小茶壶作为茶盅使用；

② 无把盅，将壶把省略，壶口向外拉出一个翻边，用以代替把手；

③ 简式盅，无盖，从盅身拉出一个倒水口，有把或无把。

（4）小茶杯

小茶杯，是指盛放茶汤用以品茗的杯子。

其种类包括：

① 翻口杯：杯口向外翻出似喇叭状。

② 敞口杯：杯口大于杯底，也称盏形杯。

③ 直口杯：杯口与杯身同大的桶形杯。

④ 收口杯：杯口直径小于杯身的鼓形杯。

⑤ 把杯：带有把柄的杯子。

⑥ 盖杯：带有盖子的杯子，有把或无把。

（5）杯托（又称茶托）

杯托是承托茶杯所用的器具。其形态有：

① 盘形，托缘低矮呈浅盘状；

② 碗形，托缘高耸形似小碗；

③ 高脚形，杯托底部有圆柱状高脚；

④ 复托形，高脚托的托碟中心再有一个碗形或碟形的小托，多配合盏形杯或茶碗使用，茶盏或茶碗的底部由小托承托。

（6）盖置

盖置是承托壶盖、盅盖与杯盖等物的器具，以保持盖子的清洁并避免沾湿桌面。其形态有托垫形和支撑形两种。

托垫形如碟形杯托；支撑形如小的圆柱状器具，支在盖子中心，或是圆筒状器具，支撑盖子。

（7）茶碗

茶碗是大碗形品茗器具，可直接放茶叶冲泡。

其形态为圆底形或尖底形。圆底形的茶碗底部呈圆球形；尖底形的茶碗通常称为茶盏，茶碗底部呈锥形。

（8）盖碗

盖碗是由杯盖、茶碗与杯托三件组成的泡饮组合用器，用以盛放泡好的茶汤。

（9）大茶杯

大茶杯多为直圆长筒形，有盖或无盖，有把或无把，玻璃或瓷质。

（10）冲泡盅、冲泡器

冲泡盅是指用以冲泡茶叶的杯状器具，杯口有倒水口。

前述的盖碗与茶盅有时可当作冲泡盅使用。冲泡器又称飘逸杯，其杯盖连接处有滤网，可令茶渣与茶汤分离；中轴可上下提压如活塞，令茶汤均匀。

（11）水注

水注又称茶壶，一般是壶嘴细长、壶身较长直的水壶。

其主要用于盛放冷水，注入煮水器加热；或盛放开水，温具时用来注水或等水温稍降冲泡茶叶。

2.辅助用具

与泡茶活动有关，但非直接冲泡的用具，称之为辅助用具。

辅助用具具体包括：

（1）奉茶盘

奉茶盘是指盛放茶杯、茶碗或茶食等，奉送至宾客面前供其取用的托盘。

（2）茶盘

茶盘是泡茶时摆放茶具的托盘。

其形态有：

① 规则形，茶盘呈对称的几何形状，如方形、圆形等；

② 自然形，仿照木头、石头等形态雕刻而成；

③ 排水形，茶盘底部有孔，可使弃水流入下层的储水器中。

（3）茶巾

茶巾一般为小块正方形棉、麻织物，用于擦拭茶具、吸干残水、托垫茶壶等。

（4）泡茶巾

泡茶巾一般为大块长方形棉、麻、丝绸织物，用于覆盖暂时不用的茶具；或铺在桌面、地面上用来放置茶具泡茶（如举办无我茶会时）。

（5）茶荷

茶荷是一种敞口无盖小容器，用于赏茶、投茶与置茶计量。

（6）茶匙

茶匙是长柄、圆头、浅口的小匙，将茶叶由茶样罐中取出时使用，不可以沾水。

（7）渣匙

渣匙是长柄小匙，用于去除茶渣，可以沾水。

（8）茶针

茶针是细长、一头尖利的竹制、木制长针，用于通单孔壶流或拨茶。

（9）茶箸

茶箸是指用于夹出茶渣的筷子，或作搅拌配料茶汤用。

（10）计时器

其包括钟、表等，用于掌握冲泡时间。

3.其他用具

其他用具是为了服务于泡茶活动，一般摆放在茶席之外的器皿。

（1）煮水器组

其包括热源和煮水器。

（2）保温瓶

保温瓶贮存开水泡茶，或贮存冷水备用。

（3）水方

水方是敞口较大容器，用于贮存清洁的冷水。

（4）水盂

水盂是敞口较小容器，用于盛放弃水与茶渣。

（5）备茶器

备茶器有茶样罐（有盖的小罐，由铁、锡、竹等制成），茶瓮（陶瓷大瓮，用于大盆贮存茶叶的容器）。

4.日常生活用茶具

根据茶叶的种类、饮用人数以及各地饮茶习惯的不同，在茶具的选择上也有所不同。

东北、华北一带，大多数人喜饮花茶，常用较大的瓷壶泡茶，然后斟入瓷杯饮用。壶的大小视人数多少而定。

江南一带，人们普遍爱好炒青或烘青绿茶，多用有盖瓷杯泡茶。福建、台湾、广东等地居民和东南亚华侨，对乌龙茶特别喜爱，宜用紫砂茶具。

四川、安徽等地还流行喝盖碗茶，盖碗由碗盖、茶碗和碗托三部分组成，个人泡饮或多人泡饮都很适宜。

在冬季，有人喜用保温杯泡茶，但是这种杯子对于泡茶来说并不适宜。迫不得已时，也只能用于泡乌龙茶或红茶等，不适宜泡绿茶，尤其不适宜泡高级绿茶和名茶。

5.茶艺表演中茶具的选配

在茶艺表演中要注意茶具的色调搭配，根据用茶选择适合的茶具。

（1）根据茶具色调搭配

茶具的色泽主要是指某些制作材料呈现出的颜色和装饰的图案花纹颜色，通常可以分为冷色调与暖色调两种。

冷色调主要包括蓝色、青色、绿色、白色、灰色、黑色等，而暖色调则包括黄色、橙色、红色和棕色等。

茶艺表演主题如果与季节有关，或者为了渲染气氛，可以选择应景的茶具颜色。

茶具和茶器的色泽选择主要是指其外观颜色的选择搭配，主要原则就是必须与茶叶相匹配。

一般建议饮茶茶具、品茗杯的内壁为白色，这样才能更加真实地反映茶汤的色泽与明亮度，而且必须注意，茶具中壶和杯子的色彩也要一致，同时再辅以船托盖，使其浑然一体，天衣无缝，如此看来，才更加整齐划一，给人以美的感受。

（2）根据选茶搭配茶具

绿茶又分为名优绿茶和大宗绿茶两种，名优绿茶一般采用透明无色彩、没有花纹、没有盖子的玻璃杯或者白瓷、青瓷、青花瓷的无盖杯来进行冲泡效果最佳；而大宗绿茶的茶具如果是单人用具的话，建议采用无盖的、有花纹或冷色调的玻璃杯进行冲泡，在春季应适当采用青瓷或青花瓷等冷色调的瓷盖杯；多人冲泡时，建议采用青瓷、青花瓷或白瓷等各种冷色调的壶和杯具。

冲泡黄茶时应采用内壁为奶白色或黄釉颜色的瓷器茶具，或者采用以黄色和橙色为主的五彩壶、杯具、盖碗和盖杯。

由于红茶的品种不同，所以冲泡红茶时要根据其品种采用不同的泡茶器具。

一般类红茶品种，在冲泡的时候建议采用一些内壁上施以白釉的白瓷或白底红花瓷等茶具、杯具或盖碗。

对于红碎茶而言，则采用一些白黄底色、描橙红和各种暖色调的咖啡色壶具来进行冲泡。

白茶建议采用白瓷或者紫砂壶来进行冲泡，也可以采用反差特别大的茶具，如内部带有黑色釉质的黑瓷茶具冲泡，因为这样可以更加衬托出茶叶表面的白毫，让人们通过白毫的情况来判定茶叶的好坏。

对于乌龙茶而言，则建议采用紫砂类的茶具，因为冲泡乌龙茶需要持续的高温才能使茶叶中的营养物质更快地析出，而紫砂壶保温性能较好，完全契合乌龙茶的冲泡需求。

黑茶可选用紫砂杯具、白瓷杯具或玻璃壶、杯具、盖碗、盖杯，也可用民间土陶工艺制作的杯具。

在后面的学习任务中，将会进一步区分不同茶类的茶具选择。

◗◗◗▶ 任务训练与考核

认识茶叶冲泡的基本用具的训练与考核评价参考表见表2-2-2。

表2-2-2　　　　　　认识茶叶冲泡的基本用具的训练与考核评价参考表

序号	训练内容	考核要点	要点提示	配分	得分
1	请罗列茶叶冲泡的主泡器（核心8类）	茶具分类	茶壶、茶船、公道杯、闻香杯、品茗杯、杯托、盖置、盖碗	5分	
2	请区分茶叶冲泡的辅助用具（布巾类和托盘类，茶道组，茶荷）	茶具分类	布巾（桌布、茶巾）、托盘类（茶巾盘、茶托、茶盘）、茶道组（茶道筒、茶针、茶匙、茶则、茶镊、茶漏）、茶荷	5分	

考核方式：以小组为单位，10分计分制。

任务二　练习绿茶与茶具的搭配

◎　**技能目标**

学会选择绿茶茶具。

◎　**素养目标**

通过绿茶冲泡的学习，感受泡茶器具的艺术美感，使学生接受美的教育，提升学生的美学素养。

◉◉◐ 知识学习

俗话说"壶添品茗情趣，茶增壶艺价值"，好茶当然得配好壶，才能锦上添花。绿茶可选用玻璃杯或者盖碗冲泡，也可以选用玻璃茶具和瓷质茶具冲泡。

视频2-2-2

练习绿茶与茶具的搭配

1.玻璃杯冲泡

玻璃杯是冲泡绿茶的最佳选择。绿茶具有鲜嫩的特性，用玻璃杯冲泡不但清香四溢，而且能更充分地欣赏绿茶的外形和内质。冲泡后，可以静静地观察茶叶在水中缓慢地舒展、游动。我们把绿茶在杯中的冲泡称为"绿茶舞"。

泡饮之前，先欣赏干绿茶的色、香、形。取一杯之量的茶叶，置于无异味的白纸上，观看茶叶的形态，欣赏绿茶的制作工艺，察看绿茶的茶叶色泽，再干嗅绿茶的香气，充分领略各种名茶的形态特点和天然风韵，称为"赏茶"。

绿茶的冲泡方法分为上投法、中投法和下投法。上投法的冲泡方法是先倒水，再投茶，这种方法适合冲泡身骨重的茶叶，如碧螺春、信阳毛尖等。中投法的冲泡方法是先注入1/3的水，再投茶，待茶叶舒展后再注满水，这种方法适合冲泡细嫩的茶叶，如西湖龙井、雀舌等。下投法的冲泡方法是先投茶，再倒水，这种冲泡方法是使用最多的方法，适合大叶片、不易吸水下沉的茶叶，如太平猴魁、六安瓜片等。

绿茶最为娇嫩，宜放在透明的玻璃杯中，冲入温度合适的开水。

需要注意的是，由于绿茶不是发酵茶，而且茶底也比较娇嫩，不适宜直接用沸水冲泡，一般用85℃的水冲泡最为适宜。

看茶色一点一点绿起来，看叶片在水中翻腾舒展，犹如佳人曼舞，感受绿茶带来的美好。

春茶外形芽叶硕壮饱满、色墨绿、润泽，条索紧结、厚重，泡出的茶汤味浓、甘醇爽口，香气浓，叶底柔软明亮。

夏茶外形条索较粗松，色杂，叶芽木质分明，泡出的茶汤味涩，叶底质硬，叶脉显露，夹杂铜绿色叶子。

秋茶外形条索紧细、丝筋多、轻薄、色绿，泡出的茶汤色淡、汤味平和、微甜，香气淡，叶底质柔软，多铜色单片。

2.瓷质茶具冲泡

瓷质茶具造型美观、纹路精美，具有很高的艺术观赏价值。瓷质茶具导热适中，所用材料不会与茶叶产生化学反应，冲泡时能获得较好的色、香、味。

需要注意的是，绿茶娇嫩，用瓷质茶具冲泡时水温不宜过高，冲泡时间也不宜过长。因瓷质茶具的保温效果比玻璃茶具好，会使茶汤泛红，香气低闷并有熟味，影响口感，所以建议即冲即饮。

盖碗和白瓷杯都是瓷质茶具中较好的选择。

瓷质茶具适于冲泡中低档绿茶，如炒青绿茶、烘青绿茶、晒青绿茶等，重在适口、品味或解渴。一般应先观察茶叶的色、香、形，后入杯冲泡。

（1）盖碗

虽然冲泡绿茶的茶具首选玻璃杯，但是盖碗冲泡也是不错的选择。盖碗冲泡虽不能像玻璃杯那样观赏茶叶冲泡的全过程，但是盖碗保温性较好，能将茶叶快速冲泡开，更能锁住茶叶的香气。

可取"中投法"或"下投法"，用95℃~100℃的热水冲泡，盖上杯盖，以防香气散逸；保持水温，以利茶身展开，加速下沉杯底。待3~5分钟后开盖，嗅茶香，尝茶味，视茶汤浓淡程度，饮至三开即可。这种泡饮法用于客来敬茶或办公时间饮茶较为方便。

杯泡法，茶叶与水的比例，因个人口味而定，一般以200毫升水泡3克茶为宜。喜浓饮者可略多加茶，喜淡饮者可略少加茶。

（2）白瓷杯

白瓷杯也是适合冲泡绿茶的器具，绿茶茶汤嫩绿明亮，颜色清淡，好的白瓷可充分衬托出茶汤的清澈明亮，显现茶叶的良好品质。

绿茶作为不发酵茶，保存了茶叶最原始的韵味，同时根据不同的工艺制成了不同的外形，因此在品饮过程中极具观赏性。

（3）茶壶

茶壶一般不宜冲泡细嫩名贵绿茶，因其水多，不易降温，会闷熟茶叶，使绿茶失去清鲜香味。

壶泡法适于冲泡中低档绿茶，这类茶叶中纤维素多，耐冲泡，茶味也浓。泡茶时，先洗净壶具，取绿茶入壶，用100℃的初开沸水冲泡至满，3~5分钟后即可酌入杯中品饮。多人一起饮茶时，用壶泡法较好，因不在欣赏茶趣，而在解渴，或饮茶谈心，或佐食点心，畅叙茶谊。

●●●▶ 任务训练与考核

练习绿茶与茶具的搭配的训练与考核评价参考表见表2-2-3。

表2-2-3　　　　　　　练习绿茶与茶具的搭配的训练与考核评价参考表

序号	训练内容	考核要点	要点提示	配分	得分
1	在绿茶冲泡的过程中看到茶叶上下沉浮，同学们有什么样的心得	思政元素	人生亦如茶，沉沉浮浮、起起落落是人生常态	5分	
2	冲泡绿茶的最佳茶具及冲泡特点	绿茶冲泡器皿	玻璃杯，绿茶舞	5分	

考核方式：以小组为单位，10分计分制。

任务三　练习红茶与茶具的搭配

◎ 技能目标

1.了解各种红茶茶具的特性。

2.掌握并运用红茶冲泡器皿。

◎ 素养目标

通过练习红茶冲泡茶具的选择，鼓励学生在学习上勇于创新，敢于突破。

●●● 知识学习

红茶是一种全发酵茶，起源于中国，后传播到世界各地。现在，品饮红茶也成为西方一项重要的社交活动。长久以来，喝茶的情趣，比喝茶本身更被重视。

视频 2-2-3

练习红茶与茶具的搭配

红茶以其独特的茶香韵味声名远扬，经过时间的洗礼与沉淀，形成了不同种类的红茶。

不同种类的红茶对于冲泡方式有着不同的要求，因此在选用茶具上颇有讲究。

红茶冲泡后既可清饮，亦可与牛奶、蜂蜜等冲调饮用。

其中，清饮法能保持红茶的真香和本味，具体可使用盖碗泡法、杯泡法和冷泡法等方法，亦可用飘逸杯进行简易冲泡。

不同材质的冲泡器皿进行红茶冲泡的特点如下：

1.紫砂壶透气性好，冲泡红茶不易变味

冲泡红茶，首选紫砂壶，因为紫砂壶透气性好，使用其泡茶不易变味，暑天隔夜不发馊。紫砂壶能吸收茶汁，即使壶内壁不刷，沏茶也无异味。紫砂壶经久使用，壶壁积聚"茶锈"，即使空壶注入沸水，也会茶香氤氲，这与紫砂壶胎质具有一定的气孔率有关，是紫砂壶独具的品质。

紫砂壶使用越久，壶身色泽越光亮照人，气韵温雅。

2.汝瓷釉彩鲜艳，配红茶恰到好处

汝瓷也是冲泡红茶很好的选择。汝瓷是我国宋代"汝、官、哥、钧、定"5大名瓷之首。汝窑的工匠，以名贵的玛瑙入釉，烧成了具有"青如天，面如玉，蝉翼纹，晨星稀，芝麻支钉釉满足"典型特色的汝瓷，汝瓷釉彩鲜艳，配红茶相得益彰，能很好地发挥茶性。

3.青花瓷韵味十足，令红茶汤色清晰

青花瓷是一种以天然钴料为色料，在瓷胎上用笔描绘纹饰，再聚透明釉，最后在高温中一次烧成的釉下彩瓷器。釉下钴料在高温烧成后呈现出蓝色，因此被称为"青花"。青花瓷的魅力在于瓷质细洁而色白，釉下彩的蓝色彩绘，幽靓苍翠，图案装饰雅俗共赏。

青花瓷泡红茶能使红茶的汤色清晰，是红茶冲泡的良伴。

4.玻璃茶壶透明性强，可直观茶色

很多茶叶店使用玻璃茶壶来冲泡红茶，特别是高档的红茶，这样容易看到红茶茶汤的色泽，使用玻璃茶壶可使红茶的美感尽现。

此外，在搭配花草茶或天然香料冲泡时，如果使用玻璃茶壶也会为其美感增色。

●●● 任务训练与考核

练习红茶茶具搭配的训练与考核评价参考表见表2-2-4。

表2-2-4 练习红茶茶具搭配的训练与考核评价参考表

训练内容	考核要点	要点提示	配分	得分
在班级举行的一次茶艺大赛中，老师以"忆乡"为题目，让同学们自行选择茶叶和茶具进行表演，你会怎么选择	茶具选择	红茶，用紫砂壶冲泡，用玻璃杯品饮，观其色泽，嗅其香气，感悟家乡的温暖（答案不唯一）	10分	

考核方式：以小组为单位，10分计分制。

任务四 练习乌龙茶与茶具的搭配

◎ **技能目标**

辨识烹茶四宝。

◎ **素养目标**

乌龙茶具讲究配套使用，我们可以从中体会人生哲理：个人的力量是渺小的，微不足道的，若是没有集体力量的依托，就难以取得个人的成功。

●●● **知识学习**

视频2-2-4

[二维码]

练习乌龙茶与茶具的搭配

喝乌龙茶十分讲究茶具的配套，一般使用陶器茶具冲泡，特别是紫砂茶具最为适用。我国福建及广东潮汕地区，在品饮乌龙茶时曾经盛行使用"烹茶四宝"。

所谓"烹茶四宝"指的是潮汕风炉、玉书煨、孟臣罐、若琛瓯这4件茶具（如图2-2-2所示）。潮汕风炉是一只缩小版的粗陶炭炉，为广东潮汕地区所制，生火专用；玉书煨是一个缩小版的瓦陶壶，架在风炉上，烧水专用；孟臣罐是一把比普通茶壶还小的紫砂壶，泡工夫茶专用；若琛瓯是只有半个乒乓球大小的白色瓷杯，通常一套3～5只不等，专供饮工夫茶之用。

图2-2-2 烹茶四宝

茶具的摆设以孟臣罐为中心，其余的依次排放在一个椭圆形或圆形的茶盘中，壶、杯、盘可按个人喜好自行搭配。

"烹茶四宝"具有独特的艺术价值和艺术美感，缺一不可，它们被看作茶具中的艺术品，也是冲泡乌龙茶的首选。

1.玉书煨

玉书煨即烧开水的壶，是一种赭色薄瓷扁形壶，容水量约为250毫升，水沸时，盖子"卜卜"作声，现在已经很少使用此壶。

一般的茶艺馆，多用稍大些的宜兴紫砂壶作为烧开水的壶，这些紫砂壶多为南瓜形或东坡提梁壶形；也有用不锈钢壶或电水壶的，可以保温。

还有的茶艺馆用大的玻璃烧杯盛水，置于微波炉内使之沸腾，此法需注意两点，一是微波炉的时间和火力要调好，防止水未开或水老化，需多次试验方能掌握；二是要清除微波炉内的异味。

2.潮汕风炉

潮汕风炉是烧开水用的火炉，小巧玲珑，可以调节风量，掌握火力大小，以木炭作燃料，不过此炉现在已经较少使用。

现在茶艺馆里一般有3种烧水用具：

第一种是紫砂的小炉子，炉内可放置小的固体酒精灯，配合大的紫砂壶烧水。炉内也有烧蜡的，但无论是固体酒精还是蜡，都需注意不能有味道和烟气。

第二种是可保温电热器，将不锈钢壶置于电热板上加热。

第三种则是磁感应烧水器，将玻璃壶（底部是不锈钢）放在感应盘上加热。

这3种用具，以紫砂炉配紫砂壶最有意境，合乎品茶之道，但是其较重且容易损坏，不方便外出携带。

3.孟臣罐

孟臣罐是泡茶的茶壶，为宜兴紫砂壶，以小为贵。孟臣即明末清初时期的制壶大师惠孟臣，其制作的小壶非常闻名。壶的大小因人数多少而异，容量一般都是300毫升以下。

4.若琛瓯

若琛瓯即品茶杯，为白瓷翻口小杯，杯小而浅，容量在10～20毫升。现在常用的饮杯（区别于闻香杯）有两种：一种是白瓷杯，另一种是紫砂杯，内壁贴白瓷。

除了这4种必备茶具外，乌龙茶的冲泡中，仍用到茶船、茶盘、茶海、茶荷、闻香杯和茶匙等茶具。其他的还有茶盂、茶夹、茶则、茶漏等辅助茶具。在我国北方地区，青茶品饮常用盖碗，在我国台湾地区则多用同心杯组。

我国台湾是乌龙茶的生产大省，其五花八门的泡茶法也成为乌龙茶泡法的一大流派。同心杯组泡乌龙茶是台湾较为流行的方法之一。

同心杯组由一个大茶杯及其中的内胆组成。顾名思义，茶杯与内胆同心，"内胆"即过滤网，可以将茶渣滤出。

泡茶时，将茶叶置于内胆中，泡好后可取出内胆，轻易实现茶叶与茶汤的分离。

内胆顶部的凹槽设计使其能跨置于杯口，不会滑落，待茶汤沥干后，取下内胆置于杯盖上即可。

这种简洁、卫生的组合适合在办公室内泡乌龙茶。

同心杯的杯壁往往刻有箴言或祝福之语，可以当作礼物赠予亲友，极具纪念和收藏价值。

任务训练与考核

练习乌龙茶与茶具的搭配的训练与考核评价参考表见表2-2-5。

表2-2-5　　　　练习乌龙茶与茶具的搭配的训练与考核评价参考表

训练内容	考核要点	要点提示	配分	得分
品饮乌龙茶被称为工夫茶，其用到的核心器皿包括哪些	烹茶四宝	潮汕风炉、玉书煨、孟臣罐、若琛瓯	10分	

考核方式：以小组为单位，10分计分制。

任务五　练习黑茶与茶具的搭配

◎ 技能目标

1.了解各种黑茶茶具的特性。

2.掌握并运用黑茶冲泡器皿。

◎ 素养目标

通过练习黑茶茶具的选择，同学们可以用心感悟：时间的洗礼会带给每个人淡定和从容的心境，如果做出了选择，就要坚守执着，方能收获幸福人生。

知识学习

视频2-2-5

练习黑茶与茶具的搭配

冲泡黑茶宜选择粗犷、大气的茶具。一般用厚壁紫陶壶或如意杯冲泡黑茶；公道杯和品茗杯则以透明玻璃杯为佳，便于观赏汤色。

采用工夫茶冲泡法冲泡黑茶时，紫砂壶或者瓷杯都可以。但需要注意的是，一把紫砂壶应该只冲泡一种茶，以免串味，损坏紫砂壶。

紫砂壶泡茶，有助于掌握茶叶的泡制时间，紫砂多含气隙，可以吸收茶汤精华，有助于提升茶的芬芳。

如采用瓷杯饮用，要注意观察茶汁色泽，因其便于清洗，可以在一次饮茶时，使用一套茶杯品尝不同的茶叶。

如果条件允许，也可以采用纯银茶具泡饮，充分利用其良好的导热性能和独有的杀菌消毒功效。

1.纯银茶具

若想冲泡出一杯好喝的黑茶，茶具的选择十分重要，同时对水温也有很高的要求。

由于黑茶比较老，所以泡茶时一定要用100℃左右的沸水，这样才能将黑茶的茶味完全泡出。而纯银茶具有很强的导热性，能迅速散发热量，故使用纯银茶具冲泡黑茶是绝佳选择。

用纯银茶具冲泡黑茶十分有利于身体健康，黑茶在存放的过程中或多或少会产生一定量的细菌，而纯银茶具可以释放银离子，具有杀灭细菌的功能，消除茶叶异味，改善茶叶品质，获得更好的口感。

使用纯银茶具冲泡黑茶，水质会变软，冲泡出来的茶汤也会变得更加可口，涩减韵长，和顺温润，使茶叶的韵味更加香醇。

2. 紫砂壶

用紫砂壶冲泡黑茶可以达到与其相辅相成的效果。根据科学分析，紫砂壶有保存茶汤原味的功能，能吸收茶汁，而且具有耐冷耐热的特性。

黑茶的特点是吸味，紫砂壶就弥补了黑茶吸味的特点，能够提升黑茶的香气，使其滋味更加醇厚，所以紫砂壶特别适合冲泡那些有年份的老黑茶。

3. 陶壶

质感古朴的陶壶与历史悠久的黑茶搭配在一起也非常和谐。

陶壶一般采用原生陶土加工而成，具有吸附水垢的功能，能够有效净化水质，提升水的口感。

对于冲泡黑茶的煮水器而言，陶壶无疑是既古朴美观，又极具性价比的选择。

用陶壶泡黑茶的妙处还在于粗陶材质气孔多，可净化水质，更能增添几分茶香、茶韵。更为重要的是黑茶性温，陶制茶具性凉，从养生上可达到阴阳调和之平衡。

● ● ▶ **任务训练与考核**

练习黑茶与茶具的搭配的训练与考核评价参考表见表2-2-6。

表2-2-6　　　　　　　　练习黑茶与茶具的搭配的训练与考核评价参考表

训练内容	考核要点	要点提示	配分	得分
《黑茶的味道》是一首原生态的民歌。透过红黄透亮的汤色，想象"茶事斯为盛，人烟两岸稠"的茶业奇观，请大家选择黑茶的冲泡茶具，凸显岁月沧桑	茶具选择	质感古朴的陶壶与历史悠久的黑茶搭配可凸显岁月沧桑 冲泡主泡器和辅泡器，都宜选择陶制茶具	10分	

考核方式：以小组为单位，10分计分制。

任务六　练习白茶与茶具的搭配

◎ **技能目标**

1. 了解白茶不同的冲泡器皿。

2. 分析用不同材质（铁质、银质、铜质）的茶具冲泡白茶的利弊。

◎ **素养目标**

白茶的冲泡要因茶具而异，通过本任务的学习，同学们应该学会变通，凡事要举一反三，懂得随机应变。

视频 2-2-6

练习白茶与
茶具的搭配

知识学习

白茶属于轻微发酵茶，而且是药用价值很高的茶，它既可以泡饮，也可以煮饮。

白茶对于冲泡的茶具、水的温度以及冲泡时长均有严苛的要求，不同的茶具冲出来的茶叶，口感滋味各不相同。

根据白茶冲泡方法的不同，使用的茶具也有所不同，玻璃杯、盖碗、紫砂壶、瓷壶等都可以用来冲泡白茶。

1.玻璃杯

用玻璃杯冲泡白茶工序简单。玻璃杯质地透明且不易吸香，用来泡茶不仅可以使茶叶的鲜香充分发挥出来，还能让我们欣赏茶叶的形态和茶汤的颜色。

可以用玻璃杯冲泡白毫银针，白毫银针的鲜叶原料全都是茶芽，制成成品茶后，外形似针，白毫满披，可爱诱人。使用玻璃杯冲泡后，香气清鲜，杯中茶芽直直挺立，上下沉浮于杏黄色的茶汤之中，白毫熠熠生光，令人赏心悦目。

用玻璃杯冲泡白茶，适宜自己饮用。茶具推荐用200毫升的玻璃杯，取3~5克茶叶，放进杯子里，倒入90℃左右的热水，迅速洗茶后再倒入白开水，冲泡时长可根据自己的喜好而定。

2.盖碗

盖碗泡茶最直接的优点是便于观色闻香，用来冲泡白茶再合适不过了。白毫银针、白牡丹、贡眉、寿眉等白茶都可以用盖碗进行冲泡。

盖碗法适宜两人饮用。取3克的白茶放进盖碗内，用90℃的开水洗茶，温润闻香，随后用工夫茶的泡法，第一泡控制在30~40秒，随后再逐渐减少时长，方能品尝到白茶的清爽口感。

3.紫砂壶

紫砂壶泡茶，茶香浓郁而持久，还具有良好的保温效果，这是一般茶具做不到的。

将白茶用90℃的热水温润后，再用100℃的开水在壶中闷开，这样冲泡出来的白茶，滋味清甜中带着醇厚，味道富有层次感。

另外，用紫砂壶冲泡陈年老白茶，陈香馥郁持久，口感更加醇厚。数人雅聚，茶具宜挑选大肚紫砂壶茶具。

取5克的白茶放入其中，随后用90℃的热水洗茶，洗茶后再度倒进开水，焖泡40秒钟就可以饮用了，其特性是毫香醇厚。

4.瓷壶

瓷壶冲泡白茶适宜群体共饮及长时间饮用。

取10克的白茶放进壶内，倒进煮沸的开水冲泡，饮用之后继续加水冲泡；由于白茶具有耐冲泡的特性，即使长时间放置，口感滋味依旧淡雅醇香，能够从早喝到晚。夏季饮用的话，还具有清热解毒、消暑降温的功效。

5.玻璃壶、铁壶或者银壶

煮饮法只需将白茶投入清水中加热，直到煮出茶汁即可饮用。

陈年老白茶用煮饮法冲泡，养生效果好，如果在煮饮的白茶中加入冰糖或蜂蜜，可以用于治疗嗓子发炎、水土不服等症状。

陈年白茶虽然药香浓郁，口感却越发香醇。

白茶具有保健作用，在清水中投入10克3年以上的老白茶，煮约3分钟，倒出茶汁，待温度降至60℃～70℃时，添加适量的冰糖或蜂蜜，搅拌均匀，趁温饮用，可以缓解喉咙不适的症状；如果正值夏天，将茶饮放进冰箱冰镇一下，口感清凉，别有一番滋味。

铁壶煮茶保温时间长，有助激发和提升茶的香气。铁壶煮水能释放出易于人体吸收的二价铁离子，可以补充人体所需的铁元素，从而有效地预防缺铁性贫血；铁壶释放的微量铁离子能吸附水中的氯离子，所以铁壶煮出来的水和山泉水有异曲同工之效。

银壶煮茶可以软化水质，还可以去异味（因为银洁净无味，且化学性质稳定，不易生锈，不会使茶汤沾染异味）。同时，银壶释放出的银离子能够吸附细菌并封闭细菌赖以生存的酶系统，达到杀菌的效果。软化水质、消炎杀菌、去除异味等，前提条件时使用的银壶是纯银质的。

选择不同的茶具，会使白茶的滋味完全不同。选错茶具冲泡，可能会使香气高扬的茶，变为香气低沉；使滋味清新的茶，变得滋味浓郁。

茶具的作用是将一款茶的滋味衬托到最佳。若茶有杂味，则最好使用能够掩饰杂味、放大优点的茶具，比如紫砂壶。若茶香气高扬，则最好使用不吸收香气的材质，如白瓷茶具、玻璃茶具等都是很好的选择。

●●● 任务训练与考核

练习白茶与茶具的搭配的训练与考核评价参考表见表2-2-7。

表2-2-7　　　　练习白茶与茶具的搭配的训练与考核评价参考表

序号	训练内容	考核要点	要点提示	配分	得分
1	请问冲泡白毫银针，什么茶具能最好地凸显茶的观赏性	茶具选择	玻璃杯	5分	
2	一款有枣香气的老白茶，宜选择什么茶具冲泡	茶具选择	玻璃壶（或其他材质的壶）煮饮	5分	

考核方式：以小组为单位，10分计分制。

任务七　练习黄茶与茶具的搭配

◎ 技能目标
1. 了解各种黄茶茶具的特性。
2. 掌握并运用其茶具。

◎ **素养目标**

君山银针被誉为"三起三落茶"。人生如茶，我们通过学习，认识到人生在世，谁都会遇到挫折，应该乐观面对，谱写出华丽的人生乐章。

● ● ● **知识学习**

视频2-2-7

练习黄茶与
茶具的搭配

黄茶属于轻微发酵茶，是中国特产，按其鲜叶老嫩、芽叶大小可分为黄芽茶、黄小茶和黄大茶。黄芽茶有君山银针、蒙顶黄芽、霍山黄芽、远安黄茶等。黄小茶有沩山毛尖、平阳黄汤、雅安黄茶等。黄大茶有霍山黄大茶、广东大叶青等。

黄茶的发酵程度都不是很高，对于冲泡也有严格的规定，合适的茶具选配既可凸显茶性，又可使品饮者获得雅趣。

1.紫砂茶具

黄茶香气浓郁，滋味醇厚，适合用紫砂茶具冲泡，因为紫砂所特有的宜茶性可以将黄茶本身的茶味最大限度地保留下来。

2.玻璃茶具

像君山银针一类的黄茶，外形美观，适合用玻璃茶具冲泡，最好是带盖的玻璃杯，区别于绿茶，黄茶香气浓郁，带盖茶具有助于茶气的发挥。

杯子高度应选10～15厘米的，杯口直径以4～6厘米为宜，且以敞口杯为宜。

君山银针以饱满的芽头精制而成，外形秀美挺拔，色泽金黄明亮，选用玻璃杯冲泡，可在冲泡时观赏茶芽的美态，茶舞杯中，茶芽上下浮沉，缓缓舒展的芽头有颗颗气泡生成、浮出，茶叶在杯中三起三落，最终茶芽林立于杯中，展现出君山银针茶特有的风姿。

3.瓷器

冲泡黄茶宜选用内壁为奶白色或者黄釉颜色的瓷器茶具，也可以选用以黄色和橙色为主的五彩壶和五彩杯、盖碗或者盖杯，这样有利于观赏茶色，突出黄茶的特征。

盖碗是方便实用的泡茶用具，可以节省泡茶时间。

用盖碗泡茶，茶碗上大下小，盖入碗内喝茶时不会滑动，下面有茶船，喝热茶时可以避免烫到手。

饮茶者用一只手就可以端起茶，并且重心平稳，不必开盖。

● ● ● **任务训练与考核**

练习黄茶与茶具的搭配的训练与考核评价参考表见表2-2-8。

表2-2-8　　　　　　　练习黄茶与茶具的搭配的训练与考核评价参考表

训练内容	考核要点	要点提示	配分	得分
黄茶和绿茶使用的玻璃杯有何区别	茶具选配	是否有盖、直口和敞口之分，高度之别	10分	

考核方式：以小组为单位，10分计分制。

任务八 练习花茶与茶具的搭配

◎ **技能目标**

1. 了解花茶的搭配茶具。

2. 了解成都人和北京人喝花茶的异同。

◎ **素养目标**

通过练习花茶冲泡器皿的选择，提醒同学们要时刻保持紧迫感，抓紧时间学习，做到磨刀不误砍柴工。只有对自己高标准高要求，才能在机会到来的时候，更好地展现自己。

知识学习

花茶的特点是香高味甘，具有很强的观赏性，一般建议选择下面3种茶具冲泡：

视频2-2-8

练习花茶与
茶具的搭配

1. 玻璃杯

花茶是融花香、茶味于一体的茶类，花茶的品饮虽重于香气，但高档名优花茶其形状仍有很高的观赏价值。高档的名优花茶，宜用玻璃茶具冲泡。

冲泡后，可透过玻璃杯欣赏茶胚精美别致的造型，如冲泡的是特级茉莉毛峰花茶，可欣赏到毛峰芽叶在杯中徐徐展开，朵朵直立，上下沉浮，栩栩如生的景象，别有情趣。

2. 瓷杯或瓷壶

中档茶可选用瓷杯冲泡，低档茶或茶末（北方叫高末）一般宜选用瓷壶冲泡，再斟到茶杯里饮用。

冲泡时观察茶叶在水中飘舞、沉浮，以及茶叶徐徐展开，复原叶形，渗出茶汁，汤色变化等过程，称为目品花茶。

冲泡3分钟后，揭开杯盖，顿觉芬芳扑鼻而来，精神为之一振，称为鼻品花茶。

茶汤在舌面上往返流动一两次，品尝茶味和茶汤中的香气后再咽下，此味令人神醉，称为口品花茶。

白瓷茶具高雅素净，是冲泡花茶的首选。

3. 盖碗

成都人喝茶使用包括茶碗、茶盖、茶船三件套的"盖碗茶"。北京人喝"大碗茶"是一种传统，有些长者则喜欢使用盖碗喝茶。

任务训练与考核

练习花茶与茶具的搭配的训练与考核评价参考表见表2-2-9。

表2-2-9 练习花茶与茶具的搭配的训练与考核评价参考表

训练内容	考核要点	要点提示	配分	得分
盖碗又称为"三才杯"，三才指的是天、地、人。它作为花茶的主泡器，能给你带来什么样的人生感悟	思政渗透	内敛外放、极简圆融、方圆之道等多种感悟	10分	

考核方式：以小组为单位，10分计分制。

实训模块三　欣赏茶具之美

◎　**情景导入**

公道杯是怎么来的呢？

早在辽代和元代，公道杯就作为酒具出现了。据说古时人们用公道杯对付贪酒者，因为用公道杯盛酒时只能浅平，不可过满，否则，杯中之酒便会全部漏掉，一滴不剩。

相传朱元璋打败陈友谅定都南京，建立了大明王朝。有一天，他宴请开国功臣，席间，朱元璋拿出一只瓷质酒杯为众臣斟酒赐饮，徐达第一个上前领赏，他一来好贪杯，二来自恃功高，竟让朱元璋把杯中酒斟得满溢，谁知他刚端起酒杯，酒竟然漏光了。而其他人喝杯中酒，只要不将其斟满即可尽得甘醇。众人百思不得其解，朱元璋笑说："此乃景德镇御器厂奉朕之命所造的九龙公道杯。圣人曰：谦受益，满招损。众爱卿今日一试其公道，以为如何？"

20世纪70年时代，泡茶用的公道杯（又叫匀杯）由我国台湾地区传入大陆，形状和没有嘴的敞口茶壶很像。如果用壶泡茶，再倒入每人的杯中，就会出现前面的茶水淡，后面的茶水浓的现象。有了公道杯，就可以先将壶中的茶水倒入公道杯，然后再分给饮茶人，以保证每人杯中的茶汤口味相同，故谓之公道杯。

常用的公道杯有陶瓷、紫砂、玻璃等材质，随着人们生活水平的提高，越来越多的人选择使用耐热玻璃吹制的公道杯，其做工精细，轻薄透明，高冲低泡，将茶色一览无余，品茶赏茶，轻松舒畅，悠然得意。

◎　**学茶悟道**

古色古香、精美绝伦：茶具的形之美与组合美。

茶具之美，在极简的线条和精雕细琢中显现，每一件茶器都是心灵的抚慰，让人陶醉其中。透过茶具，我们仿佛能看到自然界的美丽，体会到时间的伟大，每一次品茗都是一次追寻优雅的旅程。它们是茶道的陪伴，是心灵的寄托，细腻的花纹镶嵌在茶杯上，仿佛在倾诉一段动人的故事。

茶具的形之美与组合美是古色古香的，更是精美绝伦的。纤巧的盛着岁月的茶杯，在时间的河流中静静倾斜，品味着茶叶的芳香与岁月的温柔。东道、金镶玉、苏氏陶瓷、单亦、祥业、青澹汝窑等茶具，无一不印证了茶具之间的形之美。

清雅的茶壶，随手拨弄间，水流穿越时光的洞口，将你带回古老的茶马古道的传说中，茶壶如一位贴心的管家，品茶时恰到好处地为你倾泽出一杯香气四溢的清茶，将宁静带给你的心灵。而茶具的组合美在因人而定、因茶而定中便显得更加多种多样。

古往今来，大凡讲究品茗情趣的人，都以"壶添品茗情趣、茶增壶艺价值"为泡茶准则，注重对泡茶用具的选配。茶具在茶文化中是点睛之品，在茶友眼中更是一种艺术。茶具不仅盛载香茗，让我们品味香茗，而且也盛载着茶之道，让我们静心、凝神。有爱茶之人说过："茶道的三重境界是，初识茶道时，茶亦茶，壶亦壶；略知一二时，茶不是茶，壶不是壶；参透茶道时，茶亦茶，壶亦壶。"茶具与人之间古色古香的氛围，以及精美绝伦的茶具与人之间的碰撞，既展现出茶具的美，也展现出个体的美。

通过学习和体验各个朝代、各种茶具的美丽和古色古香，可以让同学们更好地认识到东方美学——茶道，增强文化素养，提高民族自信心和自豪感。

◎ **学习重点**

1.了解茶具的形之美

2.认识茶具的组合美

◎ **学习难点**

1.正确使用茶具

2.正确认识茶具的搭配

任务一　认知茶具之美

◎ **技能目标**

1.了解茶具的形之美。

2.结合文本以及相关资料更深层次地了解茶具的设计之美。

◎ **素养目标**

通过学习了解茶具的形之美，启发学生修匠心、做匠人，深耕自己的专业，不负光阴，不忘初心。

●●●▶ **知识学习**

1.茶具的艺术风格

冲泡茶叶离不开茶具。

基础茶具主要包括主泡器和辅泡器，可根据茶性选择混搭的茶具。

品鉴茶器有三重境界，即茶器的实用性、茶器的个性、茶器的精神与修为。

动画 2-3-1

欣赏茶具
形之美

茶具作为一种艺术载体，具有独特的艺术风格，可归纳为3种：民间风格、文人趣味、贵族气派。

（1）民间风格

民间茶具以满足实用性为前提，其风格可以用一个字来表达——简。

据汉末张揖的《广雅》记载，当时饮茶的器具是瓷器。但是，瓷器在当时是比较高档的器具，不是寻常百姓所用的茶具。

到了唐代，随着瓷器的发展，瓷器茶具开始进入普通人家，但大多都是瓷器中的下品。随着茶艺的普及，民间茶具的地位也得到了提升。

宋代以前，黑釉盏是普通百姓所用的低档茶具。到了宋代，因点茶法在民间广为流行，追求茶汤洁白的效果，点茶时击拂的动作要求茶碗结实，这样，深色的、粗厚的民间茶具反而成为首选了。

（2）文人趣味

文人茶具的风格趣味可以用"雅"字来表达，以体现文人雅士的精神和修为。

明清以后，茶具逐渐简化，但文人们在茶具上的雅趣一点都没有减少。明代中后期开始流行的紫砂茶具是文人雅趣的重要体现。陶器茶具在很长时间里作为下层百姓的用品，供春紫砂壶出现后，雅洁、大方而又充满艺术趣味的造型与其实用价值受到了文人的重视和追捧，不少文人还投身到紫砂茶具的设计中，使之成为集诗、书、画、印于一体的艺术品。

经常被把玩的紫砂壶，经过茶的浸润与手的摩挲，会呈现一种柔和的光泽，这也与中国茶文化中的"和"的理念相暗合，将紫砂茶具提升到一个前所未有的高度。

明代的茶具种类颇多，除了紫砂茶具，文人对白瓷也情有所钟，对于茶艺的冲泡流程比较关注。白瓷盖碗茶杯给冲泡流程增色不少，同时推动了近代茶艺的发展。

（3）贵族气派

贵族，尤其是皇家的茶具与前两者的风格有着相当大的差别，可以用一个"贵"字来概括，更彰显茶器的个性。

首先，"贵"体现为工艺上的独一无二。我国历代都有专门进贡皇家的专用器皿，它们的生产工艺秘不外传，茶具也如此。唐代有专供皇家的秘色釉，釉色如青玉，晶莹润洁。越州窑是青瓷产地，秘色瓷更是青瓷中的上品，是唐代最高档的青瓷茶碗。宋代的汝窑茶具也属青瓷一类，在当时的瓷茶具中地位很高。明代郑和下西洋，带回来不少矿石作青茶料，基本用在御用瓷器上。

其次，"贵"表现在茶具材质的昂贵。唐僖宗送给法门寺供佛的鎏金银茶具，极其精美，是唐代档次最高的茶具。宋代官僚贵族所用的茶具材质也是十分贵重的，但相比唐代又有区别，具有一定的针对性。在明清时期，贵族阶层的茶具常用描金工艺，当时的描金工艺是将金粉融在橡胶水中，成本极高，是寻常人家难以承受的。直到清代以后，德国人居恩发明的化学法的"金水"传入中国，弥补了传统描金工艺成本高的缺点，金银彩绘茶具才开始在较大范围内普及。

最后，"贵"还表现在对色彩与图案的运用方面。我国的封建社会时期，颜色与图案往往带有浓厚的政治色彩。黄色作为皇家专用色的地位从唐代开始逐渐确立，龙凤图案的政治地位也越来越高，宋代制造龙凤团茶的一个目的就是"以别庶饮"。到了明清时期，黄色作为皇室的代表已达到了登峰造极的地步。明代时，作为皇家专用色的黄色，在皇室内部使用时的区别还不是太大。但到了清朝，在皇室内部也有了更明确的规定，只有皇帝才能使用明黄色，其他的皇室成员不能使用纯黄色的器皿，这一制度当然也反映在茶具上。

2.茶具鉴赏

茶具在古代亦称茶器或茗器。

"茶具"一词最早在汉代已出现，茶具是茶文化不可分割的重要组成部分。早期茶的饮用方式相对粗放，因此茶具主要以陶器为主，而且还存在一器多用的现象。后来随着饮茶方式的进一步精致化，到了唐朝，开始出现专用的茶具。

玻璃茶具张扬、随性、清澈、华丽；紫砂茶具深挚、沉稳、含蓄、包容；青花瓷茶具优雅、飘逸、浪漫、灵动。人们的喜好为毫无生命力的茶具注入了活力，如何评价、鉴赏茶具也成为茶文化的重要组成部分。现以紫砂壶鉴赏为例，学习茶具鉴赏的一般方法。

按照壶的泥质，宜兴紫砂壶分为紫砂壶、朱砂壶、绿泥壶和调砂壶4大类。按照造型，则可分为光货、花货、筋囊货3大类，主要以"方不一式，圆不一相"的几何体变化而创造。

一般可从5个方面鉴赏紫砂壶：看嘴、把、体三部分是否均衡；看有无神韵；看泥质；看实用性；看装饰。

各类紫砂壶共同的特点是在壶上凝结着厚重的文化内容，体现了中国传统文化和民族艺术的精髓，折射出中国古典美学崇尚质朴、崇尚自然的艺术灵光。

正如南北朝时期刘勰的《文心雕龙·知音》所写的："操千曲而后晓声，观千剑而后识器"。要想提高对紫砂壶的审美能力，除了要提高自己的文化艺术素养之外，最好的办法就是多看名壶。名壶是制壶大师心灵的产物，它往往集哲学思想、茶人精神、自然韵律、书画艺术、造型艺术于一身。

如吴光荣的作品《失去水源的壶》（如图2-3-1所示），一反紫砂壶腹肚圆润饱满的形态，形象地隐喻了当代社会人们对于自然生态的破坏，表达了制壶人对生态文明和环境保护的美好期许。

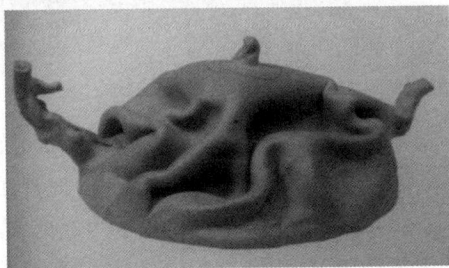

图2-3-1 失去水源的壶

紫砂壶的造型一般有规则和异形之分，不同的形态有不同的鉴赏角度。

（1）规则茶壶鉴赏

对茶壶的鉴赏要从材质、造型、寓意入手。

首先，茶壶之美，美于材质。陶质茶壶，胎质细腻、蕴蓄茶香、色调淳朴古雅；瓷质茶壶，色泽温润、音清而韵长；玻璃茶具，色泽鲜艳、光彩照人；金属茶壶，流光溢彩、富丽堂皇；竹木茶壶，色调和谐，美观大方。紫砂壶色泽典雅、光泽良好，温润不俗，日久使用更是独具特色。

其次，茶壶之美，美于造型。壶的把、盖、底、形的细微差别，使茶壶的基本形态数不胜数，能叫上名字的就有近200种。

最重要的，茶壶之美，美于分享。泡茶时，茶壶大小依饮茶人数多少而定。有客来时，沏一壶好茶，执壶倾茗，列杯分茶，良朋对酌，人生快哉。"茶里乾坤大，壶中日月长"，茶香悠悠，茶烟缕缕，壶映人影，人恋壶真，尽享壶之趣。

（2）异形茶壶鉴赏

异形的造型设计是借助雕塑的形体创作语言，是在使用功能制约下的造型设计方法。其打破了现代社会追求产品批量化、标准化的固有形态模式，通过异形美的融入给人们带来了新鲜的视觉感受。

水仙花六瓣方壶（如图2-3-2所示）是明代时鹏的作品。壶身呈六方形，折肩，至壶口为筋纹形器，壶口为菱花形，压盖，盖面凸起呈筋纹形，与壶肩筋纹连为一体，短流，环形把，把上方有扣，整个造型有理、有趣，功能因素又完整地体现出来。设计者在茶具设计中，针对均衡与稳定采取了传统的手法，壶身采用球体作为设计元素，虽然球形具有明确的形状，并且处于静止状态，但是却能给人一种动态的感觉。表面的凸起和壶体形成反差，这样突出了作品的个性化，具有视觉冲击力。整体的造型像是手托美食的侍者，幽默风趣，实现了形式与实用的高度统一。壶体的造型独特，稍稍倾斜，形体饱满，犹如蛋体。把手不规则、壶嘴与壶口的平行，更加妙趣横生。

图2-3-2　水仙花六瓣方壶

传统的茶具造型样式多以球体等几何体为主要设计元素，壶体造型的变化不大，风格比较单一对称，视觉审美上的冲击力也不大，而异形壶则弥补了这一缺点。它打破了传统的设计风格，大胆地采用圆弧、方体、折线、转角等元素的配合统一，以及相互间的穿插，在简单中寻求变化，在变化中寻求协调，在协调中寻求特色，使茶具造型的美感得到最充分的发挥。

其通过异形美的包装使原本静态、单纯、冷漠的茶具造型变得动态、充满趣味，丰富了人们的物质、文化、艺术生活。

任务训练与考核

认知茶具之美的训练与考核评价参考表见表2-3-1。

表2-3-1　　　　　　　　　认知茶具之美的训练与考核评价参考表

序号	训练内容	考核要点	要点提示	配分	得分
1	请同学们陈述茶具的三种艺术风格	茶具鉴赏	民间风格、文人风格、贵族风格	2分	
2	以小组为单位，讨论王寅春《如意壶》作品的艺术价值	茶具鉴赏	从实用性、个性、精神与修为三方面评鉴	8分	

考核方式：以小组为单位，10分计分制。

任务二　欣赏茶具组合美

◎ 技能目标

1.茶具选配的依据。

2.茶具组合搭配的注意事项。

◎ 素养目标

茶具组合并非无序堆砌，通过学习本任务，培养学生的规则意识。

● ● ● 知识学习

古语有云，"水为茶之母，器为茶之父"，器以"载道"之功而为茶之父。陆羽在《茶经》中提到"但城邑之中，王公之门，二十四器阙一，则茶废矣！"古人为饮一杯茶，用上如此之多的用具，对于他们来说，饮茶亦如一种礼仪，有条有理。茶之意，承于器。几千年后的今天，人们依然重视泡茶器具的使用，并借此沉浸在茶事的美好之中。

动画 2-3-2

欣赏茶具的
组合美

1.茶具选配依据

（1）因人而定

古往今来，茶具配置在很大程度上反映了人们的地位和身份。如前文提到的，陕西法门寺地宫出土的茶具表明，唐代皇宫使用金银茶具、秘色瓷茶具和琉璃茶具，而民间多用竹木茶具和瓷器茶具。在宋代，相传大文豪苏东坡自己设计了一种提梁紫砂壶，至今仍为茶人推崇。清代慈禧太后对茶具更加挑剔，喜用白玉作杯、黄金作托的茶杯饮茶。这些情景在曹雪芹的《红楼梦》中，写得更为入微，如栊翠庵尼姑妙玉在庵中待客用茶配具时，就会因客人的地位和亲近程度而异。

现代人饮茶，对茶具的要求虽没有如此严格，但也会根据自己的习惯和文化底蕴，结合自身的标准与欣赏力，选择喜爱的茶具。另外，不同性别、不同年龄、不同职业的人，对茶具要求也不一样。例如，男士习惯用较大而素净的茶具；而女士爱用小巧精致的茶具。又如，老年人讲究茶的韵味，注重茶的香气，因此多用茶壶泡茶；年轻人以茶为友，要求其香清味醇，重在品饮鉴赏，因此多用茶杯冲茶。再如脑力劳动者崇尚用雅致的茶壶或茶杯细啜缓饮，而体力劳动者喜欢使用大碗或大杯，大口急饮，重在解渴。

（2）因茶而定

中国民间，素有"老茶壶泡，嫩茶杯冲"之说。老茶用壶冲泡，一是可以保持热量，有利于茶汁的浸出；二是粗茶叶老，缺乏欣赏价值，用杯泡茶会暴露无遗，用来敬客不太雅观，又有失礼之嫌。而细嫩茶叶，选用杯泡则一目了然，会使人产生一种美感，达到物质享受和精神欣赏的双丰收，正所谓"壶添品茗情趣，茶增壶艺价值"。

随着红茶、绿茶、乌龙茶、黄茶、白茶、黑茶等茶类的形成，人们对茶具的种类和色泽，质地和式样，以及茶具的轻重、厚薄、大小等提出了新的要求。

一般来说，为保茶香可选用有盖的杯、壶或碗冲泡；饮用乌龙茶，重在闻香啜味，宜用紫砂茶具冲泡；饮用红碎茶或工夫茶，可用瓷壶或紫砂壶冲泡，然后倒入白瓷杯中饮用；饮用西湖龙井茶、洞庭碧螺春、君山银针、黄山毛峰、庐山云雾茶等细嫩名优茶，可用玻璃杯直接冲泡，也可用白瓷杯冲泡。但不论冲泡何种细嫩名优茶，杯子都宜小不宜大。大则水量多，热量高，易使茶芽泡熟，茶汤变色，茶芽不能直立、失去姿态，进而产生熟汤味。此外，冲泡红茶、绿茶、乌龙茶、白茶、黄茶，使用盖碗也是可取的，只是碗盖的使用应依茶而论。

2.茶具组合搭配的注意事项

将茶具进行搭配组合，是茶人在茶艺活动中对美的创造。在茶具选用和搭配时一般应该注意以下两个方面：

首先，茶具的选用要与所泡茶叶相适应。例如，冲泡西湖龙井或君山银针等名茶，就不宜选用紫砂壶或三才杯（小盖碗）。只有使用晶莹剔透的玻璃杯，才能在冲泡过程中欣赏到细嫩的茶芽在温水的浸泡下，慢慢舒展开来的有趣景象。

其次，茶具的搭配应注意各件茶具外形、质地、色泽等方面的协调与对比，注意对称美与不均齐美的结合应用。

对于初学茶艺的人来讲，最常见的毛病是只喜欢选用质地相同或清一色的整套茶具，而不敢打破原有的配套，选择一些大胆的、对比强烈的组合。比如，用古朴的紫砂壶搭配精巧细致的白瓷杯（如图2-3-3所示）；用石质茶盘配白瓷小盖碗等组合，都是很大胆的创新。

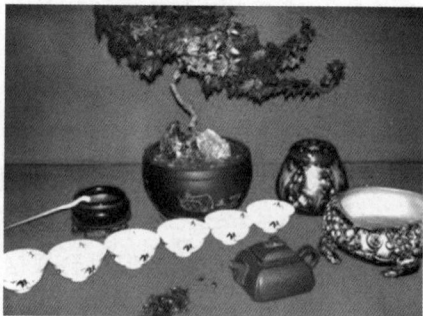

图2-3-3 组合茶具

● ● ● 任务训练与考核

欣赏茶具组合美的训练与考核评价参考表见表2-3-2。

表2-3-2 　　　　　　　　 欣赏茶具组合美的训练与考核评价参考表

序号	训练内容	考核要点	要点提示	配分	得分
1	请同学们以"四季"为主题，选择茶具	茶具组合搭配注意事项	外形、质地、色泽等方面的协调与对比，注意对称美与不均齐美的结合应用	5分	
2	爱喝花茶的爷爷来了小段家，如果你是小段的话，应如何给爷爷准备茶具？	茶具选配依据	因人而定；因茶而定	5分	

考核方式：以小组为单位，10分计分制。

3 第三部分 茶之水

　　所谓"烹茶，水之功居大"，皆因古人对宜茶之水十分讲究，虽然当时所使用者均为自然界之水，然则烹茶用水尤应"澄澈无垢，清明不淆"。按此要求，历代入茶之水的主要标准多集中于两个方面：水质和水味。水质要求清、活、轻，而水味则要求甘洌（清冷）。故而传统的茶叶冲泡用水标准认为："其水，用山水上、江水中、井水下。"

◎　**情景导入**

张先生带着朋友来天赐茶楼喝茶，服务员小玉热情接待。席间，小玉将自来水热过之后开始煮黑茶给客人喝，张先生眉头紧锁，暗生不悦，过一会儿张先生就带着客人离开了。小玉心生疑问，是自己不够热情吗，还是别的原因？

解析：自来水中含有残氯，以及水源和管道中带来的铁、钙等元素，与茶叶中的多酚类物质发生作用，会影响茶叶的口感。最好用无污染的容器将自来水先贮存一段时间后再煮沸沏茶，口感相对较好。

水烧开后建议保持沸腾状态3分钟左右，因为自来水在水厂一般会经过氯化处理，所以刚出厂的自来水中会留下很少的氯（如次氯酸和次氯酸盐），到达居民家中后，自来水中的残氯含量会更低，对人体是无危害的。但如果闻到所用自来水中有刺激性气味，说明残氯可能偏高，因此建议在自来水烧开后，继续沸腾3分钟左右，这样水中残氯降低，煮沸后的自来水才会变成更安全的饮用水或泡茶用水。

然而在茶馆中一般都使用热水器，无法保证水开之后再沸腾3分钟，所以茶馆用水最好使用纯净水，使用自来水会让老茶客觉得茶汤品质降低。所以张先生心生不悦，茶馆这种做法无法留住客人。

◎　**学茶悟道**

水甘味真，茶清梦好：茶与水的关系是团队精神的外化体现。

水，是茶的知音;茶，是水的升华。茶一生为水而绽放，水一生因茶而芳香，茶与水相伴，是人间最醉人的情感。水一生都在奉献自己，为茶服务，而在茶汤上也更大地展现了自己的价值。团队大于个人，一个团队的力量远大于一个人的力量。团队不仅强调个人的工作成果，更强调团队的整体业绩。团队所依赖的不仅是集体讨论和决策，它同时也强调成员的共同贡献。茶与水——是团队精神的具体体现。好水才能配好茶，水质有软硬之分，能够影响茶汤的色泽、香气和滋味等感官品质。"硬水"一般指含有较多可溶性钙、镁化合物的水，相反，不含或含较少可溶性钙、镁化合物的水被称为"软水"。泡茶最好选用金属离子含量低的"软水"，如纯净水和高品质的矿泉水。很多人泡茶图方便，往往直接把自来水烧开用，但其中残留了消毒用的氯，茶汤也会有股异味。因此使用自来水时，需要经过净化。可以将其存在没有盖口的容器中，静置一段时间，消散氯气，并适当延长煮沸的时间。

通过对茶与水的介绍与精神学习，让学生在亲身体验中领悟茶文化的精髓和衍生精神，培养学生的团队精神认知与能力。

◎　**学习重点**

1.水品选择

2.认识名泉

3.如何煮水

◎ **学习难点**

1.水品选择

2.煮水要求

任务一　水品选择

◎ **技能目标**

1.了解茶与水的关系。

2.了解古人如何选水。

3.熟悉古代和现代的水源。

4.掌握用自来水泡茶的方法。

◎ **素养目标**

通过水品选择的任务学习,培养学生的社会责任意识,使学生树立减排意识,激励学生积极探索,为守护祖国的蓝天贡献力量。

▣▣▣▶ 知识学习

"水为茶之母,器为茶之父",水与茶的关系,犹如布景之于舞台,恰当的布景为表演增色,不适宜的布景则会影响效果,甚至坏了气氛。用好水,才可期待上品茶汤。

视频3-1-1

水品选择

明代许次纾《茶疏》中曾说:"精茗蕴香,借水而发,无水不可与论茶也。"这充分说明了好茶需要配好水,好水才能泡好茶。明代张大复在《梅花草堂笔谈》中也谈道:"茶性必发于水。八分之茶,遇水十分,茶亦十分矣;八分之水,试茶十分,茶只八分耳。"可见水质能直接影响茶汤品质。水质不好,不能正确反映茶叶的色、香、味,尤其对茶汤滋味影响更大。我国最早的鉴水家——唐代刘伯刍将天下适宜沏茶的水分为七等,它们分别是:扬子江南泠(泠者,水曲也)水(也称中泠泉,当年江水西来,至金山分为三泠——南泠、中泠和北泠,第一泉位于中间水曲之下,故名"中泠")第一;无锡惠山寺石水第二;苏州虎丘寺石水第三;丹阳市观音寺水第四;扬州大明寺水第五;吴淞江水第六;淮水第七。

1.茶与水质的关系

水影响茶汤的品质主要是因为水的硬度不同。含有较多的钙、镁离子(80毫克/升以上者)的水称为硬水;反之为软水。水的硬度影响茶叶中有效成分的溶解,软水中含其他溶质少,茶叶中有效成分的溶解度就高,茶味就浓,硬水反之。因此,软水泡茶,汤色明亮,香味俱佳;硬水泡茶,汤色暗沉,味道苦涩。

2.古人煮茶的用水标准

（1）水要甘而洁

宋代蔡襄在《茶录》中说："水泉不甘，能损茶味。"赵佶在《大观茶论》中指出："水以清轻甘洁为美。"王安石还有"水甘茶串香"的诗句。

（2）水要活而清鲜

宋代唐庚的《斗茶记》记载："水不问江井，要之贵活。"明代张源在《茶录》中分析得更为具体，指出："山顶泉清而轻，山下泉清而重，石中泉清而甘，砂中泉清而冽，土中泉淡而白。流于黄石为佳，泻出青石无用。流动者愈于安静，负阴者胜于向阳。真源无味，真水无香。"

（3）贮水要得法

明代熊明遇在《罗岕茶记》中指出："养水须置石子于瓮。"明代许次纾在《茶疏》中进一步指出："水性忌木，松杉为甚，木桶贮水，其害滋甚，挈瓶为佳耳。"明代罗廪在《茶解》中介绍得更为具体，他说："大瓮满贮，投伏龙肝一块，即灶中心干土也，乘热投之。贮水瓮须置于阴庭，覆以纱帛，使昼挹天光，夜承星露，则英华不散，灵气常存。假令压以木石，封以纸箬，暴于日中，则内闭其气，外耗其精，水神敝矣，水味败矣。"

3.古人选水的5个环节

（1）择水

水要清、轻、甘、活、冽。水质要清，水清则无杂、无色、透明、无沉淀物，最能显出茶的本色。水体要轻，水的比重越大，说明溶解的矿物质越多。实验结果表明，当水中的低价铁过多时，茶汤发暗，滋味变淡，铝含量过高时，茶汤便有明显的苦涩味，钙离子过多时，茶汤带涩，所以水以轻为美。水味要甘，所谓水甘，即一入口，舌尖顷刻便会有甜滋滋的感觉，咽下去后，喉中也有甜爽的回味，用这样的水泡茶会增添茶之美味。水源要活，"流水不腐"。现代科学证明，在流动的活水中细菌不易繁殖，同时活水经过自然净化，氧气和二氧化碳等气体的含量较高，泡出的茶汤特别清新爽口。冽即冷寒之意，因为寒冽之水多出于地层深处的泉脉之中，所受污染少，泡出的茶汤滋味纯正。

（2）试水

明代无名氏《茗笈》记载，辨水质有5法。第一煮试：煮熟、澄清，下有沙土者，此水质恶。第二日试：清水置白瓷器中，放于日光下，若有尘埃，此水质恶也。第三味试：无味者真水。第四秤试：轻者为上。第五丝帛试：用纸或绢帛之类，打湿后再干，无迹者为上。

（3）洗水

洗水即用各种方法处理准备煮茶的水，使之洁净、甘冽。方法有3种：石洗法，即用细砂过滤；炭洗法，即用大瓮收黄梅雨水、雪水，下置鹅卵石，将3寸左右栗炭烧红投入水中，不生跳虫；水洗法据说是乾隆出巡时，车载北京玉泉水随行，日久水色味变化，从而发明了"以水洗水"，即以大器储水，刻分寸，入他水搅之，则污浊皆沉淀于下，而上面之水清澈矣。盖他水质重，则水沉，玉泉水体轻，故上浮。

（4）养水

古人记载，养水须置石子于瓮。

（5）煮水

这方面内容的学习见本实训模块任务三的详细介绍。

4.古人泡茶的用水来源

古人把泡茶用水分为天水、地水两大类。天水也称为"无根水"，即雨、雪、霜、露、雹。地水即泉水、江河水、湖水、井水。

好水的标准是水质要清、活、轻；水味要甘、冽。活水，含氧量充足，可激发茶叶活性。田艺蘅说："泉不活者，食之有害。"激流瀑布之水最活，但古人并不主张用来煎茶。明代顾元庆在《茶谱》中说："山水乳泉漫流者为上，瀑涌湍激勿食。"古人认为这种水"气盛而脉涌"，没有中和醇厚之气，与茶质不吻合。古人泡茶用水的来源在唐代陆羽的《茶经》中记载，煮茶之水："其水，用山水上、江水中、井水下。"

（1）山水

"山水"即山泉水。山泉水质轻而味甘，用山泉水泡茶，茶色鲜亮，清香四溢，历来是喜茶人士的最佳选择。位于无污染山区的天然泉水，终日处于流动状态，经过砂石的自然过滤，通常比较干净，味道略带甘美。水质的稳定度高，非常适合作为泡茶用水。但须注意山泉水不宜放置过久，最好趁新鲜时泡茶饮用。在取山泉水泡茶时，应对附近地形、地质作了解，部分山泉水因受地质影响而含有害溶解物，此水泡茶效果则适得其反。

在目前为上品的两道水质中虽然泉水为先，然则"泉不难于清，而难于寒"。故烹茶之水，先讲究甘冽，"凡水泉不甘，能损茶味"。泉水甘冽，证明该泉自地表之深层沁出，因此水质优良。如此冽泉，又与"岩奥阴积而寒者"有着本质不同。后者多为潴留于阴暗山潭中之"死水"，常饮对人体不利。

（2）江河水

江河水指江河湖泊中的水，江河水也不是随便用的，茶圣陆羽在《茶经》中强调"其江水，取去人远者"，他认为远离人类聚居地的江水更好一些。而现代受工业污染严重影响的江河水都可以排除在外。

（3）井水

井水即地下水，地下水矿物质多，硬度高，含氧量低，虽然也清甜可口，但是不够鲜活，茶圣陆羽在《茶经》中讲"井取汲多者"，经常汲取的井水，也算得上是新鲜活水了。

（4）天水

天水，又被称为"无根之水""天泉"，宜于烹茶。

我国古代经典药书《本草纲目》对雪水的评价是："腊雪甘冷无毒，解一切毒，治天行时气瘟疫。"在民间，腊月雪水被百姓称为"廉价药"，应用很广。在《红楼梦》第41回"贾宝玉品茶栊翠庵"中，妙玉给宝玉斟的一杯茶就是用雪水泡的。唐代诗人白居易"融雪煎香茗"的诗句，宋代词人辛弃疾"细写茶经煮香雪"的词句，都说明"饮雪"在古代并非罕见。经现代科学检测，雪水中的重水含量比普通水质要少得多，而重水对所有生物的生长过程都有抑制作用。但此处应注意的是，"雪水虽清，性感重阴，寒人脾胃，不宜多积"。随着现代经济的发展，环境污染导致天水已不适合泡茶。

5.现代人泡茶的用水来源

生活在现代化的大都市中，矿泉水、纯净水等再加工水以及家里的自来水成了现代人泡茶的主要用水来源。

（1）矿泉水

矿泉水取自地下深处自然涌出的或经人工开发的、未受污染的地下水，矿物质和微量元素丰富。矿泉水趋于天然，含矿物质较多，厚味会提升陈香，但会略微抑制香气，汤色易显深，宜于普洱红茶等重陈香的茶。市面上包装出售的矿泉水不一定适合用来泡茶，因为水中矿物质的增加，影响水质本身的口感。若以矿泉水泡茶，茶汤真正的味道势必受影响。

（2）纯净水

纯净水以江河湖水、自来水等为水源，采用了蒸馏法、电渗析法、离子交换法、反渗透法等处理工艺，经过复杂深层的净化程序达到无菌纯净。纯净水酸碱度中性。用这种水泡茶，不仅因为净度好、透明度高、沏出的茶汤晶莹透彻，而且香气滋味纯正、无异杂味、鲜醇爽口。市面上纯净水很多，大多都宜泡茶。纯净水可提升香气，滋味感更强，适于绿茶、乌龙茶等重香气的茶。

（3）自来水

自来水中含有用来消毒的氯气等，若在水管中滞留较久，还含有较多铁。当水中的铁离子含量超过万分之五时，会使茶汤呈褐色，而氯化物与茶叶中的多酚类物质发生作用，又会使茶汤表面形成一层"锈油"，喝起来有苦涩味。

城市自来水需经过处理才可用于泡茶。可以通过安装过滤装置提升水质，或者可以先静置一段时间排去消毒氯水，再煮沸以降低水的硬度。这样处理过的自来水中，仍含有不少杂质，对茶汤口感略有影响。相比矿泉水和纯净水，自来水中带着不少杂味，对清香型茶影响较大。

如果煮自来水，水不能反复烧，最好现烧现喝。流动的水有一定的自净作用，最理想的饮用水是鲜活水。因此，建议在每天清晨烧开水时，先把水龙头打开放几分钟，放掉水管内一夜未用的"死水"。有报道称，处于经常运动、撞击状态的水，所含亚硝酸盐极低，不会对人体健康造成潜在伤害。

任务训练与考核

茶的起源的训练与考核评价参考表见表3-1-1。

表3-1-1　　　　　　　　　茶的起源的训练与考核评价参考表

序号	训练内容	考核要点	要点提示	配分	得分
1	大家在日常生活中的水来自哪里	现代人泡茶的用水来源	自来水：购买的纯净水、矿泉水等	2分	
2	陆羽在《茶经》中对泡茶之水有何建议	古人泡茶用水的来源	其水：用山水上、江水中、井水下	3分	
3	请以小组讨论，暖气中的水是否能饮用	茶与水质的关系	经过处理的软化水，显碱性，pH值高达12～14，其中既不含碘也缺少人体需要的钙、镁等微量元素，是绝不能饮用的	5分	

考核方式：以小组为单位，10分计分制。

任务二 认识名泉

◎ **技能目标**
熟练推荐十大名泉。

◎ **素养目标**
通过对十大名泉的认识，培养学生爱祖国、爱家乡、文明旅游的意识。

● ● ▶ **知识学习**

古代人对烹茶用水的认识，经历了唐代重品第、宋代重经验、明代重理论三个阶段，使得中国茶道对煮茶用水的认识不断深化。在天水、井水、江水、湖水、河水、泉水诸水中，人们对泉水情有独钟。泉水清甘活冽，确是煮茶用水，同时，泉水无论出自名山幽谷，还是出自平原城郊，都以其汩汩溢冒、涓涓流淌的风姿，以及淙淙潺潺的声响引人遐想，为茶文化平添几分幽韵与美感。不同的品泉名家，又对名泉作了不同的排序，有代表性的提法包括陆羽的二十次第的"宜茶水品"、乾隆"七品名泉"、近现代人总结的中国"五大名泉""十大名泉"等。

视频 3-1-2

名泉的认识

1.陆羽的"宜茶水品"

古往今来，众多茶客们对泡茶之水进行了鉴别，并作了评级。最早提出鉴水试茶的是唐代的刘伯刍，他"亲揖而比之"，提出宜茶水品分七等。差不多与刘伯刍同时代的陆羽也对茶水的水品进行了辨别，他根据自己亲身实践，提出"楚水第一，晋水最下"，并把天下宜茶水品分为：庐山康王谷水帘水第一；无锡惠山寺石泉水第二；蕲州兰溪石下水第三；峡州扇子山下有石突然，泄水独清冷，状如龟形，俗云蛤蟆口水第四；苏州虎丘寺石泉水第五；庐山招贤寺下方桥潭水第六；扬子江南泠水第七；洪州西山西东瀑布水第八；唐州柏岩县淮水源第九；庐州龙池山岭水第十；丹阳观音寺水第十一；扬州大明寺水第十二；汉江金州上游中零水第十三；归州玉虚洞下香溪水第十四；商州武关西洛水第十五；吴淞江水第十六；天台山西南峰千丈瀑布水第十七；郴州圆泉水第十八；桐庐严陵滩水第十九；雪水第二十。

2.乾隆皇帝的"七品名泉"

清朝的乾隆皇帝也是一位品泉名家，他对天下名泉佳水进行了较为深入的研究，也评定了七品：京师玉泉第一；塞上伊逊之水第二；济南珍珠泉第三；扬子江金山泉第四；无锡惠山泉、杭州虎跑泉共列第五；平山泉第六；清凉山、白沙井、虎丘泉及京师西山碧云寺泉均列为第七。

3.五大名泉

在我国，天然水中的泉水资源比较丰富，它是由地下水流出地表而形成的，著名的泉水有百余处之多，而镇江中泠泉、无锡惠山泉、苏州观音泉、杭州虎跑泉和济南趵突泉最为有名，号称中国五大名泉。

（1）镇江中泠泉

镇江中泠泉又名南泠水，早在唐代就已天下闻名。刘伯刍把它推举为全国宜于煮茶的七大水品之首。泉南镌刻着"天下第一泉"五字，是王仁堪写的，趵突泉的"天下第一泉"是乾隆皇帝封的。唐陆羽品评天下泉水时，中泠泉名列全国第七。文天祥的《太白楼》诗中也写道："扬子江心第一泉，南金来此铸文渊。男儿斩却楼兰首，闲品茶经拜羽仙。"

中泠泉位于镇江金山之西的长江江中盘涡深险处，汲取极难。金山原位于镇江市区西北扬子江的江心，被誉为"江心一朵芙蓉"。据传，唐代法海禅师在此开山得金，遂名金山。"白娘子水漫金山"的神话传说也源于此。清道光年间，金山与长江南岸相连，中泠泉也和陆地相接。中泠泉水宛如一条戏水白龙，自池底汹涌而出。"绿如翡翠，浓似琼浆"，泉水甘冽醇厚，特宜煎茶。用此泉沏茶，清香甘冽，相传有"盈杯之溢"之说，贮泉水于杯中，水虽高出杯口二三分都不溢，水面放上一枚硬币，不见沉底。如今，因江滩扩大，中泠泉已与陆地相连，仅是一个景观罢了。

（2）无锡惠山泉

无锡惠山泉号称"天下第二泉"。相传经中国唐代陆羽品题而得名，位于江苏省无锡市西郊惠山山麓锡惠公园内。此泉于唐代大历十四年开凿，迄今已有1 200余年历史。惠山泉分上、中、下三池。上池呈八角形，水色透明，甘醇可口，水质最佳；中池为方形，水质次之；下池最大，系长方形，水质又次之。泉水从上面暗穴流下，由龙口吐入地下。泉水无色透明，矿物质少，水质优良，甘美适口，系泉水之佼佼者。

历代王公贵族和文人雅士都把惠山泉视为珍品。相传唐代宰相李德裕嗜饮惠山泉水，常令地方官吏用坛封装泉水，从镇江运到长安，全程数千里。因此唐朝诗人皮日休曾将此事和杨贵妃驿递荔枝之事相比联，作诗讥讽："丞相长思煮泉时，郡侯催发只忧迟；吴关去国三千里，莫笑杨妃爱荔枝。"

（3）苏州观音泉

苏州观音泉为苏州虎丘胜景之一。张又新在《煎茶水记》中将苏州虎丘寺石水（观音泉）列为第三泉。该泉甘冽，水清味美。井口一丈余见方，四旁是石壁，泉水终年不断，清澈甘冽，又名陆羽井。陆羽与唐代诗人卢仝评它为"天下第三泉"。此泉园门横楣上刻有"第三泉"三字，每年吸引大量游人前来游览。

观音泉有两个泉眼，同时涌出泉水，一清一浊，两水汇合，泾渭分明，绝不相渗。游人到此观赏无不惊叹两泉之水："奇哉！观音泉。"观音泉既然以观音命名，当然就与观音菩萨的传说有关。民间传说此地有石身观音壁立泉上，手里的净瓶喷出两股水柱，一清一浊，清水赈济人间良善，浊水洗净尘世污垢。清代同治年间《汉川县志》记载："此泉岁尝一洗，洗出如脂，久始澄清，东清西浊。"

（4）杭州虎跑泉

虎跑泉名列全国第四，位于西湖西南隅大慈山白鹤峰麓，在距市中心约5千米的虎跑路上。虎跑梦泉是新西湖十景之一。一个两尺见方的泉眼，清澈明净的泉水，从山岩石罅间汩汩涌出，泉后壁刻着"虎跑泉"3个大字。北面是林木茂密的群山，地下是石英砂岩，经年累月，岩石经风化作用，产生许多裂缝，地下水通过砂岩的过滤，慢慢从裂缝中涌出。虎跑泉水色晶莹，味甘冽而醇厚。坐在宽敞明亮的茶室中，泡上一杯热气腾腾的龙井慢啜细品，一股清香甘冽之味，透于舌间，流遍齿颊，顿感神清气爽。据分析，该泉水可溶性矿物质较少，总硬度低，每升水中只有0.02毫克的钙镁等离子，故水质极好。

相传，唐元和十四年（公元819年）高僧寰中居此，苦于无水，欲走，一夜他梦见一位神仙，告诉他说："南岳童子泉，当遣二虎移来。"第二天，果然看见"二虎跑地作穴"涌出一股泉水，故名"虎跑"。明代高濂在他的《四时幽赏录》中说："西湖之泉，以虎跑为最。两山之茶，以龙井为佳。"如今，虎跑泉依然澄碧如玉，从池壁石雕龙头喷出的那股水流仍旧涓涓汩汩，不停涌出。

（5）济南趵突泉

趵突泉位于济南市区中心，是以泉为主的特色园林，有"游济南不游趵突，不成游也"之说。该泉位居济南七十二名泉之首，被誉为"天下第一泉"，列为全国第五泉。趵突泉位于济南旧城西南角，泉的西南侧有一座精美的建筑"观澜亭"。宋代有人曾经写诗称赞："一派遥从玉水分，暗来都洒历山尘，滋荣冬茹温尝早，润泽春茶味更真。"趵突泉水分三股，昼夜喷涌，水盛时高达数尺。所谓"趵突"，即跳跃奔突之意，反映了趵突泉三窟迸发、喷涌不息的特点。"趵突"不仅字面古雅，而且音义兼顾。不仅以"趵突"形容泉水"跳跃"之状、喷腾不息之势；同时又以"趵突"模拟泉水喷涌时"卜嘟""卜嘟"之声，可谓绝妙绝佳。清代康熙皇帝南游时，曾观赏了趵突泉，兴奋之余题了"激湍"两个大字，并封为"天下第一泉"。

4.十大名泉

中国十大名泉，除了前面所讲到的镇江中泠泉、无锡惠山泉、苏州观音泉、杭州虎跑泉和济南趵突泉之外，还有以下五大名泉为人们所熟知。

（1）北京玉泉

玉泉在北京西郊玉泉山东麓，当人们步入风景秀丽的颐和园昆明湖畔之时，玉泉山上的高峻塔影和波光山色，立刻会映入你的眼帘。泉出石罅间，聚集为池，广三丈许，名玉泉池，池内如明珠万斗，拥起不绝。水色清而碧，细石流沙，绿藻翠荇，一一可辨。池东跨小桥，水经桥下流入西湖，为京师八景之一，曰"玉泉垂虹"。玉泉，这一泓天下名泉，它的名字也同天下诸多名泉佳水一样，往往同古代帝君品茗鉴泉紧密联系在一起。明清两代，均为宫廷用水水源。清康熙年间，在玉泉山之阳建澄心园，玉泉即在该园中。据传，清帝乾隆为验证该水水质，用秤称水，北京玉泉水每银斗重一两三钱；无锡惠山泉、杭州虎跑泉水均为一两四钱。证实乾隆皇帝的观点：水为上品的关键是水质轻。玉泉水含"杂质"最少，水就清，质量最好，长期饮用还能祛病益寿。于是在"水清而碧，澄洁似玉"的裂帛湖畔，将玉泉封为"天下第一泉"。

（2）陆羽泉

唐代茶圣陆羽于德宗贞元初从江南太湖之滨来到上饶隐居，之后不久，即在城西北建宅凿井，种植茶树。据《上饶县志》载："陆鸿渐宅在府城西北茶山广教寺。昔唐陆羽尝居此，号东冈子。刺史姚骥尝诣所居。凿沼为溟之状，积石为嵩华之形。隐士沈洪乔葺而居之。《图经》羽性嗜茶，环有茶园数亩，陆羽泉一勺为茶山寺。"由于这一泓清泉，水质甘甜，亦被陆羽评为"天下第四泉"。陆羽泉开凿迄今已有一千二百多年，在古籍上多有记载。清代张有誉在《重修茶山寺记》中写道："信州城北数（里）武岿然而峙者，茶山也，山下有泉，色白味甘。陆鸿渐先生隐于尝品斯泉为天下第四，因号陆羽泉。"陆羽当年在上饶隐居时开石引泉，种植茶树，在当地世代僧俗仕宦间产生了深远美好的影响。茶山寺、陆羽泉曾在历史上成为上饶名胜之地，许多人为此写下了赞颂诗篇。

（3）扬州大明寺泉

大明寺泉，位于扬州西北部蜀岗平山堂"欧阳修读书处"附近的大明寺西花园内，陆羽把这口泉评为"天下第五泉"。西花园原名"芳圃"，相传为清乾隆十六年（1751年）乾隆皇帝下江南到扬州欣赏风景的一个御花园，向以山林野趣著称。唐代茶圣陆羽在沿长江南北访茶品泉期间，实地品鉴过大明寺泉，将其列为天下第十二佳水。唐代另一位品泉家刘伯刍则将扬州大明寺泉水评为"天下第五泉"，于是，扬州大明寺泉水以"天下第五泉"扬名于世。

大明寺泉，水味醇厚，最宜烹茶，凡是品尝过的人都公认宋代欧阳修在《大明寺泉水记》中所说"此水为水之美者也"是深识水性之论。

（4）招隐泉

招隐泉位于庐山观音桥风景区内三峡桥，泉水色清如碧，味甘如饴，又名"天下第六泉"。招隐泉的名字与唐代茶圣陆羽紧密相连。"招隐"两字的来历相传有二：一种说法是陆羽曾隐居浙江苕溪，人称"苕隐"，由此演变为"招隐"；另一种说法是由当时的大官吏李季卿慕名召见隐居在此的陆羽而来，因"召"与"招"同音，故人们将此泉称作招隐泉。招隐泉旁旧有陆羽亭，曾是陆羽隐居煮茶的地方。据传，陆羽在此反复品评，遂将此泉定为"天下第六泉"。招隐泉为裂隙泉。泉水自基岩裂隙中流出，色清味甘，长流不竭。泉的四周砌石成井，以免水质遭受污染。

（5）白乳泉

白乳泉位于荆山北麓，因"泉水甘白如乳"而得名，是难得的宜茶之水。据史料记载，春秋时楚人卞和在荆山采得一块价值连城的璞玉，敬献给楚王。因宫中玉工不识其宝，卞和先后以欺君之罪被楚厉王和楚武王砍去双足。及楚文王即位，卞和抱璞哭于荆山之下。文王被卞和的赤诚之心所动，派玉匠剖璞，终于琢成一块世之罕宝——和氏璧。传说白乳泉就是从卞和眼泪冲刷成的石坑中流出的。显然，眼泪再多也冲凿不出石坑的，民间传说不过是表明了人们对卞和忠贞报国的敬仰之心。

白乳泉，因"泉水甘白如乳"而得名，是难得的宜茶之水。有文献记载，宋代大文学家苏东坡曾率领其子苏迨、苏过来白乳泉游览并考察，经品味泉水后写有《上巳日与二子迨过游涂山荆山记所见》一诗。白乳泉背依荆山，面临淮河，东与禹王庙隔河相望，西邻卞和洞。因而泉左建有望淮楼，登临远眺，景色壮美，泉水内含有矿物质，甘洌清口，烹茶煮茗，醇香可口。白乳泉水表面张力很强，水倾注杯中，能突出杯面而水不外溢，并能浮起硬币，使游人称奇。苏东坡曾将此泉誉为"天下第七泉"。

●●● 任务训练与考核

茶的起源的训练与考核评价参考表见表3-1-2。

表3-1-2 茶的起源的训练与考核评价参考表

序号	训练内容	考核要点	要点提示	配分	得分
1	同学们，济南趵突泉到底是天下第一泉，还是第五泉	认识名泉	乾隆皇帝赐封"天下第一泉"；陆羽评价趵突泉为天下第五泉	5分	
2	历史上，有4处泉水都被称为"天下第一泉"，分别是哪几处泉水	认识名泉	•北京玉泉、庐山谷帘泉、镇江中泠泉、济南趵突泉 •北京玉泉，曾经的"天下第一泉"，清代乾隆皇帝御封，也是乾隆皇帝废止 •庐山谷帘泉，曾经的"天下第一泉"，相传由唐代"茶圣"陆羽品定，后因历史时间模糊而荒弃 •镇江中泠泉，曾经的"天下第一泉"，为唐代刘伯刍品定，因金山寺外的江水河道变迁而消失	5分	

考核方式：以小组为单位，10分计分制。

任务三 烧水技能

◎ 技能目标

1. 把握煮水的程度。
2. 掌握煮水燃料具备的条件。
3. 了解有哪些容器可以煮水。

◎ 素养目标

通过烧水技能的任务学习，培养学生在处理问题中过犹不及、事缓则圆的思维。

●●▶ 知识学习

明代许次纾在《茶疏》中说："茶滋于水，水藉乎器，汤成于火，四者相须，缺一则废。"一杯好茶，茶、水、器、火四者，环环相扣。泡好茶，离不开好水，好水取决于煮水的器皿和火源。

视频3-1-3

烧水技能

1. 煮水的要求

陆羽所著的《茶经》云："其沸如鱼目，微有声，为一沸；缘边如涌泉连珠，为二沸；腾波鼓浪，为三沸。"苏轼在《试院煎茶》一诗中云："蟹眼已过鱼眼生，飕飕欲作松风鸣。"许次纾于《茶疏》中云"蟹眼之后，水有微涛，是为当时"。煮水的关键一是注意通风，以免燃烧产生异味；二是灶器保持清洁；三是急火快煮，水沸即离火。

对于我们现代人来说，煮水要大火快煮，而不要文火慢煮，当水连续冒泡，煮到二沸或是刚刚三沸时，水的活性是比较好的。如果煮得太久，水中的含氧量降低，则活性降低，即我们平时说的水"煮老"了，对茶汤也有影响。但如果是使用自来水泡茶，需要把水煮久一点，因为自来水中带有残留的氯。自来水沸腾时，把烧水壶盖子打开，让水保持沸腾3分钟左右，能够除去自来水中一部分的氯，减少水的异味。

2.煮水的燃料要求

一般而言，煮水的燃料需要具备的条件是：①燃料的燃烧性好，热量高而持久；②燃烧物不能有异味和冒烟；③煮水场所要通风。

古人说"活水还须活火烹"。古人所谓的活火是指有焰之炭火，陆羽主张用木炭煮水、干柴次之。陆羽《茶经》中说，煎茶"其火用炭，次用劲薪"，"劲薪"指桑木、槐木、桐木之类坚固细密的木材。他反对用柏、桂、桧等含有油脂的木材，这种木材，燃烧时有浓烟，窜入水中，有损茶味。他还反对用"败器"即朽废的木器做燃料，他说这种木材煎出的茶有"劳薪之味"。潮汕工夫茶至今都讲究用橄榄核烧炭煎茶。

现在大多数家庭都用饮水机，也有一些人喜欢用电水壶烧水喝。电水壶烧水方便快捷，但选择和使用也需要注意。首先，要买质量过硬的产品，最好选用不锈钢材质的，烧水更安全。其次，用电热水壶烧水一定要随时喝随时加水，因为其温度降低到一定程度，就会自动加热，一壶水反复加热，水质就不会太好。电水壶相比其他用具，尤其是饮水机，干净多了，饮水机里面再怎么清洗还是有死角的，而且有些家庭好几个月都不洗。电水壶最好买不锈钢的，现在好的不锈钢电水壶基本采用304不锈钢，没什么味道，塑料电水壶多少有点塑胶味。利用电水壶烧水能达到准确的程度，而饮水机只能烧到90℃左右。用明火烧水，只能人工判断是否沸腾了，肯定不准，要么没有烧开，要么就是过沸了。

3.煮水的容器要求

煮水容器的质地材料、洁净度、容积的大小都会影响水的品质。

（1）煮水容器的质地材料

铁壶使红茶茶汤变为褐色，绿茶茶汤变暗；铜壶铜含量高；瓦壶、铝壶、不锈钢壶较好。

饮水机：一般加热到90℃左右，水难以煮沸，不太适合煮水泡茶。

电水壶：煮水速度快，方便实用，但对水质没有明显改善。

铁壶：能够软化水质，形成山泉水效应，改善水质和茶汤的口感，且煮水能够完全沸腾，保温力强，适合冲泡喜高温的茶类。

银壶：有杀菌除异味的功能，银壶煮水至清至纯，且能够软化水质，对茶汤的口感有明显改善。

陶壶：透气性好，有一定的吸附性，对水能起到一定的净化作用，煮水活性好。

（2）煮水器具的洁净度

任何一种煮水器具都需要保持最基本的洁净，人们习惯用各种洗洁精擦拭冲洗器面，可以保持器具的光洁度，但是不太环保，建议擦拭之后多次清洗，或者以开水蒸煮，确保对人体无害。

（3）煮水器容积的大小

容积大、器壁厚、传热差，烧水时间长，导致水质变"钝"，失去鲜爽味，用来泡茶，茶汤失去鲜爽度，变得"木口"。

4.煮水的注意事项

除了上面所讲到的有关煮水的标准、燃料要求以及容器等方面的要求之外，还需要注意下述事项。

（1）使用已除菌的桶装矿泉水和纯净水，达到需要的水温后立刻停止加热，避免过分加热而破坏了水的活性，所谓"水不可老"。水未烧沸，谓之嫩，一是有微生物，二是水的温度没有达到要求，茶叶的香气和滋味出不来。水烧开过沸，谓之老，泡出的茶有熟汤味。现在的泡茶用水多属暂时性硬水，水烧过头，会使溶解于水中的二氧化碳气体逸出，从而减弱茶汤的鲜爽味，并且水中含有微量的亚硝酸盐，经高温久沸后水分蒸发，亚硝酸盐浓度含量相对而言升高，易产生致癌物质，不利于人体健康。

（2）使用自来水或自然界直接取来的水，如果需要在中温低温下泡茶，应先将水烧开，再冷却至所需温度。这样可以除去自来水中的残氯，也可对自然水源进行高温消毒除菌，更利于人体健康。

（3）若用多次回烧以及加热时间过久的开水泡茶，会使茶叶产生"熟汤味"，致使口感变差，因为水蒸气大量蒸发所留下的水含有较多的盐类及其他物质，会使茶汤变得色泽灰暗，茶味变得苦涩。

●●● 任务训练与考核

烧水技能的训练与考核评价参考表见表3-1-3。

表3-1-3　　　　　　　　烧水技能的训练与考核评价参考表

序号	训练内容	考核要点	要点提示	配分	得分
1	如果在茶馆做服务生，你建议用什么样的器皿烧水	煮水的容器要求	瓦壶、铝壶、不锈钢壶较好	3分	
2	烧水沏茶可否反复将水烧开使用	煮水的注意事项	水蒸气大量蒸发所留下的水含有较多的盐类及其他物质，以致茶汤变得灰暗，茶味变得苦涩，产生"熟汤味"	3分	
3	阐述"嫩水"是什么标准	煮水的要求	蟹眼过后，或达到需要的水温后立刻停止加热的水	4分	

考核方式：以小组为单位，10分计分制。

实训模块二　茶水沏泡

◎ **情景导入**

　　茶与水相逢，水唤醒了茶，茶成就了水的味。茶水相融，茶因水而重生，水因茶而丰润。人生如沏茶，需恰到好处：时间短了，茶没有入味，淡了；时间长了，入味太浓，苦了。茶与水之缘，也许是千年前久旱的小茶树遇到了雨露，化作今生茶杯里的再相逢。茶席已备，白瓷碗，青花杯，桌上一剪梅，窗外风轻轻地吹。

　　方文山《爷爷泡的茶》这首歌写得好，爷爷泡的茶，有一种味道叫作家，多么感人，多么温馨。出门在外，每每听到这首《爷爷泡的茶》，我就时常产生思念，稍微不控制，泪水就会滚下来。出了家门，接触茶的机会多了，我也喝了很多地方的茶，或欢喜，或忧愁，但隐隐中感觉少了一种情怀。

　　套用沈从文的话讲，那就是我看过很多地方的云，走过很多地方的桥，喝过很多地方的茶，但只爱爷爷泡的茶。

　　为什么每个人泡的茶会有不同？

　　解析：上述文中爷爷的茶，是在茶中赋予了爷孙间的感情温度。科学地沏好一壶茶，需要把握沏茶的4大要素，即合适的茶具、适量的茶叶、水质和水温要素，以及个性化的冲泡技艺。

◎ **学茶悟道**

　　没有规矩，不成方圆：茶水沏泡是规矩的碰撞。

　　沏一壶好茶，品味自我，这比迷恋世界的纷扰更为重要。情感如茶，可纵情挥洒，但需受理智与规矩的双重熏陶，方能品出其中真味。香气袭人，芬芳馥郁，茶水要经过多重步骤的熏陶，只要做错一步那就成就不了一壶好茶满盘皆崩。茶水沏泡——是规矩的碰撞。有规矩才会有美味的茶水，一般来说，茶叶和水的比例因茶叶的种类及喝茶者的浓淡喜好有所不同。例如，绿茶的茶叶与水的比例一般以1∶50为宜，常用150毫升的水冲3克茶叶，冲泡出来的绿茶汤浓淡适中。黑茶的茶叶用量一般是绿茶的2倍，即茶叶与水的比例为1∶25。乌龙茶的投叶量比较大，基本上是所用壶或盖碗的一半或更多。时间短了，茶没出味，长了则芳香挥散，一般时间的掌握和茶叶种类、冲泡次数有关。绿茶的冲泡时间一般为2~3分钟，最好现泡现饮。

　　通过对茶水沏泡的介绍和理论学习，让学生们更加深入地了解到中国博大精深的茶文化和没有规矩不成方圆的精神。

◎ **学习重点**

1.水量的选择

2.水温的选择

3.浸泡时间的掌握

4.续水次数的应用

◎　**学习难点**
1.茶水比例选择
2.煮水要求
3.浸泡时间控制

任务一　选择茶水比例

◎　**技能目标**
1.掌握各种茶的茶水比例。
2.掌握所投茶叶和容器的比例。

◎　**素养目标**
通过茶水比例的学习任务使学生坚持"没有规矩，不成方圆"的做人做事基本原则和底线。

● ● ● ▶　**知识学习**

1.一般的茶水比例

一般来说，红茶、绿茶的茶、水比例为1∶50至1∶80，即茶叶若放3克，沸水应冲150毫升至240毫升；对于一般饮茶的人，茶与水的比例可为1∶80至1∶100。冲乌龙茶，茶叶用量应增加，茶与水的比例以1∶30为宜。

视频3-2-1

茶水量的选择

家庭中常用的白瓷杯，每杯可投茶叶3克，冲开水250毫升；一般的玻璃杯，每杯可投放茶叶2克，冲开水150毫升。

2.经验法投茶量

按照不同品种的茶叶，就冲泡经验来说，其投茶量如下：

（1）绿茶和黄茶的投茶量

一般来说，绿茶和黄茶是公认为所有茶类中最鲜嫩的茶类，且经过揉捻，浸出物出来得快，盖碗冲泡的时候，放差不多刚好盖满盖碗底部的量就可以了。不过需要注意两点：一是不要盖上盖子，会把茶汤闷坏；二是太烫的水会伤害到绿茶和黄茶的叶，让茶汤变苦变涩，但又不能温度太低，使茶叶的香气激发不出来，一般常用90℃~95℃的水温，也会根据实际情况进行微调。

（2）红茶的投茶量

红茶的投茶量与绿茶相似，差不多也是盖满盖碗底部的量，不过可以比绿茶稍稍多一些。红茶分为大叶种茶和小叶种茶，像祁门红茶、四川红茶是小叶种红茶，而云南红茶则是大叶种茶。大叶种茶的叶片较大，占的体积大，所以泡茶时的投茶量要比小叶种红茶多。常喝国外红茶的朋友，很多时候喝到的是红碎茶，由于红碎茶的浸出速度很快且不耐泡，所以投茶量要减近一半。

（3）乌龙茶的投茶量

乌龙茶的类别比较多，按照外形大致分为条形乌龙和球形乌龙，条形乌龙的投茶量差不多占盖碗容量的1/5到1/3，球形乌龙则盖过盖碗底部就可以了。由于球形乌龙形状特殊，茶叶展开比较慢，所以通常会在几泡后茶叶才舒展开来，一般会增加温润泡的润茶环节。这种半发酵的茶，用热水冲泡会强烈激发它的香气和滋味，特别是高山乌龙，一定要用沸水冲泡。

（4）紧压茶的投茶量

紧压茶的投茶量，差不多占盖碗容量的1/5。有些紧压茶比较紧，"密度较大"，所以可以适当减少投茶量。为了使茶叶舒张，紧压茶在冲泡过程中也常常会有温润泡。这里还有一点需要注意的是，紧压茶有"3年以下开盖泡，3年以上扣盖泡"的说法，原因是"年纪较轻"的紧压茶发酵度不高，盖上盖子会像绿茶一样把茶汤闷坏，而3年以上的紧压茶因为后期自然发酵陈化，耐闷泡，就不存在是否盖上盖子的问题了。

（5）白茶的投茶量

由于白茶没有经过揉捻，仅仅是鲜叶采摘后经过萎凋、干燥制作而成的茶类，所以干茶普遍较轻且蓬松，投茶量会比较大，散茶约占盖碗容量的3/4或1/2；白茶饼的话，差不多占盖碗容量的1/5就可以了。白茶应该是最好"控制"的茶叶，不会轻易把它泡坏，可以用于任何场合，而不会有不妥。

3.其他冲泡法的投茶量

除了常见的冲泡方法以外，生活中一些民间的泡茶方法也讲究投茶量。

（1）碗泡法

由于碗泡法是用茶勺取茶汤，添汤的动作会比较慢，且茶叶一直浸在水中，所以即便茶碗较大，也不要投放太多的茶量，不然茶汤很容易变浓。

（2）调饮茶

最常见的奶茶，茶与水的比例差不多是1：30。因为制作过程中会加奶，所以可以把茶汤泡制得浓一点，这样也方便根据自己的喜好选择多加奶还是多加茶。

（3）冷泡茶

冷泡茶的特点是冷水浸泡，且浸泡时间很长，夏天的时候甚至会过夜，所以投茶量不用太大。按体积来投茶的话，紧压茶以外的所有茶类差不多投铺满容器（玻璃瓶为例）底部的量就可以了，而紧压茶适当减少，以免茶汤过浓。

▮▮▮▮ 任务训练与考核

茶水比例的选择的训练与考核评价参考表见表3-2-1。

表3-2-1　　　　　　　　茶水比例的选择的训练与考核评价参考表

序号	训练内容	考核要点	要点提示	配分	得分
1	作为一名茶艺师，请问遇到一位老茶客，服务时如何投其所好	茶水比例	把握正确的投茶比例，红茶、绿茶、乌龙茶与水的比例分别为1：50、1：80、1：30	5分	
2	茶叶存放不善，叶片多有碎片，冲泡时应如何把握茶水比例	经验投茶法	红碎茶的浸出速度快且不太耐泡，所以投茶量要减近一半	5分	

考核方式：以小组为单位，10分计分制。

任务二　选择沏茶水温

◎ **技能目标**
1. 熟悉各种茶冲泡的适宜水温。
2. 掌握目测蒸气判断水温的方法。

◎ **素养目标**
通过学习沏茶水温的选择，帮助学生提升自我、塑造美好人格，完善学生的健康品格。

●●● 知识学习

1.沏茶的一般水温标准

一般人都以为泡茶一定要用100℃的水才能将茶叶泡开，其实不然，不同的茶叶其冲泡温度要求也不同。到底要用什么温度来泡茶，要由泡什么样的茶来决定。

视频3-2-2

沏茶水温的选择

我们将泡茶水温分为高温、中温和低温3种。

（1）高温

高温是指90℃以上的水温，适合高温冲泡的茶叶有部分发酵茶的叶茶类，如铁观音、岩茶、冻顶乌龙茶、清茶等。还有全发酵茶，如红茶，以及经渥堆发酵的普洱黑茶，都须以高温冲泡。其中铁观音和普洱茶甚至可以用95℃以上的水冲泡。

（2）中温

中温是指80℃～90℃的水温，适合中温冲泡的茶叶有部分发酵茶之芽茶类，如白毫乌龙；以及白茶类，如白毫银针、寿眉等。白毫乌龙适合水温为85℃，白毫银针适合以80℃水温冲泡。

此外，原本应以高温冲泡的茶叶，如果因采制的茶叶含部分芽叶而偏嫩时，或是茶叶因人为因素变得较为细碎时，则应将水温降低，改用中温的水来冲泡。例如，冻顶乌龙、高山乌龙和包种茶有时因采制时间较早而较嫩，泡茶水温不宜超过90℃。

（3）低温

低温是指70℃～80℃的水温，适合低温冲泡的茶叶包括所有的绿茶，如龙井、碧螺春、煎茶、玉露、香片等，以及黄茶类，如君山银针。而原本应以中温冲泡的茶叶，如果因采制偏嫩的茶叶或是茶叶变得较为细碎时，也应将水温降低。

2.沏泡不同茶类的适宜水温

（1）绿茶适宜用80℃～85℃的水冲泡（一沸水之前）

绿茶是不发酵茶，是最接近原始的茶叶，比较鲜嫩，泡绿茶不能用太热的水，温度控制在80℃上下。特别是各种芽叶细嫩的名绿茶，不能用100℃的沸水冲泡，一般以80℃左右为宜。茶叶越嫩、越绿，冲泡水温要越低，这样泡出的茶汤一定会嫩绿明亮、滋味鲜爽，茶叶维生素C也较少被破坏。而在高温下，茶汤容易变黄，滋味较苦（茶中咖啡碱容易浸出），大量维生素C被破坏。

（2）黄茶适宜用80℃~85℃的水冲泡（一沸水之前）

黄茶水温不宜太高，80℃~85℃比较合适。黄茶多了一道闷黄工序，使得黄茶更适宜用紫砂壶冲泡。

（3）白茶适宜用85℃~90℃的水冲泡（一沸水之前）

冲泡白茶水温以90℃为宜。第一泡30~45秒，以后每次递减。白毫银针，芽纤长细嫩，水温不宜过高，90℃左右（85℃~95℃）为宜；白牡丹，温度过高伤及茶芽，过低味道难出，90℃~100℃之间为宜；贡眉和寿眉，成茶以茶叶为主，水温可在100℃。

（4）青茶适宜用90℃~95℃的水冲泡（二沸水之前）

乌龙茶中的铁观音、武夷岩茶，以90℃~100℃的高温水冲泡为宜。各种乌龙茶，因采用新梢快要成熟时的茶叶加工，即便采用95℃的沸水直接冲泡，温度也偏低，为此，一些比较讲究喝乌龙茶的茶客，经常将茶具烫热后再泡茶。

（5）红茶适宜用85℃~90℃的水冲泡（二沸水之前）

红茶属全发酵茶，适合以较高温度的水冲出茶香，冲泡秘诀在于，水煮开后直接用以冲茶，水入茶壶之际约是95℃的高温，这是最适合红茶的温度。大宗红茶、绿茶和花茶，采制时原料适中，可用烧沸不久的90℃左右的水冲泡。

（6）黑茶适宜用95℃的水冲泡（三沸水之前）

黑茶要用高水温冲泡，不宜长时间浸泡，否则苦涩味重。最宜用紫砂茶具冲泡。普洱茶的冲泡，高温洗茶、高温冲泡，遵循"嫩叶温泡，老叶热泡"的冲泡原则。因此，浸泡幼嫩的普洱茶，水温一般掌握在80℃~85℃为好。反之，较粗老原料加工的普洱茶宜高温冲沏，水温控制在90℃~100℃为宜。

（7）花茶适宜用90℃~100℃的水冲泡（二沸水之前）

各种花茶则要用100℃的沸水冲泡。如水温低，则渗透性差，茶中有效成分浸出较少，茶味淡薄。

除上面所述的标准之外，泡茶时还应视茶叶的种类，选择适合的水温冲泡，同时也要视茶叶的茶况略做调整，茶叶较嫩或较细碎时水温要降低，茶叶较成熟时则要提高水温。不同的茶叶冲泡水温各有不同；同一类茶不同茶品也有不同的冲泡水温要求；同一茶品的不同品级也有不同的水温标准；同一品级茶叶的不同泡次之间还有不同水温的要求。

一般来说，泡茶水温的高低，与茶叶种类及制茶原料紧密相关（泡茶水温与茶叶中有效物质在水中的溶解度呈正相关）。水温愈高，溶解度愈大，茶汤就愈浓；反之，水温愈低，溶解度愈小，茶汤就愈淡，一般水温60℃的茶叶有效物质浸出量只相当于100℃沸水浸出量的45%~65%。

3.目测法判断水温

泡茶时，水温选择是否正确，将首先影响茶汤的滋味，水温过高茶汤苦涩，水温太低则不易泡出应有的浓度与香气。

要如何判断水温呢？可以看水蒸气的多寡及飘散情形来判断。如果茶壶中的蒸气很多，而且一直往上冲，水温应在90℃以上。若茶壶中的蒸气多，但有些往旁边飘荡，则水温为80℃～90℃。茶壶中虽有蒸气，但都往旁边飘散，水温则在80℃以下。水温的判断须经多次练习才能愈来愈准确，早期训练时可借用温度计来配合练习。

●●◗ 任务训练与考核

选择沏茶水温的训练与考核评价参考表见表3-2-2。

表3-2-2　　　　　　　　选择沏茶水温的训练与考核评价参考表

序号	训练内容	考核要点	要点提示	配分	得分
1	茶艺师冲泡绿茶，需要用80℃左右的水，如何判断水温	目测法判断水温	可以通过观察水蒸气的多寡及飘散情形来判断。也可以用手感知温度，这个是靠服务经验	5分	
2	请以小组为单位，冲泡铁观音，比较各小组冲泡茶汤的口感	沏泡不同茶类的适宜水温	乌龙茶中的铁观音、武夷岩茶，用90℃～100℃的高温水冲泡为宜	5分	

考核方式：以小组为单位，10分计分制。

任务三　掌握浸润泡的时间

◎ 技能目标

1. 理解茶叶浸泡时间的影响因素。

2. 了解各种茶的浸泡时间。

◎ 素养目标

通过本任务的学习，使学生认识对立统一规律是唯物辩证法的根本规律，矛盾分析法是认识世界和改造世界的根本方法。

●●◗ 知识学习

泡茶时，茶叶在水中的浸泡时间是决定茶汤浓度的最重要因素。浸泡的时间缩短，茶汤就会变淡，浸泡的时间加长，茶汤就会变浓。茶叶中含有多种可溶性物质，其浸泡溶解的速度有快有慢，茶汤冲泡时间过久，茶叶中的茶多酚、芳香类物质就会自动氧化，茶汤的色、香、味变差，茶中的维生素、氨基酸等物质也会因氧化而减少，这样就会降低茶汤的营养价值。茶汤如果搁置时间过久，还容易受到环境的污染，使茶汤中的微生物数量增多从而影响饮茶卫生。如果茶叶的浸泡时间特别长，则茶叶中的碳水化合物与蛋白质易滋生细菌而引起质变，更会对人体健康造成危害。日常沏茶也要掌握沏泡的时间。若沏茶时间过短，则茶汁无法泡出；若沏茶时间过长，则茶汤会有闷浊滋味。

浸泡的时间如果太短，有时尽管浓度已达到我们的要求（因为茶量大），但是泡出的茶汤只是溶出较快溶解出的成分，尚不能代表该茶的质量，所以泡茶时应有足够的基本浸泡时间，尤其是第一泡，因为第一泡是茶叶从干燥的存放状态被泡开、舒展的过程，如果没有足够的时间，部分茶叶就来不及被浸润，第二泡以后就会好得多。如何让其按我们希望的比例与分量释放，

视频3-2-3

浸润泡时间的掌握

是泡茶最重要的技术。

1.茶叶浸泡时间的原则

茶叶"浸泡时间"的原则是：视茶叶的情况而不同，一般紧压茶可以稍短些，散茶可以稍长些；投茶量多可以稍短些，投茶量少可以稍长些；刚开始泡可以稍短些，泡久了可以稍长些。如果水温高，浸泡时间宜短；水温低，浸泡时间要加长。冲泡时间还可以影响冲泡的次数，浸泡的时间短，可以多泡几次，浸泡的时间长，冲泡的次数一定要减少。当茶、水的比例和水温一定时，溶入茶汤的滋味成分则随着时间的延长而增加，因此沏茶的冲泡时间和茶汤的色泽、滋味的浓淡爽涩密切相关。泡茶时间的长短与水温、茶叶嫩度及分量有关，一般情况下，第二次时间比第一次长1分钟左右，以后随冲泡次数逐渐延长。

2.茶叶浸泡时间的计算

（1）浸泡种类

浸泡种类分为两种，单次浸泡和多次浸泡。所谓单次浸泡，就是只泡一次就将茶叶丢弃。所谓多次浸泡，就是同一壶茶冲泡数次，直到味道变淡后才丢弃。多次浸泡的次数，要依置茶量与茶水比例而定。置茶量是根据所需的冲泡次数而定，茶水比例中的水量则依所用杯子或茶壶的大小而定。

用小茶壶冲泡，如果需泡至5泡左右，第一泡的浸泡时间原则上要控制在30秒至1分钟左右（不实施所谓的温润泡），第二泡需要缩短时间，第三泡起逐渐增加浸泡的时间。至于第二泡需要缩短多少时间，第几道起才能恢复到第一道的时间，第三道之后每次增加多少时间，这些都与茶叶可溶物溶解速度、茶叶可溶物含量多少以及泡茶的水温等因素相关。但有一点是可以确定的，那就是第三泡以后每泡增加的时间是越来越长，而不是等量的，也就是第四泡如果增加40秒，第五泡一定要时间更长，而且越往后，延长的时间也越久。

（2）一般的浸泡时间规律

出汤太快，色香味都来不及浸出，茶味偏淡；出汤太慢，茶汤会变得苦涩难喝。如何掌握好出汤时间，对初学者的确有些困难，只有多实践才能逐步掌握。出汤时间和水温、投茶量有关，一般在0.5~1分钟，以后每一泡可以略微延长些时间。第一泡如果没有洗茶（浸润泡），时间应该和第二泡相同甚至更长，第二泡是最容易出味的，不能泡得太久。

第一泡的基本浸泡时间因茶的种类而异，外形揉成球形或半球形的乌龙茶，如冻顶乌龙、铁观音，以及未经揉捻但重萎凋的白茶，如白毫银针，第一泡最好能浸泡1分钟以上；对于外形细小且经重揉捻的红茶，以及解块后的后发酵普洱茶，第一泡只要有半分钟就够了。如果第一道茶浸泡至基本时间后，茶汤变得太浓了，那就说明茶叶放得太多了，可减少置茶量，直到达到标准浓度为止。

白茶、黄茶中的某些种类由于没有揉捻，可以适当延长泡茶时间至3~5分钟，否则不易出味。不管什么茶，都建议另外用一个杯子出汤，多人喝的话，公道杯非常实用。每次出汤都要滤尽茶汤，否则下一泡会有苦涩味，失去鲜香。长时间把茶叶浸在水里会使茶汤色香味俱失，所以传统的大杯泡茶续水的做法不科学。

（3）浸泡时间的计算方式

浸泡时间是从何时算起，又到何时结束；起点是从"冲完水"就起算，还是"冲完水，放回热水壶，盖上壶盖后"起算；而终点又是计算到"开始倒出"的那一刻，还是算到"倒完最后一滴"；这些问题都会影响到时间的计算，每个人完全可以依自己的见解和习惯来做。一般而言，浸泡时间多数是从"冲完水，放回热水壶，盖上壶盖后"算起，直到"将茶汤开始倒出"为止。有人会考虑到"冲水的满壶程度""茶壶出水的速度""泡茶者动作的快慢""茶汤倒干的程度"等因素，当然，这些都应该列入"微调"的范围。

为了方便、准确地计算时间，可以准备一个正向计时的计时器。使用时不是一直盯着计时器看，而是以心算为主，计时器只是辅助、核对的工具而已。有人可能认为使用计时器太刻板，不习惯，但若完全凭心算，1.5分钟以内还好掌握，2分钟以上的话，判断误差就有可能偏大了。

3.各类茶的具体浸泡时间

一般红、绿茶以冲泡5分钟为宜；红碎茶、绿碎茶因经揉切作用，颗粒细小，茶叶中的成分易溢出，故冲泡3～4分钟即可（如在茶中加糖或加奶后再冲泡，以5分钟为宜）；乌龙茶因沏茶时先要用沸水浇淋壶身以预热，且茶叶比较大，故冲泡时间可适当调整。第一次冲泡时间为1分钟，第二次为1.5分钟，第三次为2分钟，第四次为2.5分钟，依次递增，以使茶汤不会先浓后淡；为获得较高浓度的茶汤，紧压茶用煎煮法煮沸茶叶的时间应控制在10分钟以上。

（1）绿茶

不同品种的绿茶浸泡时间也有区别。

龙井的浸泡时间：投放茶叶于茶隔杯并倒1/5开水进茶盅浸润，摇香30秒左右，再用悬壶高冲法注下7分满之开水到茶盏，35秒之后，即可饮用。

竹叶青的浸泡时间：先置茶，后冲入沸水，使竹叶青茶吸水舒张，便于茶汁析出，30～50秒后开始冲泡。

碧螺春浸泡时间：以80℃泡茶水在泡温杯中泡浸，大约30秒后方可饮用，喝茶时小口小口地去品味碧螺春的奇妙之处。但碧螺春茶只能冲3遍，3遍以上便淡而无味。

（2）红茶

红茶在采摘之后要经过发酵处理，而且是全发酵，色泽乌润，滋味醇和甘浓，汤色红亮鲜明。红茶亦分为红碎茶、小种红茶和工夫红茶等类型。

将水烧沸至80℃，茶具最宜用陶瓷，装上大约占壶容量50%的茶叶，隔45秒左右倒入小杯，先闻其香，再品其味。一般茶叶通常可冲泡2～3次。

（3）乌龙茶

属于半发酵茶，在采摘之后先进行萎凋，然后进行部分发酵，色泽青褐如铁，故又名青茶。其茶色清澈金黄，有天然花香，滋味浓醇鲜爽。

冻顶乌龙的浸泡时间：每杯茶茶叶用量在3～5克，如要求味道浓厚可多放些，一般冲入70℃开水到泡温杯，两三分钟后即可饮用。

大红袍的浸泡时间：以茶量为准，一般1克茶叶20～25毫升水。第一冲泡应以80℃开水进行1分钟泡浸，而第二次1.5分钟，第三次以上则以2分钟泡浸较适宜，一般大红袍可以冲泡6次以上。

铁观音的浸泡时间：头冲采用95℃的水，然后马上倒掉；二冲为30～90秒；三冲

30～60秒；三冲后以60～120秒为佳。

（4）黑茶

黑茶的第一泡茶，浸泡时间在30～60秒；从第二泡起，每泡茶的泡制时间就会累加20秒；可以冲泡十余次。以安化黑茶为例，冲泡安化黑茶，因每次用茶量较多而且茶叶粗老，一般用100℃的沸滚开水冲泡。有时，为了保持和提高水温，还要在冲泡前用开水烫热茶具，冲泡后在壶外淋开水。茶水比例，高档砖茶及三尖茶茶水比为1：30左右，粗老砖茶为1：20左右。

（5）白茶

饮用白茶，不宜太浓，一般150毫升的水用5克茶叶就足够了。水温要求在95℃以上，第一泡时间约5分钟，经过滤后将茶汤倒入茶盅即可饮用。第二泡只要3分钟即可，也就是要做到随饮随泡。一般情况一杯白茶可冲泡四五次。

白毫银针的浸泡时间：在茶壶内冲入70℃的水泡浸10秒后再冲倒，使茶汤浓度上下一致，置水量为茶杯容器的1/5。白毫银针茶芽纤长细嫩，所以水温不宜过高，90℃左右即可；冲泡时，热水不可直冲茶芽，应当沿杯壁冲入，这样既不会损伤茶芽品相，又能避免茶芽大量脱毫造成茶汤变浊，影响其汤色和美感。浸泡时间以4分钟左右为宜，第二泡时间缩短2分钟，一般冲泡3次即可。

白牡丹的浸泡时间：冲泡时水温不可过低，水温低则茶味难出，水温若是太高则又会伤及茶芽，最好控制在90℃～95℃。新白茶浸泡时间短于5分钟，可以冲泡四五次。

贡眉、寿眉、老白茶、紧压白茶冲泡时建议用95℃～100℃的水，而且可以多泡一会儿，这样，就会充分品尝到醇厚浓郁的茶香。

（6）黄茶

黄茶推荐两种有代表性的冲泡方式。

方法一：先将少量的沸水降温至90℃，根据个人口味放入适量茶叶，泡30秒至1分钟，用壶冲水至8分满，待2～3分钟即可饮用，饮用后留1/3水量以进入第二泡。最好采用软水，如矿泉水、纯净水、山泉水等；也可用自来水。浸泡时间第一泡30秒，第二泡60秒，第三泡120秒。

方法二：用水壶将70℃左右的开水，先快后慢冲入盛茶的杯子，至1/2处，使茶芽湿透。稍后，再冲至七八分满为止。约5分钟后，去掉玻璃盖片。茶芽经冲泡后，可看见渐次直立，上下沉浮，并且在芽尖上有晶莹的气泡。

（7）花茶

冲泡花茶宜用玻璃杯，水温以80℃～90℃为宜。茉莉花茶，如银毫、特级、一级等，宜选用瓷盖碗茶杯，水温宜高，接近100℃为佳，通常茶水的比例为1：50，每泡冲泡时间为3～5分钟，三泡为宜。

任务训练与考核

掌握浸润泡的时间的训练与考核评价参考表见表3-2-3。

表3-2-3　　　　　　　掌握浸润泡的时间的训练与考核评价参考表

训练内容	考核要点	要点提示	配分	得分
出租车司机老陈，早晨出门带一杯绿茶，冲泡一天，反复饮用，这种做法是否正确，正确的做法是什么	绿茶的浸泡时间	茶汤冲泡时间过久，茶叶中的茶多酚、芳香类物质就会自动氧化，茶汤的色、香、味变差，茶中的维生素、氨基酸等物质也会因氧化而减少，这样就会降低茶汤的营养价值。茶汤如果搁置时间过久，还容易受到环境的污染，使茶汤中的微生物数量增多而影响饮茶卫生。如果茶叶的浸泡时间特别长，则茶叶中的碳水化合物与蛋白质易滋生细菌而引起质变，更会对人体健康造成危害	10分	

考核方式：以小组为单位，10分计分制。

任务四　续水次数的把控

◎ 技能目标
1.了解各类茶的续水次数。
2.掌握泡茶的续水次数。

◎ 素养目标
通过本任务的学习，培养学生的批判性思维，培育学生的开放理性精神。

■■▶ 知识学习

茶叶的耐泡程度是根据茶叶的加工方法和老嫩程度而定的。茶叶嫩度越高越不耐冲泡，越粗老越完整的茶叶，茶汁冲泡出来的速度就越缓慢。从其营养成分（茶叶中的维生素和氨基酸）来看，第一次冲泡就有80%的量被浸出，第二次冲泡时约有15%的量被浸出，经3次冲泡后，基本达到完全浸出。一般的红茶、绿茶和花茶，冲泡以3次为宜。乌龙茶在冲泡时投叶量大，茶叶粗老，可以多冲泡几次。以红碎茶为原料加工成的袋泡茶，由于茶叶细碎，茶汁易被浸出，通常适于一次性冲泡。那种一杯茶从早泡到晚，连续加开水的做法并不可取。

视频3-2-4
续水次数的把控

1.续水
在茶艺的程序之中，续水是一个很重要的过程。一杯茶通常经过第三泡之后，茶汤开始淡而无味。根据科学测定，头泡茶汤含浸出物总量的50%，二开茶汤含浸出物总量的30%，三开茶汤含浸出物总量的10%，而四开则不到3%了。另外，茶叶经过多次冲泡，其中的有害成分常常也会浸泡出来，因而会对人体造成毒副作用。

2.泡茶续水次数
据测定，茶叶中各种有效成分的浸出率是不一样的，最容易浸出的是氨基酸和维生素

C；其次是咖啡碱、茶多酚、可溶性糖等。日常沏茶，无论是红茶、绿茶，还是乌龙茶、花茶，一般都以冲泡3次为宜，以充分利用茶叶中的有效成分。第二泡和第三泡则都需要通过续水来完成。如饮用颗粒细小、揉捻充分的红碎茶和绿碎茶，由于这类茶的内含成分很容易被沸水浸出，一般都是冲泡一次就将茶渣滤去，不再重泡。速溶茶，也是采用一次冲泡法，工夫红茶则可冲泡2～3次。

3.各类茶续水次数的一般要求

（1）绿茶

条形绿茶通常只能冲泡2～3次。

（2）红茶

冲泡从营养吸收上来说，袋装茶最好只冲泡1次，散装茶则别超过3次。与散装茶叶相比，袋装茶的茶叶在加工制造时通过揉切，充分破坏了叶细胞，颗粒形状比较小，茶叶中的营养物质经过3～5分钟的第一次浸泡，就会有80%～90%析出，第二次冲泡时，剩余10%左右的营养物质也差不多全部析出了。

（3）黄茶

一般也只能冲泡1次，最多2次。

（4）乌龙茶

品饮乌龙茶多用小型紫砂壶，在用茶量较多（约半壶）的情况下，可连续冲泡4～6次，甚至更多。而铁观音同样的出汤时间，一般情况下第3～5泡的茶汤最浓，口味最好。高品质的铁观音7泡仍有余香。

（5）白茶

白茶加工时未经揉捻，细胞未遭破坏，茶汁较难浸出，因此其冲泡的时间相对较长。通常茶叶冲泡第一次，可溶性物质能浸出55%左右，第二次为30%，第三次为10%，第四次就只有1%～3%了。茶叶中的营养成分，如维生素C、氨基酸、茶多酚、咖啡碱等，第一次冲泡80%左右被浸出，第二次95%被浸出，第三次就所剩无几了。香气滋味也是头泡茶香味鲜醇，二泡茶浓而不鲜，三泡茶香尽味淡，四泡茶少滋味，五泡茶、六泡茶则近似于白开水。所以说茶叶还是以冲泡两三次为好，白茶最好只泡两次。

（6）黑茶

一般可冲泡10余次。经过第一次冲泡时，其可溶性物质可浸出50%～55%；第二次冲泡时能浸出30%左右；第三次冲泡时能浸出约10%；第四次冲泡时只能浸出2%～3%。可见，每次续水后，黑茶可浸出的有效成分递减。黑茶经过反复冲泡后，茶汤的色泽会变淡，营养成分会消失。另外，茶叶中有害的微量元素往往最后才会被浸出，因此茶叶的冲泡次数不宜太多。

（7）花茶

一般以冲泡2～3次为宜。

●●◗ 任务训练与考核

续水次数的应用的训练与考核评价参考表见表3-2-4。

表3-2-4　　　　　　　　　　续水次数的应用的训练与考核评价参考表

训练内容	考核要点	要点提示	配分	得分
黑茶按照续水次数的要求，如何冲泡可以实现其饮用价值	续水次数的应用	一般可冲泡10余次。经过第一次冲泡时，其可溶性物质可浸出50%~55%；紧压黑茶的营养成分浸出慢，所以可以久泡，单次冲泡	10分	

考核方式：以小组为单位，10分计分制。

实训模块三　茶水品饮

◎ **情景导入**

　　清晨，煮水，泡茶，美好的一天就开始了。壶中天地大，杯中日月长，日日是好日。独坐茶台，细细品来，一杯口感好的茶，就像久别重逢的故知，执子之手，夫复何求？

　　人生如茶，平淡是茶的本性，苦涩是茶的进程，幽香是茶的馈赠。人生就像一杯茶，不能苦一辈子，但要苦一阵子；人生就像一杯茶，第一口苦，第二口涩，第三口甜，回味一下，甜美幽香。在品茶中思索，在品茶中感悟，在品茶中成长。人生如茶，时有浮沉，无论经过怎样的千锤百炼，最终可以铭记的，不过是其滋味和香气，个中过程，正好是人生的写照。

　　茶，由鲜叶制成，经过采摘、摊晾、揉捻等一道道精密的工序，最终得到调和，自成一派。成为茶叶，只是一个阶段，人也是一样的，"长大成人"并不是年岁增长就能成为"合格的大人"，未得到真正锻炼和考验的人生，就像未经水冲泡的茶，看似圆满，实则只是初级品。

　　直到躺入杯中，热水倾注下来，浸润、伸展、释放，重新回归一片片茶叶的形态，绽放出各自本真的滋味。在此过程中，浮浮沉沉，茶叶被高温所刺激、被水柱所碰撞，但是并不屈从，方能散发出缕缕幽香，这与人生之境遇颇为类似，唯有经过坎坷、波折、险阻，并凭韧性与毅力直面这重重艰难，人才能真正地成长。

　　看看眼前的这杯茶，随着热水的翻腾，杯中的茶叶翩然起舞，对身处的世界全然不知，而正是这种淡然，使我的心底油然生起一股敬意，像是暖流通过全身，教会我安然面对人生浮沉。

◎ **学茶悟道**

　　不以物喜，不以己悲：品茶是一场练就心态的心路历程。

　　茶香袅袅，清香淡雅，君子之交淡如水，茶人之交醇如茶。品茶如同品人生，浓淡相宜，苦涩中带着甘甜。茶香清幽，人闲心静。溪边之畔，青石小径，煮水，青烟袅袅升。茶香弥漫，似云似心随风动，情随茶生。品茶——是一场练就心态的心路历程。茶，生于深山幽谷，汲取天地之精华，得日月之灵气。采茶女轻盈如燕，纤手细采，茶香沁人心脾。煮水者心细如丝，火候得当，一壶清水瞬间沸腾。茶叶在水中舞动，犹如绿蝶翩翩起舞，舞出生命的韵律。围炉煮茶，暖意融融。众人聚首，笑语盈盈。茶香袅袅，情谊浓浓。闲话家常，共叙幽情。茶中有人生百态，有世态炎凉。溪水潺潺，轻唱着古老的歌谣。青石小径，印着岁月的足迹。茶香伴着花香，飘散在空气中。人心如茶，需要细细品味。情谊如水，需要慢慢沉淀。茶以净心，闲坐小溪边。围炉煮茶，茶有清香人有情。品茶是一种修行，是一种生活态度。品茶是一种心境，是一种人生境界。悠悠岁月如流水，匆匆过客如云烟，只有茶香依旧，情谊长存。茶中有人生百味，有世态炎凉。品茶如品人生，人生如茶，苦尽甘来。

通过对于品茶的介绍与精神学习让同学们在忙碌的生活中，找到一片宁静的净土。在喧嚣的世界里，寻得一份清雅的闲情。围炉煮茶，品味人生，感受生活的美好与温馨。

◎ **学习重点**

1. 观汤色
2. 闻香气
3. 赏茶舞

◎ **学习难点**

1. 茶汤颜色评价
2. 茶的香气品鉴

任务一 观汤色

◎ **技能目标**

1. 学会欣赏茶汤。
2. 能够辨别各种茶的汤色。

◎ **素养目标**

通过观汤色的学习任务，培养学生言行一致、表里如一的品性。

●●▶ **知识学习**

汤色，品茶评茶专用术语。各种茶因制作方式及发酵程度不同，各有其标准汤色，茶汤水色以浓厚明亮透底者为佳，若混浊暗淡透明度不足则为下品，此外茶汤中沉淀物越少越好。

视频 3-3-1

观汤色

1. 汤色评语

茶汤颜色的形成主要是由茶叶本身造成的，如本身的颜色，或发生氧化、发酵等化学反应等。常见的绿茶茶汤中含有的是黄绿汤色的物质，而绝大部分的茶汤成分是茶多酚及其氧化物，其中含有花黄素和花青素等，这些元素基本是能溶于热水的有色物质。这些元素在茶叶加工过程中，会发生部分的氧化，变成极易溶于热水的黄色物质，它们也是形成茶汤色的主要物质，加工过程中由于茶的温度不够高，从而使儿茶素进一步氧化，从黄色变成红褐色。

还有一种情况就是一杯茶若放久了，颜色也会加深；而茶叶保存不当，也会让冲泡出来的茶呈现深色，这是由茶多酚的氧化所引起的。

在专业的茶汤评审中，一般会使用如下评价茶汤的术语。

艳绿：水色翠绿微黄，清澈鲜艳。亮丽显油光，为质优绿茶之颜色。

绿黄：绿中多黄的汤色。

黄绿（蜜绿）：绿中带黄，绿多黄少的汤色。

浅黄：汤色黄而淡，亦称淡黄色。

金黄：汤色以黄为主，稍带橙黄色。清澈亮丽，犹如黄金之色泽。

橙黄：汤色黄中微带红，似成熟甜橙之色泽。

橙红：汤色红中带黄，似成熟桶柑或椪柑之色泽。

红汤（水红）：烘焙过度或陈茶之汤色，浅红或暗红。

凝乳：茶汤冷却后，出现浅褐色或橙色乳状的浑汤现象。品质好，滋味浓烈的红茶，常有此现象。

清澈：清净、透明、光亮、无沉淀。

鲜艳：汤色鲜明艳丽而有活力。

鲜明：新鲜明亮略有光泽。

深亮：汤色深而透明。

明亮：茶汤深而透明。水色清，显油光。明净与此同义。

浅薄：茶汤中物质欠丰富，汤色清淡。

昏暗：汤色不明亮，但无悬浮物。

沉淀物多：茶汤中沉于碗底的渣末多。

浑浊：茶汤中有大量悬浮物，透明度差。

2.茶汤颜色的判定指标

视觉和嗅觉形成了我们对事物的第一印象。正因如此，通过所看到的和闻到的，我们会形成对于一款茶的初步判断。判断茶汤好坏主要是通过色相、明度、彩度进行综合判断。一般来说，色泽清晰、光泽度明显、润度饱满的是茶汤较为优质的表现。从图3-3-1中，我们可以看出茶汤颜色深浅的对比。

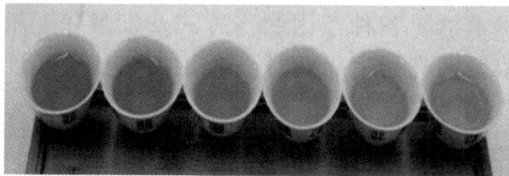

图3-3-1　茶汤颜色深浅比较图

具体来讲，一种好的茶叶，茶汤的色泽是有明确指向性的，比如黄的色泽很突出、红的色泽很突出，能够让人快速理解这是什么茶类。这种清晰且具体的色泽特征是好茶的基本表现。除了色泽清晰之外，好的茶汤还需要透亮。透亮是指茶汤对于透射的光线遮挡较少，内容物清晰可见。如果是较为浑浊或较多沉淀物的茶汤，通常不具备透亮的特性。在满足色泽明显和茶汤透亮的基础上，油润感也是优质茶汤的表现形式。把透亮的茶汤倾斜到一定角度的时候，茶汤最上面有着明显油质感的一层，就是我们常说的油性物质。

3.各类茶的茶汤颜色描述

不同茶叶的茶汤会因茶叶的品种以及制作工艺等的不同，而有不同的颜色。

（1）绿茶

绿茶是不发酵的茶（发酵度为零），茶汤颜色以淡绿黄色为主（比如龙井茶、碧螺春、信阳毛尖等茶品）。

（2）红茶

红茶是全发酵的茶（发酵度为80%~90%），茶汤颜色以红色为主，有暗色（比如祁门红茶、荔枝红茶等）。

（3）黄茶

黄茶是微发酵的茶（发酵度为10%~20%），茶汤颜色呈淡黄绿色（如白牡丹、白毫银针、安吉白茶等）。

（4）青茶

青茶是中度发酵的茶（发酵度为30%~60%），茶汤颜色呈青绿色（如铁观音、文山包种茶、冻顶乌龙茶等）。

（5）黑茶

黑茶是后发酵的茶（发酵度为100%），茶汤颜色呈暗褐色（如六堡茶、普洱茶、花茶等）。

（6）白茶

白茶是轻度发酵的茶（发酵度为20%~30%），茶汤颜色呈淡绿黄色（如君山银针等）。

任务训练与考核

观汤色的训练与考核评价参考表见表3-3-1。

表3-3-1　　　　　　　　观汤色的训练与考核评价参考表

序号	训练内容	考核要点	要点提示	配分	得分
1	茶艺师将一杯熟普洱茶放到客人面前，茶客尚未品饮就赞不绝口，请你说出原因	茶汤颜色	汤色诱人，陈香弥漫	5分	
2	女孩子爱喝花茶，可是有的花茶冲泡后满目混浊，你会如何评价这样一杯花茶	茶汤颜色判定指标	判断茶汤好坏主要是通过色相、明度、彩度进行综合判断。好的茶汤还需要透亮。这杯花茶明度欠缺，有杂质。如果明度好可见芽毫，则为优质花茶	5分	

考核方式：以小组为单位，10分计分制。

任务二　闻茶香

◎ **技能目标**

1.了解茶香的构成以及内含香气的物质。

2.掌握闻茶香的方法。

3.了解茶香的类型。

◎ **素养目标**

通过茶香的品闻学习任务，理解要想拥有珍贵品质或美好才华等是需要不断努力、修炼、克服一定的困难才能实现的。

知识学习

一盘热气腾腾的炒菜端上来，还没有入口，光是闻着菜香，就馋得人要流口水了。试想一盘没有香气的菜，很难带给人美味的感觉。在饮食中，80%以上的愉悦感受是嗅觉带来的。喝茶也是一样，在茶的色香味形里面，香与味是两个最重要的方面。比起味来说，香的稍纵即逝、捉摸不定又令它更加迷人。闻香不仅仅是辨别茶叶品质的重要途径，也是欣赏茶叶魅力的重要方面。

1.茶香的构成和分类

喝茶的时候，总是觉得茶特别香，茶香是一种混合物。迄今为止已鉴定的香气物质总数约有700种，鲜叶中香气物质近100种，制成绿茶之后，有200多种，红茶有400多种，乌龙茶就更多了。然而香气物质的种类虽然多，但含量却微乎其微，茶中的香气物质占干茶的0.005%～0.05%。可见，就是那么一点点物质，就让茶产生了美妙的香气。茶叶中的香气物质按结构特点大致分为4大类，即脂肪类衍生物，萜烯类衍生物，芳香族衍生物，含氧、氮的杂环化合物。

茶香按照来源不同，可以分为工艺香、陈香、品种香和地域香4类。成品茶通常同时具有此4种香气。

（1）工艺香

此四类香气中，唯有工艺香来源于工艺，区别于其他三种香，工艺香都是从外而内的，所以，此类香气的特征是开始时比较香，越泡越不香。

（2）陈香

陈香主要来源于醇化，即新茶没有，老茶有，陈香的特征是越泡越香。

（3）品种香和地域香

因为制作陈茶的原料主要是群体原始种，遗传基因不稳定，形态各异，而不同的种群又受到相同地域的影响并趋于同化，相同地域的茶呈现出种类复杂但风格相对统一的特征，所以，对于初学者来说，相同地方品种香和地域香合起来进行辨别是更加科学和合理的。

品种香和地域香是工艺香和陈香的基础，四者具有较强的"融合性"和"变异性"，工艺香越浓烈，地域香和品种香就越不清晰，同样，陈香越浓郁，地域香和品种香也会越不清晰。于陈茶而言，地域香和品种香的差别更多地反映在人的感官范畴，诸如"回味""汤感"等，因此，一味靠香气来判断茶的产地是不科学的。品种香和地域香在新茶上容易体验，其方法和体验陈香一样，越泡到后面越明显的，即是品种香和地域香。

2.感受茶香的器官

感受茶香主要有两个感官器官：鼻腔和口腔。第一个是鼻腔感受，鼻子就是闻气味的器官，茶香随着热气进入鼻子，再通过神经传递给大脑，香气的感受和记忆就形成了。第二个是口腔感受，口鼻相连，喝茶的时候，茶汤咽下去，口腔中飘散的部分水汽传到鼻腔，常常让我们感觉到"口齿留香"。

3.嗅闻茶香的方法

香气在不同温度时有不同的表现，浓郁、馥郁，不同花香，不同果香。所以嗅闻茶香可以是干茶的茶香，也可以是茶叶冲泡开的香气，具体来说：

（1）干茶香

可以直接闻干茶叶香，也可以呵一口热气让茶叶湿热之后再闻。此种闻干茶感受到的香气，往往是浅表的香气。

（2）杯盖香

出汤后，先呼气，后将杯盖放在鼻前下方，平稳吸气，至少3秒平稳吸气，能从这3秒中闻到不同层次的香气。当然，如果茶品质一般的话就只会有一种香，没有层次。然后拿起杯盖盖上。如果意犹未尽，继续呼出一口气后，重复刚才的动作，注意平稳吸气3秒以上，一般为3~5秒。

（3）温壶（盖碗）香

对茶具进行温杯后，将茶叶置入温热的茶壶，轻轻摇晃一下，再闻一闻。泡武夷岩茶习惯用此法闻香，但是也因茶而异。

（4）壶（盖碗）盖香

香气是往上飘的，所以香气会凝在壶盖上，很多人习惯直接揭盖闻香，可以辅助判断茶叶品质。泡武夷岩茶会使用白瓷的盖碗，便于聚香，岩茶最香。

（5）茶汤香

最佳的方法是使用闻香杯，我们通常会使用下窄上宽花神杯的杯型，有助于聚香。因除了用鼻子闻，喝茶时口腔中飘散的部分水汽传到鼻腔，也能够感受茶香。而且，"喝到的香"比"闻到的香"更加高级，是茶叶品质优良的表现。

（6）杯底香

在茶汤喝下后，待茶杯不热时，把茶杯放在鼻前下方，深吸一口气，感受杯底的冷香。

4.茶香气的5个层次评价

初学时，体验不同层次的茶香，最主要依靠反复的对比，重点是注意力的分配，体验香入水，最关键的是比较泡茶时挥发出来的香气和喝茶时的香气，若喝起来比较香，则应当将注意力移到喉咙和口腔中，体验水含香的程度，若茶汤喝完后比含在嘴里还香，则将注意力长时间放在喉咙部位，体验水生香，重点关注茶汤下咽后喉咙部位香气的散发特征（持久度和浓度）。按照口腔和鼻腔所感受到的香气，有5个层次的香。

（1）水飘香

初级的茶香，水飘香，茶香肤浅飘扬，闻得见，喝不着，其特征是，泡茶时散发在空气中的气味，以及茶汤杯盖等嗅起来很香，但入口后，香气即大幅下降，甚至没有什么香气，光剩苦涩。

（2）香入水

次级的茶香，香入水，茶香大部分弥散开，少部分融入茶汤中，此类茶香给人的体验是：闻起来很香，喝起来也香，不过没有闻着那么香。

（3）水含香

中级的茶香，水含香，茶香少部分弥散，大部分融入茶汤中，融入茶汤中的香气下沉，一部分从口齿中发散，一部分从喉咙中发散。体验这样的茶香，方法是，茶汤入口时屏住呼吸，待茶汤下喉后，闭嘴，从鼻腔中缓慢出气，注意体验香气的源头。

（4）水生香

高级的茶香，水生香，茶香和茶汤的融合度极好，闻起来几乎不香，但喝完后，香气从喉咙深处缓慢回出，异常持久。此类茶的汤感，通常比较油润。

（5）水即香

顶级的茶香，水即香，这类茶，必须是原料和工艺都很优质的陈茶，其香气浓郁丰富，和茶汤完全地融为一体，茶汤流到哪里，香就到哪里，且茶汤会随着茶香的挥发而呈现出一种奇妙的"化感"，饮之，有"汤即是香，香即是汤"的美妙感觉。

5.6 大类茶的常见香气类型

每一类茶的香气不同，每类茶叶都有其常见的代表茶香。

（1）绿茶茶香类型

清香：清新淡雅的香，鲜而纯净。

毫香：由于绒毛多而产生的独特香气。

嫩香：幼嫩的原料与老原料制成的茶有明显差异。

板栗香：绿茶炒制过程产生的类似炒板栗的香气。

兰花香：高级绿茶带有的似兰花的香气，如龙井。

（2）红茶茶香类型

花香：发酵程度较轻的红茶带有清新的花香，如英红九号。

蜜香：浓醇得类似蜜糖的甜香，鼻子和口腔都能感受到。

果香：发酵适度产生的类似熟果味的甜香。

松烟香：用松木熏制产生的松香味，如正山小种。

（3）乌龙茶茶香类型

清香：清新高扬的香气，如清香型铁观音。

花果香：似花又似果的丰富香气，如高山乌龙、凤凰单丛。

火香：由于焙火形成的烘烤香，如大红袍。

奶香：一些品种特有的牛奶般的香气，如金萱、部分单丛。

蜜香：发酵程度高的乌龙茶会有近似红茶的蜜香，如东方美人。

（4）黑茶茶香类型

醇香：黑茶特有的渥堆工艺形成的浓醇的香气。

菌花香：长有"金花"的黑茶特有的香气，如六堡茶。

木香：黑茶由于原料稍老而带有的木质气味。

清香：清鲜淡然之意与浓郁芬芳截然不同，让人嗅起来有素雅之感。

毫香：级别很高的普洱茶所表现出来的香气特色。

鲜爽型花香：花香在普洱茶（生茶）中很常见，而且表现得多种多样，其中很多具有鲜爽花香特色的茶往往令人印象深刻。

焦糖香：这种香气给人的感觉如烤面包、饼干等烘烤而成的食品中的甜香。

陈香：常见于普洱茶（熟茶），以及通过长时期存放转化程度非常高近于熟化的普洱茶（生茶）。陈香是普洱茶（熟茶）的核心香型，纯正的陈香是普洱茶（熟茶）的代表香型，其他的香型都是基于陈香而言的，没有陈香就不是合格的普洱茶（熟茶）。

樟香：樟香多常见于存放时间较长的生茶，嗅来如香樟木，有沉静自然之感，与樟脑味并不尽相同，有些发霉变质的茶会具有颇似农药的刺鼻樟脑味。与樟香有关的香气物质主要有莰烯和莳酮，二者都含有樟脑味的香气成分，混合了花木香而表现为令人愉悦的樟香。

（5）白茶茶香类型

嫩香：原料鲜嫩而具有清新的香气，如白毫银针。

毫香：茶条多毫而带有特殊的毫香。

枣香、药香：白茶陈放成老白茶之后形成的浓厚的香气。

日晒香：白茶经过日晒，吸收热量形成的气味。

（6）黄茶茶香类型

嫩香：茶叶的一种鲜嫩香气，清爽细腻，有毫香。茶叶新鲜柔软，一芽二叶初展，制茶及时，会带有嫩香。

清香：清香鲜爽，细而持久，清香纯和。香型包括清香、清高、清纯、清正、清鲜等。一般见于鲜叶嫩度在一芽二叶、三叶。一般好的黄茶是一芽二叶，所以清香最明显。

花香：茶叶散发出各种类似鲜花的香气，按花香清甜的不同，又可分为青花香和甜花香两种。一般鲜叶嫩度为一芽二叶黄茶，制茶合理，会有一些花香的特点。

甜香：该香型包括清甜香、甜花香、干果香、甜枣香、蜜糖香等。凡鲜叶嫩度在一芽二叶、三叶，采用黄茶制法，可能会出现这些特点。

焦香：焦香强烈持久。闻茶叶是很难闻出来的，需要经过冲泡、品饮茶汤滋味方能表现出来。

松烟香：带有松木烟香。这种茶香除了黄茶自身自带之外，还和制作的过程有很大关系，尤其是杀青环节和闷黄、干燥过程中最容易产生松烟香。

●●● 任务训练与考核

闻茶香的训练与考核评价参考表见表3-3-2。

表3-3-2　　　　　　　　　闻茶香的训练与考核评价参考表

序号	训练内容	考核要点	要点提示	配分	得分
1	闻茶香用的是人体的哪个器官？	感受茶香的器官	嘴和鼻子	5分	
2	使用盖碗喝岩茶，如何闻香？	嗅闻茶香的方法	干茶香、杯盖香、盖碗香、茶汤香、杯底香	5分	

考核方式：以小组为单位，10分计分制。

任务三 赏茶舞

◎ 技能目标

1. 了解茶舞的概念。

2. 实践茶汤达到最佳品饮浓度与茶叶尽展优美舞姿同步。

◎ 素养目标

通过赏茶舞学习任务，让学生理解认识何为反复性。由于受主客观条件的限制，人们对一个事物的正确认识往往要经过从实践到认识，再从认识到实践的多次反复才能完成。鼓励学生与时俱进，开拓创新，在实践中认识和发现真理，在实践中检验和发展真理。

●●◗◗ 知识学习

视频 3-3-3

赏茶舞

玻璃晶莹剔透，杯中轻雾缥缈，见证茶叶慢慢舒展、浮沉起舞，如图 3-3-2 所示。若是冲泡名优绿茶，则澄清碧绿，芽叶朵朵；若是冲泡美丽的花草茶，则花枝招展，亭亭玉立。用玻璃茶器泡茶，可观赏茶汤之色，可鉴赏茶叶之姿，更可将那美妙的起起落落之态，一览无余，尽收眼底。龙井等细嫩的名优绿茶，首选晶莹剔透的高档玻璃杯作为泡饮茶器，以便于欣赏"茶舞"，观看茶叶在汤水中舒展、浮沉、游动等动态变化。这一方面可以为观赏者增添视觉的美感，另一方面可触发品饮者品味人生的共鸣。然而，由于茶汤达到最佳品饮浓度的时间与茶叶尽展优美舞姿的时刻往往并不同步，故而使得观赏者难免会因视觉或味觉的享受并不充分而产生缺憾。

图 3-3-2 茶舞

1. "上投法"冲泡赏茶舞

冲泡龙井、碧螺春、都匀毛尖、庐山云雾、蒙顶甘露、福建莲芯、凌云白毫、高桥银峰、涌溪火青、苍山雪绿等外形紧结的名茶时，可采用"上投法"。上投法是指将茶杯洗净后，先将 85℃~90℃ 的热水倒入杯中，然后将茶叶投入玻璃杯中，一般不加盖，不久就会看见茶叶自动徐徐下沉，有的徘徊缓下，有的直线下沉，有的上下沉浮后缓慢降至杯底；放入杯中的干茶叶在吸收水分之后，开始逐渐展开叶片，透过玻璃杯壁，可以清晰地看见茶叶逐渐现出生叶本色；茶香夹杂在上浮的水汽中袅袅上升，着实令人心旷神怡。

2."中投法"冲泡赏茶舞

泡饮六安瓜片、黄山毛峰、舒城兰花、太平猴魁等茶条松展的名茶,可采用"中投法"。所谓的"中投法",就是取茶叶置入杯中,冲入90℃开水,当所冲入的开水约达到玻璃杯容量的1/3时,停止注水,稍候两分钟,等到干茶充分吸收水分伸展后再冲水至满杯。观察茶叶的沉浮变化、茶舞之后,即可品饮。

3."下投法"冲泡赏茶舞

"下投法"是指先将茶叶投入杯中,再注入1/3的热水浸润茶叶,轻摇润茶后再向杯中注入开水至7分满。此法适用于条索扁平、自重轻的茶,如龙井茶。可以看到茶叶在水流中徐徐起舞,袅袅娜娜,芽茶吸足水分,似睡美人,翩翩落下,氤氲的茶水中,分层出现了曼妙无比的景致,胜却人间美景无数。

4.品饮与赏茶舞

在玻璃杯中的茶汤达到最佳品饮浓度、茶舞尚未十分充分之时,即刻使茶汤与茶叶分离;随后,向盛放茶叶的玻璃杯中再次以高悬壶、斜冲水的方式,将适温净水紧贴杯壁斜冲而下。通过这种方式,一方面给了对第一泡茶汤滋味不利、对人体有益、在第一泡中尚未来得及浸出的茶叶中的可溶性物质得以继续释放的机会,另一方面也给在第一泡中未能尽展舞姿之美的茶叶随水流形成漩涡、翩翩起舞、再展美姿的机会。用这样的冲泡技巧可以解决茶汤的最佳品饮时间与茶舞时间并不同步的问题。

◐◑◗◗ 任务训练与考核

赏茶舞的训练与考核评价参考表见表3-3-3。

表3-3-3　　　　　　　　　　赏茶舞的训练与考核评价参考表

训练内容	考核要点	要点提示	配分	得分
如何解决茶舞与最佳口感不同步的问题	茶舞	玻璃杯中茶舞刚刚开始,即刻使茶汤与茶叶分离;随后,向盛放茶叶的玻璃杯中再次以高悬壶、斜冲水的方式,将适温净水紧贴杯壁斜冲而下	10分	

考核方式:以小组为单位,10分计分制。

4

第四部分 茶之艺

"茶可清心，心清似玉。"茶香，水甜，壶古；人灵，景幽，物雅。茶不仅能养胃，更能清心。水为茶母，壶为茶父。壶刚水柔，茶性毕露。茶道严格，对茶没有敬畏心，便没有灵气四溢的茶香。茶是水中至善，让我们一起去喝、去品、去感悟人生。

实训模块一 认识茶艺、茶道、茶文化

◎ **情景导入**

图4-1-1 小和尚悟道

老和尚在禅房里静心修禅，半天后，小和尚（如图4-1-1所示）送进一杯还在冒着热气的茶水。老和尚端起来刚想喝，却又放下了。他和蔼地对小和尚说道，徒弟啊，你给为师送来的茶火气太重啊。小和尚纳闷不已，一直挠着脑袋望着师傅，问其原因。老和尚微微一笑，指着杯子里的茶叶向小和尚讲道，新鲜的茶叶，即使泡开后，也如刚从树上采摘下来一样，会保持昂扬的姿态。而你再看这杯中的茶叶，虽然也舒展，但已经没有了精气神，软绵绵地漂浮着。老和尚看了看小和尚，又指着杯子，语重心长地对小和尚说道，徒弟啊，茶叶其实也是有灵性的，它和人的一生是一样的。每个人刚出生时，没有好坏之分，也没有强弱之别。但是，经过岁月的打磨之后，就形成了形形色色的人。徒弟啊，记住，这个世界上人的品性为什么会有高低不同、强弱之分，有时候，并不是自身的问题，而是看在生活的这口锅里，你的灵魂被炒了多少回。炒制好茶需要温锅慢炒，长达几个小时，茶味慢慢集聚，而若要炒制粗茶，那就简单多了，只需要把锅加热，半个小时即可。但是这样的茶，满是焦火之味，喝起来也索然无味。听了老和尚的话，小和尚瞬间了然。望着老和尚，他不好意思地低下了头。

◎ **学茶悟道**

修身养性、品味人生：茶道的终极内涵。

水是茶的翅膀，水让一片茶叶获得飞翔；茶是水的灵魂，茶让一滴水内心丰盈。

茶里的人生，苦中自有清香在。喝茶久了，方能感悟到茶中哲学，茶道，如人生之道。有些人会抬头欣赏自头顶飘过的每一片云，感受拂面而过的每一丝清风。拈花一笑间，或许悟了，或许没悟，不去刻意追求，看花开花落，感云卷云舒，去留不存于心。冲破雾霾，一路高歌，不向任何人妥协。以蝼蚁之身正人间大道，挣脱束缚，做一只在不甘中爆发的网中鱼。他们以一种冲破一切阻碍的态度寻找着生活，寻找着真理，寻找着明天，性情如茶，心境如茶。在风风雨雨中成长，性情坚毅，做事不懈不馁，能屈能伸，审时度势，做好准备，把握机会。

通过对于茶艺、茶道、茶文化的介绍和理论学习，让学生们更加深入地了解中国博大精深的茶文化和修身养性、品味人生的精神。

◎ **学习重点**

1.了解茶艺

2.了解茶道

3.了解茶文化

◎ **学习难点**

1.茶艺和茶道的区别

2.茶文化的概念

任务一　认识茶艺

◎ **技能目标**

1.认识茶艺。

2.了解茶艺的分类。

3.了解茶德的代表性提法。

◎ **素养目标**

学习茶艺，养成茶艺规范和行茶习惯，培养一定的茶艺文化素养。

知识学习

1.茶艺的概念

茶艺是冲泡及饮茶的艺术，起源于中国，后来传播到世界各地，茶艺与当地的文化结合，形成各具特色的茶道、茶礼、茶风、茶俗等。茶艺是中国人关于生活艺术的伟大发明，是中国人对世界文明的伟大贡献之一。

视频 4-1-1

认识茶艺

茶之所以能和"艺"连在一起，主要在于它本身带有很浓烈的艺术色彩，和艺术有水乳交融、密不可分的关系。中华茶艺有广义和狭义两种界定。

中国台湾中华茶文化学会理事长范增平先生对此的界定为：广义的中华茶艺是研究茶叶生产、制造、饮用的方法，并探讨其原理、原则，以达到物质和精神全面满足的学问。狭义的中华茶艺研究的是如何泡好一壶茶的技艺和如何享受一杯茶的艺术。由此，我们知道中华茶艺的范围很广，凡是有关茶叶的产、供、销、用等一系列过程，都是茶艺的范围。比如，制茶过程、茶叶认知、如何泡茶、茶与壶的关系、如何饮茶、茶文化史、茶业经营、茶艺美学等内容都属于中华茶艺的范围。

综上所述，我们认为茶艺包含了对茶叶品评技法和艺术性操作手法的鉴赏，以及对品茗美好环境的领略等意境体验，体现了形式和精神的相互统一。中华茶艺既是多彩多姿、充满情趣的生活艺术，也是人类享受高品质生活的代表形式之一。

中华茶艺具有华夏民族的特有气质，中国人的饮茶方式及内涵离不开传统精神，推崇品茶之四大特色，即"酸甜苦涩调太和"的中庸之道、"朴实古雅去虚华"的行俭之德、"奉茶为礼尊长者"的明伦之礼、"饮罢佳茗方知深"的谦和之行。

2.茶艺的分类

从类型来看，中华茶艺一般有以下5种分类方法。

（1）依据习茶法进行分类

中国古代形成了煮茶茶艺、煎茶茶艺、点茶茶艺、泡茶茶艺。随着时代的变迁，我国的煎茶茶艺和点茶茶艺已经很少被人们运用，仅有煮茶茶艺和泡茶茶艺流传至今仍较为广泛。

（2）依据饮用方式进行分类

由于茶的饮用脱胎于茶的食用和药用，所以自古以来就有在茶中加配料的饮用方式。这种加入配料的饮用方式称为调饮法，不加配料的则称为清饮法。根据饮用方式，当代茶艺可分为清饮泡茶茶艺、调饮泡茶茶艺、清饮煮茶茶艺、调饮煮茶茶艺4类。清饮煮茶茶艺在当代运用极少，调饮煮茶茶艺和调饮泡茶茶艺基本都存在于民俗茶艺中。

（3）依据泡茶器具来分类

因使用泡茶器具的不同，泡茶茶艺分为壶泡茶艺和撮泡茶艺两类。壶泡茶艺是先在茶壶中泡茶，然后分斟到茶杯（盏）中饮用的茶艺形式；撮泡茶艺是直接在茶杯（盏、碗）或玻璃杯中冲泡并饮用的茶艺形式。撮泡茶艺主要有盖碗泡法茶艺和玻璃杯泡法茶艺两种形式。

（4）依据分茶和饮茶茶具来分类

因分茶和饮茶使用的茶具不同，工夫茶艺可分为壶杯泡法工夫茶艺、碗杯泡法工夫茶艺、壶盅单杯和壶盅双杯泡法工夫茶艺、碗盅单杯和碗盅双杯泡法工夫茶艺。工夫茶艺原特指冲泡青茶的茶艺，在当代，茶艺界也借鉴工夫茶艺的茶具和泡法来冲泡非青茶。

（5）依据所泡茶叶来分类

若使用茶壶为主泡器，中华茶艺可分为绿茶壶泡茶艺、红茶壶泡茶艺、白茶壶泡茶艺、黄茶壶泡茶艺、乌龙茶壶泡茶艺、黑茶壶泡茶艺等；若使用盖碗为主泡器，中华茶艺可分为绿茶盖碗泡茶艺、红茶盖碗泡茶艺、乌龙茶盖碗泡茶艺、黑茶盖碗泡茶艺、花茶盖碗泡茶艺等；若使用玻璃杯为主泡器，中华茶艺则可分为绿茶玻璃杯泡茶艺、黄茶玻璃杯泡茶艺等。

对于同一种茶叶，也可以选用不同的器皿冲泡，如祁门红茶，既可以选用祁红壶泡茶艺，也可以选用祁红盏碗泡茶艺。

3.中华茶艺的精神内涵

茶艺是促使生活融入艺术的媒介，引领人们过有品位的生活，启发人们思考人生有味道的源泉。茶艺生活可以延伸到艺术、文学等领域。学了茶艺之后，往往会想要学插花、学书法、学陶艺、学香道、学民乐等，这些都是与茶艺相关的艺术。

茶艺具体包含技艺、礼法和道法3个部分：技艺即技巧和工艺；礼法即礼仪和规范；道法即习茶也是一种修行，可以感悟生活的真谛，体会自然的本真，探寻人生的哲理。技艺和礼法属于形式部分，道法属于精神部分。

茶艺起源于中国，与中国文化的各个层面有着密不可分的关系。高山出好茶，清泉泡好茶，茶艺并非空谈概念，而是生活内涵被发掘的实质性体现。茶是和平饮料，只要心存恭敬，心中宁静，就可以泡出自己喜欢的茶来。就个人而言，饮茶可以提高生活品质、扩展艺术领域，这也是"茶"以载"艺"的主要原因。自古以来，插花、挂画、点茶、焚香并称四艺，为文人雅士所喜爱。现代生活紧张而忙碌，更需要茶艺来使精神松弛，使心灵澄明。茶艺是高雅的休闲活动，可以拉近人与人之间的距离，甚至化解误会和冲突，建立和谐的关系。茶艺不仅是生活的一部分，还是一种人生哲学。

中华茶艺的精髓在于它蕴涵的茶道精神，这也正是中华茶艺的精神追求。中国茶道将儒、释、道三家的思想融合在一起，给人们留下了选择和发挥的余地，爱茶的人可以从不同的角度根据自己的情况和爱好选择不同的茶艺形式和思想内容，并不断对其加以发挥和创造，因此，茶艺没有严格的组织形式和清规戒律。

20世纪80年代以后，随着茶文化热潮的再度兴起，许多人对中国的茶道精神加以总结，归纳出便于人们记忆、操作的有代表性的"茶德"。

（1）清、敬、怡、真

中国台湾中华茶艺协会第二届大会通过的茶艺基本精神是清、敬、怡、真。中国台湾吴振铎教授对此的解释是：清是指清洁、清廉、清静、清寂。茶艺的真谛不仅要求事物外表之清，更需要心境清寂、宁静、明廉、知耻。敬是万物之本，敬乃尊重他人、对己谨慎。怡是欢乐怡悦。真是真理之真，真知之真。

（2）廉、美、和、敬

我国大陆学者对茶艺的基本精神有不同的理解，其中最具代表性的是茶业界泰斗庄晚芳教授提出的廉、美、和、敬。庄老的解释为：廉俭育德，美真康乐，和诚处世，敬爱为人。他明确主张"发扬茶德，妥用茶艺，为茶人修养之道"。

（3）和、静、怡、真

武夷山茶痴林治先生认为和、静、怡、真应作为中国茶艺的四谛。他认为，和是中国茶道哲学思想的核心，是茶艺的灵魂；静是中国茶艺修习的不二法门；怡是中国茶艺修习实践中的心灵感受；真是中国茶艺的终极追求。

（4）理、敬、清、融

曾担任中国农业科学院茶叶研究所所长的程启坤和研究员姚国坤主张中国茶德可用"理、敬、清、融"四字来表述。理，理者，品茶论理，理智和气之意；敬，敬者，客来敬茶，以茶示礼之意；清，清者，廉洁清白，清心健身之意；融，融者，祥和融洽、和睦友谊之意。

（5）中国茶道精神的核心就是和

陈香白教授研究认为，中国茶道精神的核心就是和。和意味着天和、地和、人和。和意味着宇宙万物的有机统一与和谐，以及由此产生的天人合一的和谐之美。

虽然以上茶人各执一词，说法不一。但是，从表述也能看出来，主要精神内涵还是比较接近的，特别是清、静、和、美等，既符合中国茶道的精神和茶艺的特点，也和日本茶道、韩国茶礼的基本精神相通。中、日、韩三国茶道的发展根基就是一脉相承的中国传统文化精髓。

总之，茶艺是通过饮茶的方式对人们进行礼法教育和加强道德修养的一种仪式。

⬤⬤◗ 任务训练与考核

认识茶艺的训练与考核评价参考表见表4-1-1。

表4-1-1　　　　　　　　　　认识茶艺的训练与考核评价参考表

序号	训练内容	考核要点	要点提示	配分	得分
1	请同学们谈谈对茶艺的认识	茶艺的概念	狭义、广义	4分	
2	请简单罗列两种茶艺的分类方式	茶艺的分类	习茶法、饮用方式、泡茶器具、分茶和饮茶茶具、茶叶	6分	

考核方式：以小组为单位，10分计分制。

任务二　认识茶道

◎　**技能目标**

1. 了解茶道的起源、发展和精神。

2. 了解日本茶道的起源、形式和精神。

◎　**素养目标**

借茶修为，通过泡茶和品茶的礼仪规范训练，形成以"和""敬"为核心的为人处世行为规范，在仪表、谈吐、举止、思维等方面逐渐形成一种独具特色的人格魅力。

●●●▶　知识学习

1. 茶道概述

视频4-1-2

认识茶道

茶道被视为一种烹茶饮茶的生活艺术，一种以茶为媒的生活礼仪，一种以茶修身的生活方式。它通过沏茶、赏茶、闻茶、饮茶来传承礼法，弘扬传统，是对身心都很有益的一种和美仪式。茶道精神是茶文化的核心。

（1）茶道的起源

通常认为，茶道始于唐代，其创始者是陆羽。陆羽（约733—约804年），唐代复州竟陵（今湖北天门市）人，字鸿渐。他一生嗜茶，精于茶道，因编著了世界第一部茶叶专著——《茶经》而闻名于世，流芳千古。陆羽在《茶经》中，不但系统地总结了种茶、制茶、饮茶的经验，而且将儒、释、道思想的精华和中国古典美学的基本理念融入活动之中，突破了饮茶解渴、保健的生理功能，把茶事活动升华为富有民族特色和大唐时代精神的博大精深的高雅文化——茶道，从而为饮茶开创了新境界。

中国人不轻易言"道"，在中国饮食、玩乐诸活动中能升华为"道"的只有茶道。在唐朝以前，中国就在世界上首创将茶饮作为修身养性之道。秦汉时期的《神农食经》记述："茶茗久服，令人有力，悦志。"唐代的《茶经·一之源》："茶之为用，味至寒，为饮最宜精行俭德之人。"在唐朝，寺院僧众念经坐禅，皆以茶为饮，清心养神。当时社会上茶宴已很流行，宾主在以茶代酒、文明高雅的社交活动中品茗赏景，各抒胸臆。唐代吕温在《三月三茶宴序》中对茶宴的优雅氛围和品茶的美妙韵味，有过非常生动的描绘。

陆羽在《茶经》中指出，茶有九难，"造、别、器、火、水、炙、末、煮、饮"，因而茶事活动是综合协调"茶、水、器、火、境"各项要素的复杂过程。而且，风炉用铁铸从"金"，放置在地上从"土"，炉中烧的木炭从"木"，木炭燃烧从"火"，风炉上煮的茶汤从"水"，煮茶的过程就是金、木、水、火、土五行相生相克并达到和谐、平衡的过程，为茶道注入了深刻的哲学思想。

历代以来，僧侣们以茶供佛，以茶待客，以茶馈人，以茶宴代酒宴，逐渐形成了一整套庄严肃穆的茶礼，尤其是佛教节日或者重要的法会，都会举行较大型的茶宴。唐代有的寺院还可以为仕宦各界迎亲送友设置佛门礼仪的茶宴。宋代寺院，遇到朝廷钦赐袈裟、锡杖、法器时都会举行隆重的庆典，而且往往用盛大的茶礼以示庆贺，之后逐渐形成了饮茶的一些流程、规则并流传到民间。在唐宋年间，人们对饮茶的环境、礼节、操作方式等很讲究，有了一些约定俗成的规矩和仪式，茶宴已有宫廷茶宴、寺院茶宴、文人茶宴之分。

宋徽宗赵佶是一个饮茶爱好者，他认为茶的芬芳品味，能使人闲和宁静、趣味无穷。有诗为证："至若茶之为物，擅瓯闽之秀气，钟山川之灵禀，祛襟涤滞，致清导和，则非庸人孺子可得而知矣，中澹闲洁，韵高致静……"

人们对茶饮在修身养性中的作用逐渐有了相当深刻的认识，可以说茶道在唐代即已成形。此后，中国茶道传入亚洲他国和世界多地，诸多国家都借鉴了中国茶道，从而形成了具有民族特色的习俗，从某种意义上讲，中国茶道既是中国文化的瑰宝，也是世界文化的瑰宝。

（2）茶道发展

考察中国的饮茶历史，饮茶法有煮、煎、点、泡4类，形成茶艺的有煎茶法、点茶法、泡茶法，中国茶道先后产生了煎茶道、点茶道、泡茶道3种形式。茶艺是茶道的基础，茶道的形成必然是在饮茶普及、茶艺完善之后。唐代以前虽有饮茶，但不普遍。东晋虽有茶艺的雏形，还远未完善。晋、唐初，是中国茶道的酝酿期。中唐以后，中国人饮茶"殆成风俗"，逐渐形成"比屋之饮"，并"始自中地，流于塞外"。至唐朝肃宗、代宗时期，陆羽著《茶经》，奠定了中国茶道的基础，后又经皎然、常伯熊等人的实践、润色和完善，形成了煎茶道；北宋时期，蔡襄著《茶录》，宋徽宗赵佶著《大观茶论》，从而形成了点茶道；明朝后期，张源著《茶录》，许次纾著《茶疏》，标志着泡茶道的诞生。

①唐宋时期——煎茶道。

煎茶法不知从何时开始，至陆羽《茶经》始有详细记述。唐代宗永泰元年（公元765年），形成初稿的《茶经》问世，标志着中国茶道的诞生，加上其后的张又新的《煎茶水记》、温庭筠的《采茶录》，再加上皎然、卢仝的茶歌推波助澜，中国煎茶道日益成熟。

煎茶道是中国最先形成的茶道形式，鼎盛于中唐和晚唐，经五代、北宋，至南宋而亡，历时约500年。

煎茶道的茶叶沏泡方法包括备器、选水、取火、候汤、习茶5大环节，开始强调泡茶用具、泡茶用水的选择，提出"茶须缓火炙，活火煎"，认为候汤是煎茶的关键。其依照客人多少来确定煎茶酌分碗数，一次煎茶少则3碗，多不过5碗。

唐代煎茶道重视饮茶环境的选择，认为饮茶活动重在自然。饮茶地点多选在林间石上、泉边溪畔、竹树之下等清静、幽雅之处，甚至山洞中，抑或道观僧寮、书院会馆、厅堂书斋。《茶经·十之图》中有"以绢素或四幅或六幅，分布写之，陈诸座隅，则茶之源、之具、之造、之器、之煮、之饮、之事、之出、之略，目击而存，于是《茶经》之始终备焉"的描述。室内饮茶，则在四壁陈挂写有《茶经》内容的挂轴，开后世悬挂书画条幅的先河。

②宋明时期——点茶道。

视频4-1-3
点茶

点茶道酝酿于唐末五代，至北宋后期而成熟。11世纪中叶，蔡襄所著《茶录》两篇奠定了点茶茶艺的基础。至12世纪初，宋徽宗赵佶著《大观茶论》，使点茶道渐臻完备。点茶道鼎盛于北宋后期至明朝前期，亡于明朝后期，历时约600年。

在点茶道的备器、选水、取火、候汤、习茶5大沏茶环节中，茶具选配已有变化，主茶器有茶炉、汤瓶、砧椎、茶钤、茶碾、茶磨、茶罗、茶匙、茶筅、茶盏等。泡茶用水的选择更是在继承前人经验的基础上，提出新的水质标准，认为水以清、轻为机理，以甘、洁、活为好，以山水、井水为用，反对用江河水。与煎茶道相同的是，点茶道同样认为候汤是煎茶的关键，认识到"候汤最难，未熟则沫浮，过熟则茶沉"，并开始根据茶的老嫩确定煮汤程度。主要泡饮程序有藏茶、洗茶、炙茶、碾茶、磨茶、罗茶、点茶、品茶等，特别注重茶汤表面的泡沫及其呈现出的形状、颜色。

点茶道在品饮时注重主客间的端、接、饮、叙礼仪，且礼陈再三，颇为严肃。比如，朱权的《茶谱》载："童子捧献于前。主起，举瓯奉客曰：'为君以泻清臆。'客起接，举瓯曰：'非此不足以破孤闷。'乃复坐。饮毕，童子接瓯而退。话久情长，礼陈再三。"点茶道对饮茶环境的选择与煎茶道相同，大致要求自然、幽静、清静，"或会于泉石之间，或处于松竹之下，或对皓月清风，或坐明窗静牖"。

点茶道更强调以茶修德，认为茶"擅瓯闽之秀气，钟山川之灵禀，祛襟涤滞，致清导和，则非庸人孺子可得而知矣；中澹闲洁，韵高致静"。审安老人曾作《茶具图赞》，用白描画法将盛行于宋代的斗茶用具记录成图，称之为"十二先生"，赐以名、字、号，并按宋时官制冠以衔职，非常形象生动地反映出宋代社会对茶具的钟爱和对茶具功用、特点的评价。

赵佶、朱权贵为帝王，亲撰茶书，倡导茶道。宋明茶人进一步完善了唐代茶人的饮茶修道思想，赋予了茶清、和、淡、洁、韵、静的品性。

③明清时期——泡茶道。

南宋末年至明朝初年，泡茶多用末茶。明初以后，泡茶多用叶茶，流传至今。16世纪末的明朝后期，张源的《茶录》和许次纾的《茶疏》，共同奠定了泡茶道的基础，之后17世纪的罗廪、冯可宾、冒襄等人在《茶解》、《岕茶笺》和《岕茶汇抄》等著作中进一步补充、发展、完善了泡茶道。

泡茶道中沏茶的主要器具有茶炉、汤壶（茶铫）、茶壶、茶盏（杯）等。在泡茶道中，明清茶人对水的讲究比唐宋茶人有过之而无不及。明代的田艺蘅所撰《煮泉小品》和徐献忠所撰《水品》，都是论水专著。在明清茶书中，也多有择水、贮水、品泉、养水等内容。取火煮水时强调"火候为先"，对煮水程度又有更为细致、更为严格的要求，提出"汤有三大辨十五小辨"的"汤辨"理论。

在习茶技巧和泡茶理论上已形成了壶泡法、撮泡法和工夫茶等不同饮茶法。壶泡法的通常程序包括藏茶、洗茶、浴壶、泡茶（投茶、注汤）、涤盏、酾茶、品茶。撮泡法较为简便，主要有涤盏、投茶、注汤、品茶等过程。清代形成了工夫茶，流行于广东、福建和台湾，是用小茶壶泡青茶（乌龙茶）。

至此，中国茶道更注重自然，不拘礼法，对环境的要求更高。明清茶人对品茗修道的环境尤其讲究，设计了专门供茶道用的茶室——茶寮，使茶事活动有了固定的场所。茶寮的发明、设计，是明清茶人对茶道的一大贡献。在茶道思想上，明清茶人继承了唐宋茶人的饮茶修道思想，创新不多。

2.日本茶道

日本茶道是在"日常茶饭事"的基础上发展起来的，它将日常生活与宗教、哲学、伦理、美学联系起来，成为一门综合性的文化艺术活动。它不仅是物质享受，更能通过茶会和学习茶礼来达到陶冶人的性情、培养人的审美水平和道德观念的目的。16世纪末，千利休继承历代茶道精神，创立了日本正宗茶道。他提出了"和、敬、清、寂"的日本茶道思想。"和敬"表示对来宾的尊重，"清寂"是指冷峻、恬淡、闲寂的审美观。

（1）日本茶道的起源和发展

日本茶道的起源可以追溯到16世纪，但茶叶的传入则是由遣唐使完成的。日本古代没有原生茶树，也没有喝茶的习惯。自从奈良时代的遣唐使把茶叶带回日本之后，茶这种饮品就在日本生根发芽了。

平安时代初期，遣唐使中的日本高僧最澄将中国的茶树带回日本，并开始在近畿的坂本一带种植，据说这就是日本栽培茶树的开始。到了镰仓时代，禅僧荣西在中国学到了茶的加工方法，还将优质茶种带回日本传播。他于公元1211年写成了日本第一部饮茶专著——《吃茶养生记》。

中国的茶文化来自平民大众的日常习俗，而日本恰恰相反，其饮茶文化走的是自上而下的路线，就如同明治年间的资本主义改革。茶在刚刚传到日本的时候完全属于奢侈品，只有皇族、贵族和少数高级僧侣才可以享受。茶道被当作高雅的先进文化而局限在皇室的周围，内容与形式都极力模仿大唐。自镰仓时代开始，由于在思想上受到《吃茶养生记》的影响，将茶尊奉为灵丹妙药的情况越来越普遍，而茶叶种植的高速发展也为茶走入平民家创造了有利条件，这一时期，饮茶活动由以寺院为中心开始向民间逐渐普及。

与中国发酵茶叶的方法不同，日本让蒸过的茶叶自然干燥，并把研成粉末的茶叶称为"抹茶"。到室町时代，畿内的茶农为了茶叶评级而举行品茶会，这种品茶集会逐渐发展成为许多人品尝茶叶的娱乐活动，并形成了最初的茶道礼仪。这一时期，武士为主角的"斗茶"成为茶文化的主流，游艺性为其主要特点。到13世纪，新兴的武士阶级凭借雄厚的财力经常举办以品尝各地茶叶来赌博的斗茶会，极尽奢华地用来炫耀财富并扩大交际。后来室町幕府的第三代将军足利义满对斗茶进行了提炼，为向宗教性质的书院茶过渡提供了准备条件。第八代将军足利义政在他隐居的京都东山建造了同仁斋，地面全用榻榻米铺满。这种全室铺满榻榻米的建筑设计为后世所借鉴，形成了各式各样的茶室。此前的斗茶会在较大的空间举行，显得喧闹而不注重礼仪，而同仁斋将开放式、不固定的空间进行了缩小和封闭，这就给茶道的形成创造了稳定的室内空间。这种建筑被称为书院式建筑，在其中进行的茶会就被称为书院茶。书院茶要求茶室绝对肃静，主客问答简明扼要，从而一扫斗茶的杂乱之风。书院茶实现了外来的大唐文化与日本文化的结合，并且基本确立了现行的日本茶道的点茶程序。

（2）日本茶道的形式

日本人相当注重形式，在茶道的表现上亦如此。

①"一期一会"。

日本茶人在举行茶会时均抱有"一期一会"的心态。这个词语出自江户幕府末期的大茶人井伊直弼所著的《茶汤一会集》。书中这样写道："追其本源，茶事之会，为一期一会，即使同主同客可反复多次举行茶事，也不能再现此时此刻之事。每次茶事之会，实为我一生一度之会。由此，主人要千方百计，尽深情实意，不能有半点疏忽。客人也须以此世不再相逢之情赴会，热心领受主人的每一个细小的匠心，以诚相交。此便是：一期一会。"这种"一期一会"的观念，实质上就是佛教无常观的体现。佛教的无常观督促人们重视一分一秒，认真对待一时一事。当茶事举行时，主客均极为珍视，彼此怀着"一生一次"的信念，体味人生如同茶的泡沫一般在世间转瞬即逝，并由此产生共鸣。与会者感到彼此紧紧相连，产生了一种互相依存的感觉和生命的充实感，而这是在茶会之外的其他场合无法体验到的一种感觉。

②三时茶。

茶事的种类繁多。古代有三时茶之说，即按三顿饭的时间分为朝会（早茶）、书会（午茶）、夜会（晚茶），现在则有茶事七事之说，即早晨的茶事、拂晓的茶事、正午的茶事、夜晚的茶事、饭后的茶事、专题茶事和临时茶事。除此之外，还有开封茶坛的茶事（相当于佛寺的开光大典）、惜别的茶事、赏雪的茶事、一主一客的茶事、赏花的茶事、赏月的茶事等。每次茶事都要有主题，如新婚庆典、乔迁之喜、纪念诞辰等。

茶会之前，主人要首先确定主客即主要的客人，主客一般为身份较尊贵者。确定了主客之后再确定陪客，陪客既要和主客比较熟悉，又要和主人有一定的关系。确定客人之后便要开始忙碌地准备茶会了，这期间客人会来道谢，因为准备工作繁忙主人只需要在门前接待一下即可。

一般茶会的时间为4个小时，太长容易导致客人疲惫，太短又可能无法领会到茶会的真谛。茶会有淡茶会（简单茶会）和正式茶会两种，正式茶会还分为"初座"和"后座"两部分。为了办好茶会，主人要东奔西跑地选购好茶、好水、茶花、做点心及茶食的材料等。茶会之前还要把茶室、茶庭打扫得干干净净，客人提前到达之后，在茶庭的草棚中坐下来观赏茶庭并体会主人的用心，然后入茶室就座，这叫"初座"。之后，主人便开始表演添炭技法，因为整个茶会中要添3次炭（正式茶会还要用樱树木炭），所以这次就称为"初炭"。"初炭"之后，主人送上茶食（日语为"怀石料理"，据说这个叫法来源于和尚们坐禅饥饿时将烤热的石头揣在怀里）。用完茶食之后，客人到茶庭休息，此为"中立"。之后再次入茶室就座，这是"后座"。"后座"是茶会的主要部分，在严肃的气氛中，主人为客人点浓茶，然后添炭，之后再点薄茶。最后，主人与客人互相道别，茶会到此结束。

茶会通常有记录，记录的内容包括与会众、壁龛装饰、茶具、饭菜、点心等，有时还加入与会众的谈话摘要和记录者的评论。这种记录叫"会记"。古代有很多著名茶会的

"会记"流传下来，成为现代珍贵的历史资料。

（3）日本茶道的精神

日本茶道源于中国，具有中华茶文化的典型特征，在本土的形成、发展过程中，又具有了日本民族特有的内蕴。

16世纪末，千利休继承、汲取了历代茶道精神，创立了日本正宗茶道，他是茶道的集大成者。剖析千利休茶道精神，可以窥得日本茶道之一斑。

日本把茶道之茶称为"侘茶"，"侘"有幽寂、闲寂的含义。邀来几个朋友，坐在幽寂的茶室里，边品茶边闲谈，不问世事，无牵无挂，无忧无虑，修身养性，净化心灵，别有一番美的意境。千利休"茶禅味""茶即禅"的观点，可以视为日本茶道的真谛所在。

日本茶道有烦琐的规程，如茶叶要碾得精细，茶具要擦得干净，插花要根据季节和来宾的名望、地位、辈分、年龄和文化教养等来选择。主持人的动作要规范、敏捷，既要有舞蹈般的节奏感和飘逸感，又要准确、到位。凡此种种都是为了表示对来宾的尊重，体现"和敬"的精神。

"和敬"这一伦理观念，是唐物占有热时期衍生的道德观念。自镰仓时代以来，大量唐物宋品运销日本。特别是茶具、艺术品，尤其受到日本人的青睐，茶会也以有唐宋茶具而显得上档次。不过，热心于茶道艺术的村田珠光、武野绍鸥等人，反对奢侈华丽之风，提倡清贫简朴，认为本国产的黑色陶器，幽暗的色彩自有它朴素、清寂之美。用这种质朴的茶具真心实意地待客，既有审美情趣，也利于道德情操的修养。

"清寂"也有写作"静寂"的，这种美的意识具体表现在"侘"字上。"侘"原有"寂寞""贫穷""寒寥""苦闷"的意思。平安时期的"侘人"一词，是指失意、落魄、郁闷、孤独的人。到平安末期，"侘"的含义逐渐演变为"静寂""悠闲"，成为很受当时一些人欣赏的美的意识。这种审美意识的产生，有社会历史原因和思想根源。平安末期至镰仓时代是日本社会动荡、改组时期，原来占统治地位的贵族失势，新兴的武士阶层走上了政治舞台，失去"天堂"的贵族感到世事无常而悲观厌世，因此佛教净土宗在日本国内应运而生。失意的僧人把当时的社会看成秽土，号召人们"厌离秽土，欣求净土"。在这种思想的影响下，很多贵族文人离家出走，或隐居山林，或流浪荒野，在深山野外建造草庵，过着隐逸的生活，创作所谓的"草庵文学"，以抒发他们思古之幽情，排遣胸中积愤。这种文学色调阴郁，文风"幽玄"。到了室町时代，随着商业经济的发展，竞争激烈，商务活动频繁，城市越来越奢华。不少人开始厌弃城市生活，以冷峻、恬淡、闲寂为美，追求"侘"的审美意识，他们渴望在郊外或城内找块僻静的处所，过隐居的生活，享受一点古朴的田园生活乐趣，寻求心神上的安逸。而此时茶人村田珠光等人把这种审美意识引进"茶汤"中，使"清寂"之美得到广泛地传播。村田珠光曾提出过"谨敬清寂"的茶道精神，千利休只改动了一个字，以"和敬清寂"为宗旨，简洁而内涵丰富。

●●◗ 任务训练与考核

认识茶道的训练与考核评价参考表见表4-1-2。

表4-1-2 　　　　　　　认识茶道的训练与考核评价参考表

序号	训练内容	考核要点	要点提示	配分	得分
1	茶道在唐、宋、明、清时期的不同表现形式	茶道发展	唐宋时期——煎茶道 宋明时期——点茶道 明清时期——泡茶道	5分	
2	中日茶道精神有何异同，谈谈你对茶道核心的理解	茶道精神	中国的不同提法，日本的"和、敬、清、寂"。茶道的核心是和，包括茶理、茶性以及人文思想的大融合	5分	

考核方式：以小组为单位，10分计分制。

任务三　认识茶文化

◎ **技能目标**

1.了解茶文化的内涵。

2.掌握茶文化的特征。

◎ **素养目标**

通过了解茶发源地的文化，传递浓厚的乡土意识和强烈的民族情感，激发学生对传统文化的热爱，增强文化自信。

● ● ● **知识学习**

1.茶文化的含义

视频4-1-4

认识茶文化

茶文化是茶艺与精神的结合，茶文化通过茶艺表现精神。它兴于中国唐代，盛于宋明两代。中国茶文化讲究五境之美，即茶叶、茶水、火候、茶具、环境，是中国具有代表性的传统文化之一。中国不仅是茶叶的原产地之一，而且不同的民族、不同的地区，至今仍有着丰富多样的饮茶习惯和风俗。

茶文化要遵循一定的法则。唐代为克服九难，即造、别、器、火、水、炙、末、煮、饮。宋代为"三点"与"三不点"品茶。"三点"：新茶、甘泉、洁器为一，天气好为一，风流儒雅、气味相投的佳客为一。"三不点"：茶不新、泉不甘、器不洁是为一不，景色不好是为一不，品茶者缺乏教养、举止粗鲁又为一不，共为三不。碰到"三不点"情况，最好是不做艺术的品饮，以免坏了雅兴。

茶文化意为饮茶活动过程中形成的文化特征，可以包括茶道、茶德、茶精神、茶联、茶书、茶具、茶画、茶学、茶故事、茶艺等。

2.茶文化的起源

茶文化的起源地为中国，中国是茶的故乡。茶是中华民族的举国之饮，发于神农，闻于鲁周公，兴于唐朝，传遍全球。中国茶文化糅合佛、儒、道三教多派思想，独成一体，是中国文化百花园中的一朵绚丽之花。中国茶区辽阔，划分为3个级别，即一级茶区（以西南、江南地区为代表)、二级茶区 (以西北、长江以北为代表)、三级茶区 (以华南地区为代表)。目前,茶已成为全世界最大众化、最受欢迎、最有益于身心健康的绿色饮料。茶融天、地、人于一体,"天下茶人是一家"。

3.茶文化的特点

茶文化的特点表现在以下 5 个方面:

(1) 历史性

茶文化的形成和发展历史非常悠久。原始社会后期,茶叶成为交换的物品;武王伐纣,茶叶已作为贡品;战国时期,茶叶已有一定的规模;先秦时期,《诗经》中已有茶的记载;汉朝,茶叶成为佛教 "坐禅" 的专用饮品;魏晋南北朝,饮茶之风兴起;隋朝,全民普遍饮茶;唐朝,茶业昌盛,"人家不可一日无茶",出现了茶馆、茶宴、茶会,提倡客来敬茶;宋朝,流行斗茶、贡茶和赐茶等;清朝,曲艺进入茶馆,茶叶对外贸易发展迅速。历史上的茶文化注重文化意识形态,以雅为主,着重于诗词书画,以琴棋歌舞烘托品茗氛围。茶文化在形成和发展过程中,融合了儒家思想、道家和释家的哲学精神,成为优秀传统文化的重要组成部分和独具特色的一种文化模式。

(2) 时代性

物质文明和精神文明的发展,给茶文化不断注入新的内涵和活力,茶文化的内涵和表现形式不断地被扩大、延伸、创新和发展。当今,茶文化的传播方式呈现大型化、现代化、社会化和国际化趋势,茶文化的功能价值更加突出,对现代社会的作用也更加明显,越来越为世人瞩目。

(3) 民族性

我国有很多民族都酷爱饮茶,茶与民族文化生活相结合,逐渐形成了各具民族特色的茶礼、茶艺和饮茶习俗。以民族茶饮方式为基础,经过艺术加工锤炼而成的各民族茶艺,既有生活性又有文化性,表现出丰富多彩的生活情趣和文化追求。藏族、土家族、佤族、拉祜族、纳西族、哈萨克族、锡伯族、基诺族、白族的茶俗与茶礼,更是充分展示了茶文化的民族特性。

(4) 地区性

名茶、名山、名水、名人、名胜孕育出特色鲜明的地区茶文化。我国土地广袤,茶的种类繁多,受各地区历史、文化、经济、生活的影响,茶饮习俗各异,进而形成颇具地方特色的茶文化。而且,在作为经济和文化中心的大城市,独特的经济优势和丰富的文化内涵促使其逐渐形成了独具特色的都市茶文化。上海自 1994 年起,已连续举办多届国际茶文化节,向世人充分展示了都市茶文化的迷人魅力。

(5) 国际性

古老的中国传统茶文化在传播到英国、日本、韩国、俄罗斯、摩洛哥等国家后,同当地的历史、文化、经济等相结合,形成了英国茶文化、日本茶文化、韩国茶文化、俄罗斯茶文化及摩洛哥茶文化等。在英国,饮茶成为生活的一部分,不仅是英国人表现绅士风度的一种礼仪,也是英国女王在日常生活和重大活动中必不可少的程序之一。日本形成了独特的茶道体系、流派和礼仪,具有浓郁的日本民族风情。韩国人认为茶文化是韩国民族文化的根,将每年 5 月 24 日定为全国茶日。茶人不分国界、种族和信仰,茶文化可以把全世界茶人联合起来，共同切磋茶艺，进行学术交流和经贸洽谈。

4.茶文化的功能

茶文化的功能主要表现在发扬茶德、传播茶道、修身养性、陶冶情操、促进民族团结、推动社会进步和发展经济贸易等。茶德是经过几千年积淀下来的茶内在的美好品性，被历代人们所推崇。茶文化具有的传统内涵主要有热爱祖国、无私奉献、坚韧不拔、谦虚礼貌、勤奋节俭和相敬互让等。比如，吴觉农先生和刘先和先生，为茶叶事业鞠躬尽瘁，是当代茶人的杰出代表，更是爱国主义者。

陆羽的《茶经》，是古代茶人勤奋读书、潜心求索、百折不挠的精神结晶。以茶待客、以茶代酒，"清茶一杯也醉人"是中华民族珍惜劳动成果、勤奋节俭的真实反映。如果以茶字为核心列示茶文化的社会功能的话，有饮茶思源、以茶待客、以茶会友、以茶联谊、以茶廉政、以茶育人、以茶代酒、以茶健身、以茶入诗、以茶入艺、以茶入画、以茶起舞、以茶歌吟、以茶兴文、以茶兴农、以茶促贸和以茶致富。茶是中国的骄傲。世界著名科技史家李约瑟博士，将中国茶叶作为中国四大发明（火药、造纸、指南针和印刷术）之后对人类的第五个重大贡献。茶文化是高雅文化，社会知名人士纷纷主动研习；茶文化也是大众文化，民众广为参与。茶文化覆盖全民，影响到整个社会。

具体来说，茶文化对现代社会主要有4方面的作用：

一是茶文化有利于平衡人的心态，解决人的精神困惑，提高人的品德修养。茶文化以茶德为中心，重视人的群体价值，注重协调人与人之间的相互关系，提倡对人尊敬，重视修身养德。茶文化还主张义重于利，倡导无私奉献，反对见利忘义和唯利是图。

二是茶文化有利于社会精神文明建设。在激烈的社会竞争中，紧张的工作节奏、复杂的人际关系，以及身上的重重压力，使得人们对精神文明的追求更为迫切，而茶文化可以很好地满足人们的这一需求。同时，茶文化的传播也表明，其具有创建精神文明、促进社会进步的作用。

三是茶文化有利于提高生活质量，丰富文化内涵。茶文化集知识性、趣味性和艺术性于一体，品尝名茶、体验茶具茶点、观看茶俗茶艺，都能带给人一种美的享受，提升生活情趣和文化修养。

四是茶文化有利于推动国际文化交流。国际茶文化的频繁交流，使茶文化跨越国界，成为人类文明的共同精神财富。

5.茶学

茶学既是一门具有悠久历史和鲜明特色的传统学科，亦是一门涉及自然科学和人文科学的现代学科。茶学研究的内容，从大的方面来划分，可以划分为两大部分，即茶科学和茶文化学。

6.全球茶文化

全世界有一百多个国家和地区的居民都喜爱品茗。有的地方把饮茶品茗作为一种艺术享受来推广。各国的茶文化不尽相同，各有千秋，在此仅作简要代表性介绍。

（1）斯里兰卡

斯里兰卡居民酷爱喝浓茶，又苦又涩的茶叶，他们却觉得津津有味。斯里兰卡红茶畅销世界各地，在首都科伦坡有经销茶叶的大商行，大商行设有试茶部，由专家凭舌试味后再核定等级和价格。

（2）英国

英国各阶层人士都喜爱饮茶。茶，几乎可以称为英国的民族饮料。他们喜爱现煮的浓茶，并放入一两块糖，再加入少许冷牛奶。

（3）泰国

泰国人喜爱在茶水里加冰，这样茶一下子就被冷却甚至冰冻了，成为冰茶。在泰国，当地人不饮热茶，饮热茶的通常是外来的客人。

（4）蒙古国

蒙古国人喜爱吃砖茶。他们先把砖茶放在木臼中捣成粉末，然后当锅中的水煮开后放入粉末状的砖茶，最后加入牛奶或者羊奶以及适量的盐。

（5）新西兰

新西兰人把喝茶作为人生最大的享受之一。许多机关、学校、厂矿等还特别规定了饮茶时间。茶叶店和茶馆在乡镇比比皆是。

（6）马里

马里人喜爱饭后喝茶。他们把装有茶叶和水的茶壶放在泥炉上，当茶煮沸后加入糖，每人分斟一杯。马里人的煮茶方法与众不同，他们每天起床后就用锡罐烧水，并投入茶叶任其煎煮，直到家中煮的腌肉烧熟，再同时吃肉、喝茶。

（7）加拿大

加拿大人的泡茶方法较特别，先将陶壶烫热，放一茶匙茶叶，再以沸水注于其上，浸七八分钟，最后将茶水倾入另一热壶供饮。有时，加拿大人还会在茶水中加入乳酪和糖。

（8）俄罗斯

俄罗斯人泡茶，常加一片柠檬，也有用果浆代替柠檬的。在冬季，有时他们则加入甜酒，预防感冒。

（9）埃及

埃及人喝甜茶。埃及人待客，常端上一杯热茶，里面放许多白糖。只要喝两三杯这种甜茶，嘴里就会感到黏乎乎的，有时连饭也不想吃了。

（10）北非

北非人喝薄荷茶。北非人喜欢在绿茶里放几片新鲜薄荷叶和一些冰糖，饮时清凉可口。如果是到别人家做客，客人需要将主人向他敬上的三杯茶喝完才算有礼貌。

（11）南美

南美人喝马黛茶。在南美的许多国家，人们用当地的马黛树叶制成茶，既提神又助消化。他们通常是用吸管在茶杯中慢慢品味。

●●● 任务训练与考核

认识茶文化的训练与考核评价参考表见表4-1-3。

表4-1-3 认识茶文化的训练与考核评价参考表

序号	训练内容	考核要点	要点提示	配分	得分
1	你所理解的茶文化的含义是什么	茶文化的含义	茶文化,是茶与文化的有机融合,包含和体现着一定时期的物质文明和精神文明	5分	
2	茶在不同的时空中有不同的表现形式,请总结一下茶文化区别于其他文化的特点	茶文化的特性	历史性、时代性、民族性、地区性、国际性	5分	

考核方式:以小组为单位,10分计分制。

实训模块二 茶艺修习基础

◎ **情景导入**

茶是水写的文化，泡茶升腾的是芬芳，沉淀的是淡然。我曾到过四大茶区之一的西南茶区，遇到了许多茶艺师。我曾在一位茶艺师的茶庄里，喝过她泡的茶。她是一位很淡雅的女子，谈吐之间流露着一种恬静的安然。泡茶之前，她摘下了手镯和戒指，只用清水洗手，不徐不疾地烧上青瓷茶壶，用滚热的山泉烫壶，洗茶，出汤。她说取水是最重要的，是茶与水的和鸣。一泡，两泡，三泡，青瓷小杯子里，茶色由浅转深，茶香萦绕着整个茶室，清香扑鼻，沁人心脾。

看着这泡茶的仪式，我不禁想起了周作人先生的话："茶道的意思，用平凡的话来说，可以称作'忙里偷闲，苦中作乐'，在不完全的现世享乐一点美与和谐，在刹那间体会永久……"。或许生活本就该如此从容，只是在这忙碌之中失了本真，品尝不到真正的味道。人生如茶，品茶亦是品人生。一如茶汤的由浅及深，心也随时间而慢慢沉潜，人生也越来越厚重，慢慢尝出生活本来的味道，没有积淀的人生是无趣的，次第舒展，缓缓释放，清幽缭绕，茶的一生便似人一生的历练。

◎ **学茶悟道**

茶艺与茶道：物质与精神高度统一的结果。

茶艺与茶道，是中国茶文化的核心。有道而无艺，那是空洞的理论；有艺而无道，茶则无精，无神。茶艺，有名，有形。茶艺是茶文化的外在表现形式。茶道，就是精神、道理、规律、本源与本质。它经常是看不见、摸不着的。茶艺与茶道结合，艺中有道，道中有艺，是物质与精神高度统一的结果。"茶"的意义便是"人在草木之间"，远离尘世喧嚣，在淡雅的芬芳之中，品味灵魂的纯粹，放下心中的负担，坦然前行，寻求救赎与解脱。一如生活，本如茶一般清新恬淡。现世多少人被凡尘遮了双眼，而看不穿心灵最质朴的需要——品味生活。"茶"是出尘的，可以洗却内心的凡俗，生活太快，何不品一杯香茗净泽身心？饮过之后，再论功名也不迟。

◎ **学习重点**

1.了解茶文化中的仪容仪表

2.了解注水的4种方法

3.了解奉茶者奉茶的动作要领

◎ **学习难点**

1.修行茶艺的基础动作

2.掌握品茶者品茶的几种方法

任务一　练习仪容仪态

◎ **技能目标**
1.能够鉴赏习茶者的仪容仪表
2.掌握奉茶礼的要领

◎ **素养目标**
敬茶、献茶等礼仪不仅是对他人的尊重和礼遇，更是自己内在修养的体现。在日常生活中，我们也应该注重礼节和道德修养的培养，尊重他人就是尊重自己。通过茶礼之约的实践，不断提升自己的道德修养和社会责任感。

● ● ● **知识学习**

仪容是习茶者发式、服饰、肌肤和表情之总和，如图4-2-1所示。

图4-2-1　习茶者的仪容仪态

习茶者以素颜或淡妆为宜，可适当修饰仪容。男士宜着长裤、长袖或短袖。女士的衣服不宜大，上衣收腰或系一根腰带，袖子为短袖、七分袖或长袖，袖口应小，不宜太宽大。裙子长度宜盖过膝盖，手指、手腕应不戴饰品，若戴襟挂、项挂，以小而精为宜。习茶者仪容干净、整洁、简约、朴素、端庄为佳。

仪态是指习茶者的举止、姿态。习茶之人，站如松、行如风、坐如钟，大方、优雅、稳重，不做作，不矫情，体现茶人的精、气、神。

1.仪容

（1）发型

男士留短发，女士留长发的话，可将长发盘起来或扎成马尾，不宜长发披肩，如图4-2-2所示。

（2）双手

双手不留长指甲，指甲修平，手腕、手指上不戴饰品，以防划伤器具，如图4-2-3所示。

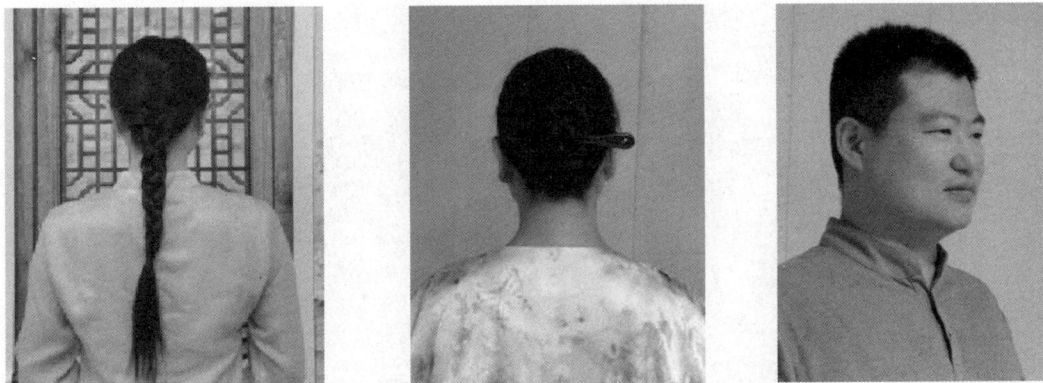

图 4-2-2 习茶者发型

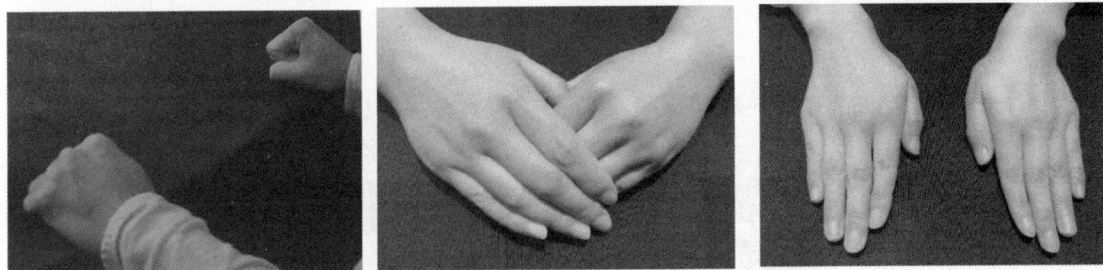

图 4-2-3 习茶者双手

（3）表情

面部表情安详、平和，放松，如图 4-2-4 所示：

图 4-2-4 习茶者表情

2.站姿

（1）女士站姿

女士站立时应身体中正，挺胸收腹，目光平视，下巴微收，表情放松、安详，双肩平衡放松，手臂自然下坠。双手自然放松，四指并拢微微弯曲，在虎口交叉放在腹前，右手上左手下，离开腹部半拳距离、腰以上两指，腰以下松沉，双脚脚跟并拢，脚尖自然分开。脚跟、臀部、后脑勺在一条直线上。如图 4-2-5 所示：

图 4-2-5　女士站姿

（2）男士站姿

男士站立时应四指并拢在腹前虎口交叉，左手上右手下，离开腹部半拳距离，或双手五指并拢中指对应裤腿中缝，其余同图 4-2-5 女士站姿，如图 4-2-6 所示。

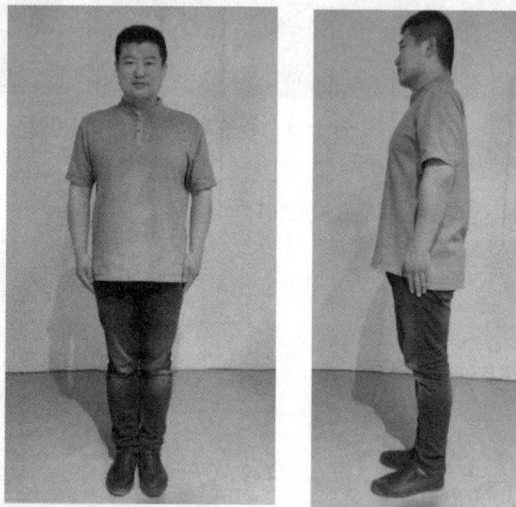

图 4-2-6　男士站姿

站姿要领：① 身体中正，不僵不硬；② 神聚精足。

3.入座、坐姿与起身

（1）左侧入座

站于凳子的左侧，脚尖与凳子的前缘平。左脚向正前方一小步，右脚跟上，与左脚并拢。右脚向右一步，重心移至右脚上。左脚跟上，与右脚并拢，身体移至凳子前。双手五指并拢成弧形，掌心向内，女士将一下后背的衣裙，边将边坐下（男士直接坐下）。坐下后双手自然放松，右上左下放于大腿根部。后背挺直，臀部外边缘坐在凳子 1/2～2/3 处。如图 4-2-7 所示：

图 4-2-7 左侧入座

（2）右侧入座

站于凳子右侧，脚尖与凳子的前缘平。右脚朝正前方迈出一小步，左脚跟上，与右脚并拢。左脚向左一步，重心移至左脚上。右脚跟上，与左脚并拢，身体移至凳子前。双手五指并拢，掌心向内，女士捋一下后背的衣裙，边捋边坐下（男士直接坐下）。如图 4-2-8 所示：

图 4-2-8 右侧入座

（3）端盘入座

① 左侧入座。

身体靠近凳子，脚尖与凳子前缘平。左脚在右脚前交叉。右膝顶住左膝窝，身体重心下移成蹲姿。双手向右推出茶盘，轻轻放于泡茶桌上。如图 4-2-9 所示：

视频 4-2-1

左侧端盘入座

图4-2-9　端盘左侧入座（1）

　　放好茶盘后，双手、左脚收回，成站姿。左脚向前一步，右脚跟上，与左脚并拢。右脚向右一步，左脚跟上并齐，身体移至凳子前。双手捋一下后背衣裙，边捋边坐下（男士直接坐下）。如图4-2-10所示：

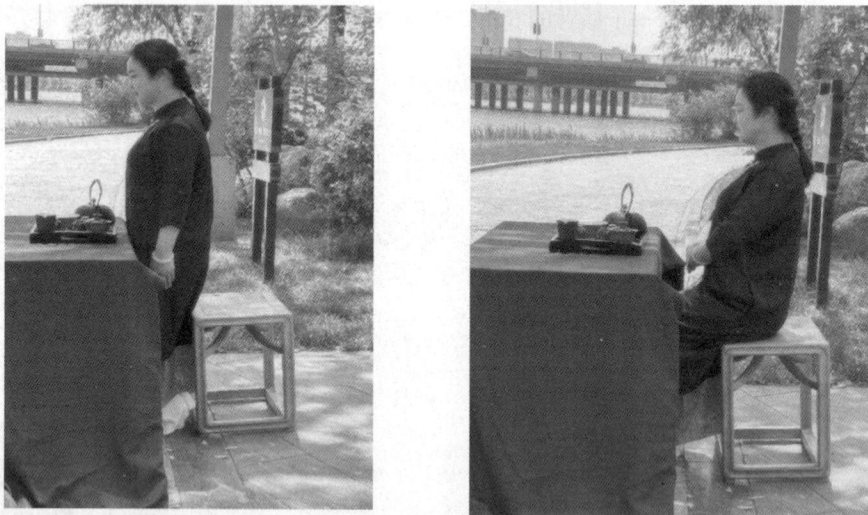

图4-2-10　端盘左侧入座（2）

　　②右侧入座。

视频4-2-2

　　面向品茗者，身体靠近凳子，脚尖与凳子前缘平。右脚在左脚前交叉，左膝顶住右膝窝，身体重心下移成蹲姿。双手向左推出茶盘，放于泡茶桌上。双手、右脚收回，成站姿；右脚向前一步，左脚跟上，与右脚并拢；左脚向左一步，右脚跟上，与左脚并拢，身体移至凳前；双手捋一下后背衣裙，边捋边坐下（男士直接坐下）。如图4-2-11所示：

右侧端盘入座

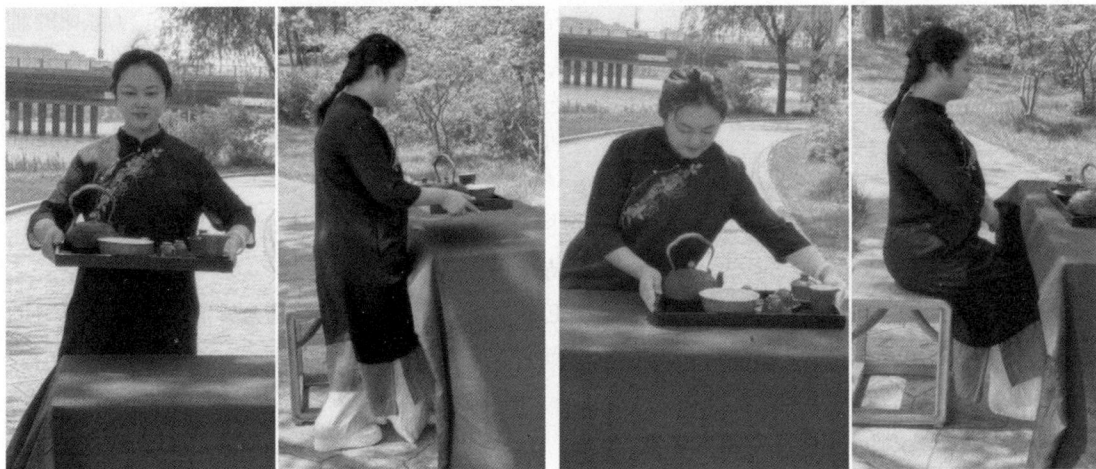

图 4-2-11 端盘右侧入座

（4）坐姿

上身姿态如站姿，双臂自然下坠，双手虎口交叉，右手在上，左手在下，或双手五指并拢，放于大腿根部。臀部外边缘处于凳子 1/2~2/3 处，双膝并拢，双脚自然下沉并拢或前后分开至舒适的位置。如坐于桌前，也可以双手半握拳，与肩同宽轻搁于桌面上。如图4-2-12所示：

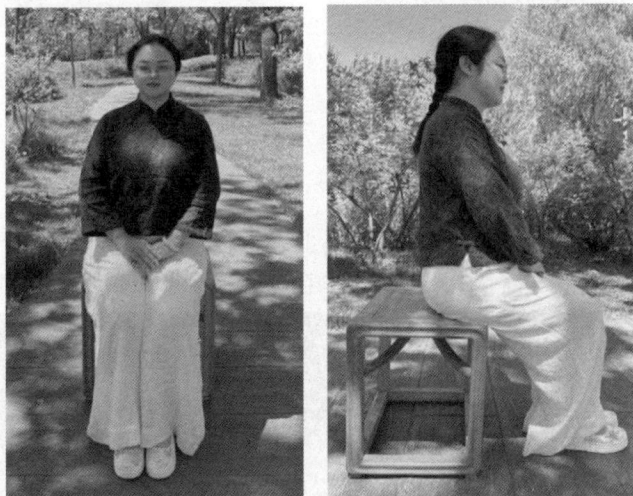

图 4-2-12 习茶者坐姿

坐姿的要领：① 气下沉，臀部牢贴住凳子；② 腰部放松，以使上身可灵活转动。

（5）起身

习茶者在起身时，通常遵循一定的步骤，以展现优雅和从容。

①准备起身：确保身体处于稳定状态，不要急于起身。如果是长时间跪坐，可以先轻轻活动一下脚踝和膝盖，以缓解长时间保持同一姿势带来的不适。

②转移重心：一般情况下，习茶者会先以一只脚（通常是右脚）为支撑点，将身体的重心转移到该脚上。此时应保持身体稳定，不要晃动或倾斜。

③起身：在确保重心稳定的基础上，首先用另一只脚的脚尖轻轻触地，作为起身的辅助支撑，然后缓慢地、有控制地直起上半身，避免突然用力或快速起身；

最后起身，保持头部和颈部处于自然状态，不要过度抬头或低头。

④站立稳定：当身体完全站直后，将双脚平放在地面上，确保站立稳定，也可以稍微调整站姿，使身体保持平衡和舒适。

⑤整理仪态：起身后，可以稍微整理一下衣物或茶具，确保外观整洁。同时，也可以通过微笑、眼神交流等方式，与周围的人保持良好的互动和沟通。

在起身过程中，要避免突然用力或快速起身，以免导致身体摇晃或摔倒。如果长时间跪坐导致身体有些僵硬，可以适当延长起身时间，或者先在椅子上稍坐片刻再起身。

总之，习茶者起身时要保持优雅、从容，如图4-2-13所示，通过稳定的姿势和舒缓的动作展现出良好的茶道礼仪。

图4-2-13　习茶者起身

4.行姿与转弯

（1）行姿

视频4-2-3

双手虎口交叉于腹前，右手上左手下，右脚开步，行走的步幅小、频率快、上身正、不摇摆，给人以"轻盈"之感。如图4-2-14所示：

行姿

图4-2-14　行姿

（2）向左转

以左脚跟为中心，左脚左转90°，身体转90°。右脚跟上，与左脚并拢。
如图4-2-15所示：

视频4-2-4

向左转

图4-2-15 向左转

（3）向右转

以右脚跟为中心，右脚右转90°，身体转90°。左脚跟上，与右脚并拢。
行姿的要领：① 直线行走，直角转弯；② 稳重而精神饱满。

5.蹲姿

蹲姿仅适用于女士，下蹲时，上身姿态与站姿同。

（1）右蹲姿

上身中正挺直，膝关节弯曲，身体重心下移，右脚在前、左脚在后、脚尖朝前，右脚
与左脚成45°角，左膝盖顶住右膝窝。如图4-2-16所示：

视频4-2-5

向右转

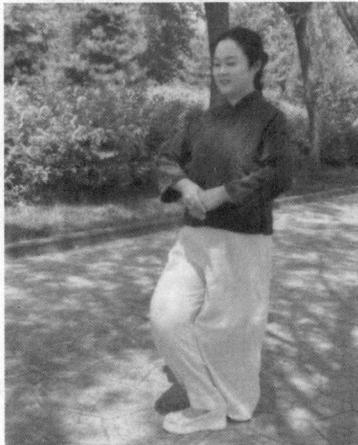

图4-2-16 右蹲姿

（2）左蹲姿

上身中正挺直，膝关节弯曲，身体重心下移，左脚在前、右脚在后、脚尖朝前，左脚

与右脚成45°角，右膝盖顶住左膝窝。如图4-2-17所示：

图4-2-17　左蹲姿

蹲姿的要领：① 身体中正，重心下移；② 用一只膝盖顶住另一只膝盖窝，身体才不会摇摆。

6.习茶礼

（1）女士站式鞠躬礼

双脚并拢，双手松开，贴着身体向下移至大腿根部，手连同上半身前倾15°，背、后脑勺成一条直线，稍作停顿，然后身体缓缓站直，手也自然恢复到站姿。此为平辈之间行礼。若是向长辈行礼，手紧贴大腿移至大腿中部，身体前倾30°。如图4-2-18所示：

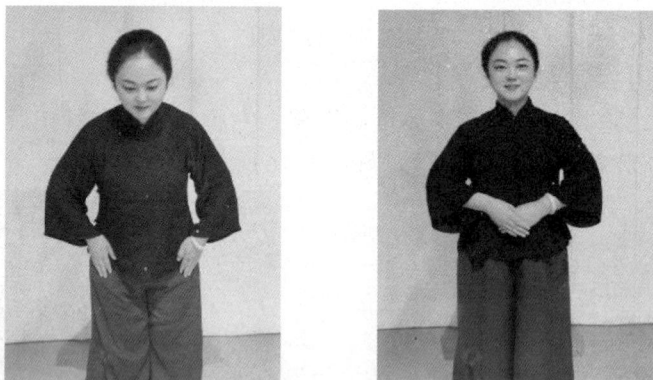

图4-2-18　女士站式鞠躬礼

女士站式鞠躬礼的要领：女士手臂下坠成弧形，切忌肘部外翻或外撑。

（2）奉茶礼

① 奉前礼。面向品茗者，双手端茶盘，以腰为中心，身体前倾，行鞠躬礼，此时茶盘与身体的距离不变，随身体重心下移略作下移。

② 奉中礼。蹲姿奉茶，伸出右手，五指并拢，手掌与杯身成45°，示意"请用茶"。

③ 奉后礼。奉茶毕，左脚先后退一步，右脚跟着后退并与左脚并拢，再行鞠躬礼，示意"请慢用"。

奉茶礼如图4-2-19所示：

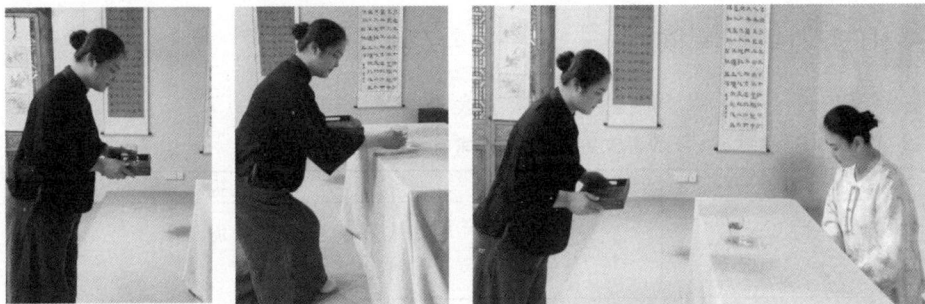

图4-2-19 奉茶礼

奉茶礼的要领：① 以腰为中心，后背、后脑勺成一条直线；② 茶盘与身体的距离不变，不要把茶盘推开、举高或放低；③ 正面面对品茗者。

（3）注目礼

完成布具泡茶前，习茶者面对品茗者，正坐，略带微笑，平静、安详，目光注视品茗者并与品茗者交流，意为"我准备好了，将用心为您泡一杯香茗，请您耐心等待"。如图4-2-20所示：

图4-2-20 注目礼

（4）回礼

奉茶者行礼时，品茗者可以欠一下身体或者点一下头，或者说一声"谢谢"，也可以将右手食指和中指弯曲，用指节轻扣桌面，代表"叩首"之意。如图4-2-21所示：

图4-2-21 回礼

回礼的要领：凡是受了对方的礼，必须回礼。对方用什么礼，最好回同样的礼。但有时条件不允许，也可以简化。

习茶者仪容仪态的训练与考核评价参考表见表4-2-1。

表4-2-1　　　　　　　　习茶者仪容仪态的训练与考核评价参考表

序号	训练内容	考核要点	要点提示	配分	得分
1	了解习茶者的仪容仪表	茶艺师的仪容仪表	从习茶者发型、服饰、双手和表情出发	5分	
2	掌握奉茶礼的要领	茶艺师应掌握的奉茶方法	奉前礼、奉中礼、奉后礼	5分	

考核方式：以小组为单位，10分计分制。

任务二　行茶基础动作

◎ 技能目标

1.了解修习茶艺所需掌握的基础动作

2.了解注水的4种方法

◎ 素养目标

借茶知礼，我国是历史悠久的文明古国，几千年来创造了灿烂的文化，形成了高尚的道德品格和完整的礼仪规范，被世人称为"文明古国，礼仪之邦"。茶事活动是人类进入文明社会之后出现的高品位活动，以礼仪规范茶事活动，是我们学习茶艺的先决条件。

■■▶ 知识学习

一套修习茶艺至少由上百个基础动作连贯起来完成。习茶基础动作有叠茶巾、翻杯等简单动作，也有温杯、取茶、置茶等复杂动作，每一个动作都含有一定的技术和技巧，既要符合人体工程学原理，又要美观、大方、舒适。泡茶的每一个动作都体现了习茶者的基本功，只有熟练掌握基础动作（如图4-2-22所示）后，才能进入行茶练习。

图4-2-22　习茶者基础动作

1.叠茶巾

茶巾分为两种：一种是用来擦拭器具底部和外部的有色、方形的全棉织品，称之为受污；另一种是用来擦拭器具内部与口部的白色全棉织品，称之为洁方。

（1）叠受污

①四叠法。

自下向上折，下边与中线齐，成1/4折。自上向下折，上边与中线齐，折叠至1/4。以中线为轴再对折，折痕一边对着品茗者，有缝一边对着习茶者。如图4-2-23所示：

四叠法

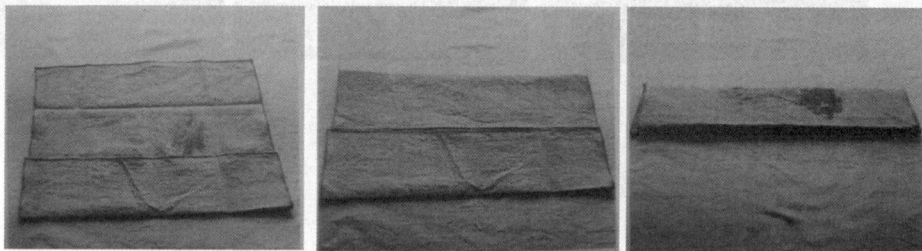

图4-2-23 四叠法

②八叠法。

自下向上折，下边与中线齐，折叠至1/4。另一边向中线再折叠至1/4。两长端都向中线折，成正方形，以第二次对折的中线为轴，再对折。折痕一边对着品茗者，有缝一边对着习茶者。如图4-2-24所示：

八叠法

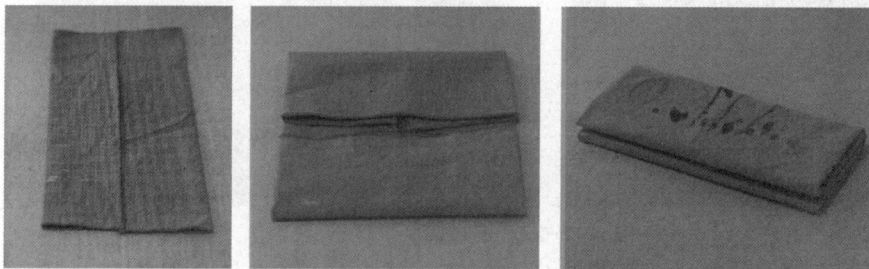

图4-2-24 八叠法

③九叠法。

一侧向1/3处内折，另一侧也向1/3处内折，长端再向内作1/3折，最后对折。折痕一边对着品茗者，有缝一边对着习茶者。如图4-2-25所示：

九叠法

图4-2-25 九叠法

（2）叠洁方

先叠1/3折，再对折。折痕一边对着品茗者，有缝一边对着习茶者。如图4-2-26所示：

图4-2-26　叠洁方

2.温具

（1）温玻璃杯

①温杯。

注入沸水至1/3杯。右手中指和大拇指握住玻璃杯底部，其余手指虚握成弧形。左手五指并拢，中指尖为支撑点，顶住杯底边。右手手腕转动，杯口先向习茶者身体方向侧斜，水倾至杯口，眼睛看着杯口。如图4-2-27所示：

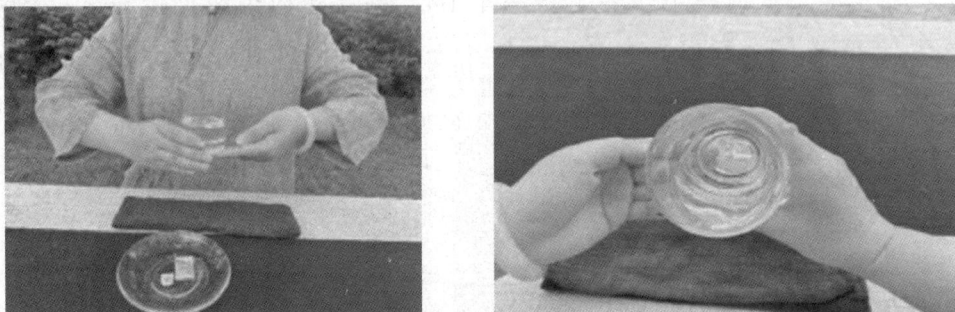

图4-2-27　温玻璃杯

接下来，右手手腕继续转动，杯口先向右旋转，再从右侧向前转。如图4-2-28所示：

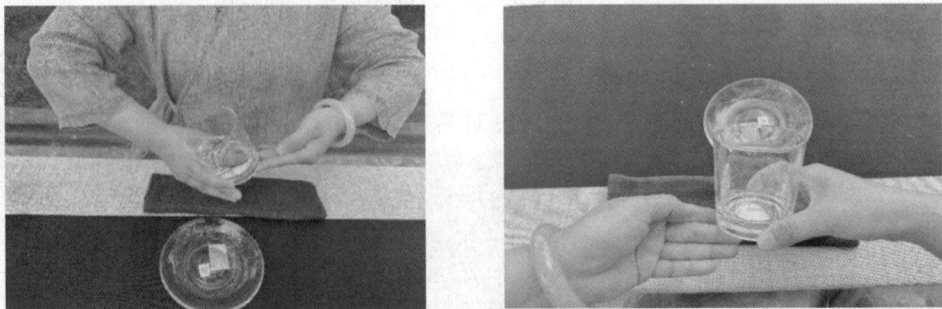

图4-2-28　杯口从右侧向前转

然后，杯向左转，水在杯内沿杯口均匀滚动，眼睛不离开杯口。最后，杯回正，水沿杯口转360°。身体中正，头不偏，双肩平。双手移至水盂上方，准备弃水。如图4-2-29所示：

图4-2-29　准备弃水

②右弃水。

视频4-2-11

玻璃杯右弃水

　　双手捧杯，移至右侧水盂上方，左手换方向，托住玻璃杯。左手不动，右手手腕转动，杯口向下45°，缓缓往外推杯，水流入水盂中。如图4-2-30所示：

图4-2-30　右弃水

　　之后，右手手腕快速回转，收回茶杯，在受污上压一下，吸干杯底的水，将杯放回原处。如图4-2-31所示：

图4-2-31　收回茶杯

③左弃水。

双手捧杯，移至水盂上方，左手换方向，托住玻璃杯。左手不动，右手手腕转动，杯口向下倾斜45°，缓缓往外推杯，水流入水盂中。如图4-2-32所示：

图4-2-32　左弃水

之后，右手手腕快速回转，收回茶杯，在受污上压一下，吸干杯底的水，将杯放回原处。如图4-2-33所示：

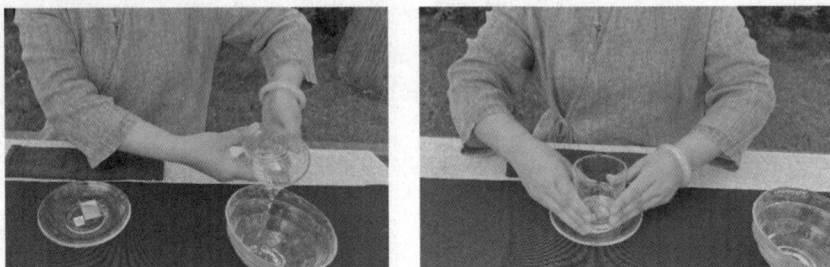

图4-2-33　放回原处

温玻璃杯要领：①右手握杯，始终不放开杯子，直至弃水完毕；②双手、肩关节、腕关节放松，肘关节下坠；③专注，温杯过程也是静心过程；④身体中正，双肩平，气沉。

（2）温盖碗茶具

①温盖碗。

首先，盖碗开盖，右手拇指、食指、中指持盖纽，无名指、小指自然弯曲，从碗面6点位置往右侧3点位置沿弧线移动盖子，紧贴碗身，将碗盖插于碗身与碗托之间。提水壶，移近身体。如图4-2-34所示：

图4-2-34　盖碗开盖

其次，手掌心贴住壶梁，作为支撑，同时调整壶嘴方向，注水至碗的1/3处。放下水壶。右手持碗盖，从3点往12点沿弧线移动，再往碗口处移动，盖住碗身。如图4-2-35所示：

图 4-2-35 温盖碗（1）

再次，大拇指与中指向上托住盖碗的翻边，食指压住碗盖，固定住盖碗。左手五指并拢，手掌掌心成斗笠状，"虚"托在碗底。双手持碗，身体中正，手臂自然弯曲成抱球状，双肩平，气沉，心静。如图4-2-36所示：

图 4-2-36 温盖碗（2）

最后，双手手腕转动，碗口先向右压，再向前压、向左压，最后向里压，水沿碗口转360°，碗回正。如图4-2-37所示：

图 4-2-37 温盖碗（3）

②右弃水。

左手掌轻托碗底，右手食指与拇指持纽移开盖，左边碗壁与盖沿留一条缝。右手持碗，移至右侧水盂上方。右手连同手臂缓慢往上提，水流入水盂中，肘关节下坠，手臂在一个垂直平面上。如图4-2-38所示：

视频 4-2-13

盖碗右弃水

图4-2-38　右弃水（1）

之后将盖碗回正，沿弧线收回，在受污上压一下，吸干碗底的水，放回原处。如图 4-2-39所示：

图4-2-39　右弃水（2）

视频4-2-14

盖碗左弃水

③左弃水。

左手掌轻托碗底，掌心为空，右手食指移开，双手持碗，移至左侧水盂上方。左手松开，从碗底往上移动护盖。如图4-2-40所示：

图4-2-40　左弃水（1）

之后，左手揭开碗盖。碗盖与碗口成45°角。左手持盖不动，右手持碗沿碗盖内壁逆时针弃水。弃水毕，略停顿2~3秒。

最后，双手手腕转动，碗口对碗盖似有"吸引力"，同时回正。将盖碗收回，在受污上压一下，吸干碗底的水，放回原处。如图4-2-41所示：

图4-2-41　左弃水（2）

温盖碗的要领：①左掌为"虚"托，否则会烫手；②温杯时，双手手腕转动而非手指转动；③右弃水时，肘关节与腕关节、手臂在一个垂直平面上，肘在腕下，不外翻。

（3）温盏

双手捧玻璃盏至胸前。左手五指并拢，中指支撑托住盏底边，右手握盏。若是传热较慢的陶质盏，右手握盏，左手五指并拢，掌心托住盏底。双手持盏，手臂自然弯曲成抱球状，双肩平，气沉，心静，目光专注。右手腕转动，盏口向里压，目光注视茶盏。如图4-2-42所示：

视频4-2-15

温盏

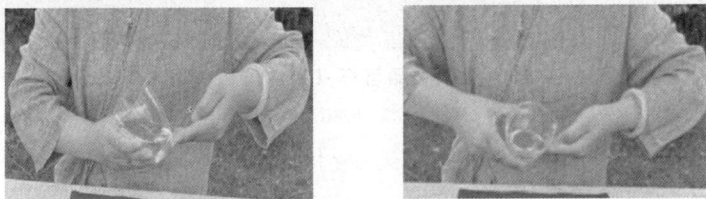

图4-2-42 温盏（1）

右手腕转动，盏口从左再向里压转。回正，目光仍注视茶盏。如图4-2-43所示：

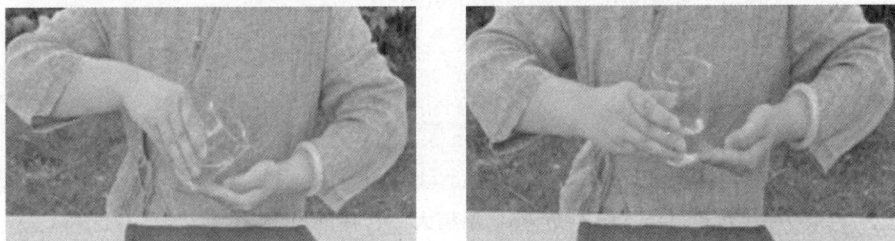

图4-2-43 温盏（2）

右手移盏至水盂上，缓慢往上提，水流入水盂中，肘关节下坠，右手臂在一个垂直平面上，弃水毕，略停顿，盏回正。收回茶盏，在受污上压一下，吸干盏底的水（没有水也要做这个动作），放回原处。如图4-2-44所示：

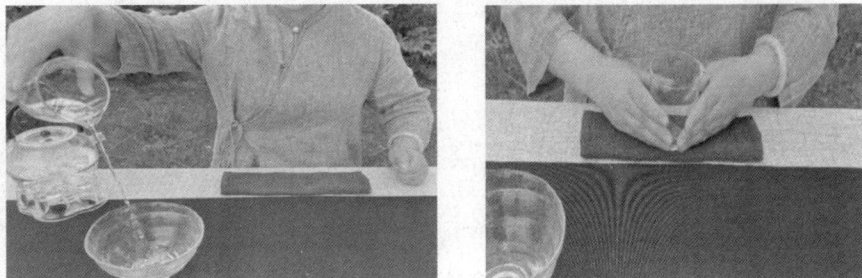

图4-2-44 温盏（3）

温盅的要领：①玻璃盅或瓷质盅等易传热的器具易烫手，温盅的水不宜多，一般不超过 1/3 盅；②左手中指抵住盅底边缘，不易烫手。

（4）温品茗杯

①温稍大品茗杯（品茗杯容积 100 毫升左右）。

A. 温杯。

右手拇指与中指握杯，食指、小指、无名指弯曲，虚护杯。左手五指并拢，掌心成"斗笠状"，虚托品茗杯。双手持杯，手臂自然弯曲成抱球状，双肩平，气沉，心静。杯口先向里，使水压到杯口，双手手腕转动，杯口转向右，目光注视杯口。如图 4-2-45 所示：

图 4-2-45　温稍大品茗杯（1）

双手手腕继续转动，杯口转向前，目光不离开杯口。双手手腕持续转动，杯口先向左转，再向里转，水沿着杯口转 360°，回正。身体中正，头不偏，双肩平。如图 4-2-46 所示：

图 4-2-46　温稍大品茗杯（2）

B. 右弃水。

视频 4-2-16

温常用品茗杯

右手持杯，移至右侧水盂上方。右手连同手臂缓慢向上提，手和肘在一个垂直平面上，水流入水盂中，肘关节下坠。弃水毕，略停顿，杯子回正。杯收回，在受污上压一下，吸干杯底的水，放回原处。如图 4-2-47 所示：

图 4-2-47　右弃水

186

②温常用品茗杯（品茗杯容积70毫升左右）。

A.温杯。

右手取洁方，换左手持洁方，右手取品茗杯。如图4-2-48所示：

图4-2-48 温常用品茗杯（1）

双手交叉，左手包于右手外，右手虎口成弧形，护杯，左手虎口夹住洁方并挡护品茗杯，手臂自然弯曲成抱球状，双肩平，气沉，心静。首先，杯口向里，水压到杯口，目光注视杯口，然后右手手腕转动，杯口转向右。如图4-2-49所示：

图4-2-49 温常用品茗杯（2）

右手手腕继续转动，杯口先转向前，再转向左，最后转回向里，水沿着杯口转360°，回正，目光不离开杯口。身体中正，头不偏，双肩平。如图4-2-50所示：

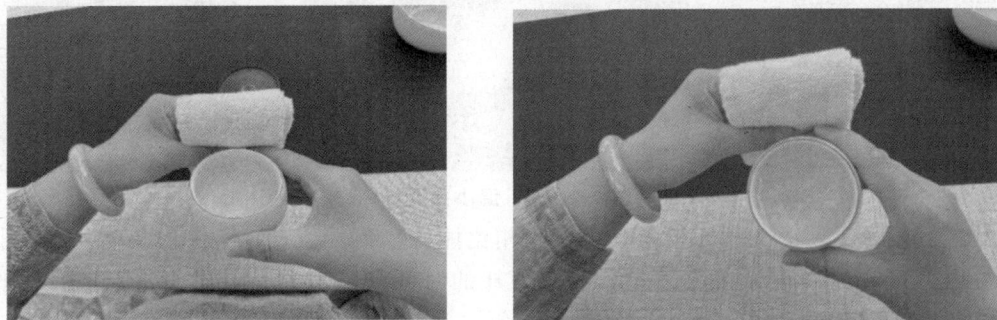

图4-2-50 温常用品茗杯（3）

B.右弃水。

双手移杯至水盂上方，弃水。弃水毕，略停顿。杯回正，稍停顿。如图4-2-51所示：

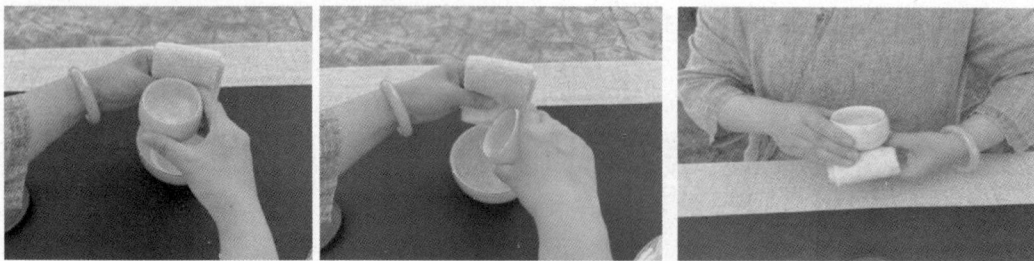

图4-2-51　右弃水（1）

将常用品茗杯放回杯托上，换右手持洁方，放下洁方。如图4-2-52所示：

图4-2-52　右弃水（2）

温小品茗杯

③温小品茗杯（品茗杯容积30毫升左右）。

杯中注入沸水，双手食指与拇指端杯，中指顶住杯底。双手拿起杯，同时放入另一个小品茗杯中。大拇指往外推，使小品茗杯转动一圈，取出小品茗杯，在受污上压一下，放于原位。如图4-2-53所示：

图4-2-53　温小品茗杯

温品茗杯的要领：①品茗杯与其他器具相比体积较小，注意手指不要碰到杯口；②弃水入盂后，杯子先回正，再收回；③温品茗杯的时间，一般是茶叶的浸泡时间，可长可短，根据具体情况而定。

（5）温茶壶

右手持壶（已注入1/3壶开水），左手中指抵住茶壶底边，肩关节放松，肘关节下坠，双手成抱球状，放松，静心。手腕转动，茶壶向里侧倾。如图4-2-54所示：

图 4-2-54 温茶壶（1）

手腕转动，茶壶先向右转，再向前转，最后向左转。如图 4-2-55 所示：

图 4-2-55 温茶壶（2）

手腕继续转动，茶壶往里侧倾斜，左手中指仍抵住壶底边，回正，弃水。如图 4-2-56 所示：

图 4-2-56 温茶壶（3）

茶壶在受污上压一下，吸干壶底的水，放回原处。如图 4-2-57 所示：

图 4-2-57 温茶壶（4）

温茶壶的要领：①右手中指勾住壶把，食指压壶钮，固定住壶盖，但不能压住气孔；②左手中指支撑壶底边缘。

3.翻杯

（1）翻玻璃杯

右手手腕放松，五指并拢，握住杯底，护住杯身，中指不超过杯身的1/2，肘关节下坠，不外翻。左手托住杯底，手心相对。双手护杯，身体中正，头不偏，双肩放松，保持平衡。右手手腕向左转动，顺势翻正茶杯，放回。如图4-2-58所示：

图4-2-58　翻玻璃杯

翻玻璃杯的要领：①右手五指下垂护住杯身，肘关节不外翻；②身体中正。

（2）翻品茗杯

右手单手持杯，虎口成弧形，手腕松开，手指自然下垂，肘关节下坠，不外翻。如图4-2-59所示：

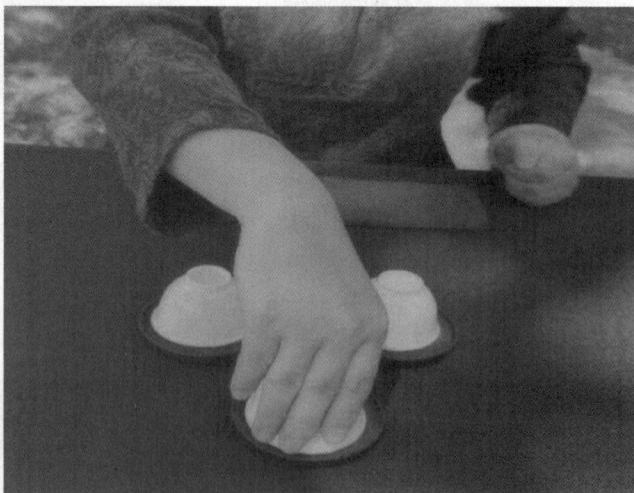

图4-2-59　翻品茗杯（1）

取杯至胸前，右手手腕转动，翻杯，同时，左手手掌、手臂成弧形，挡住品茗杯。如图4-2-60所示：

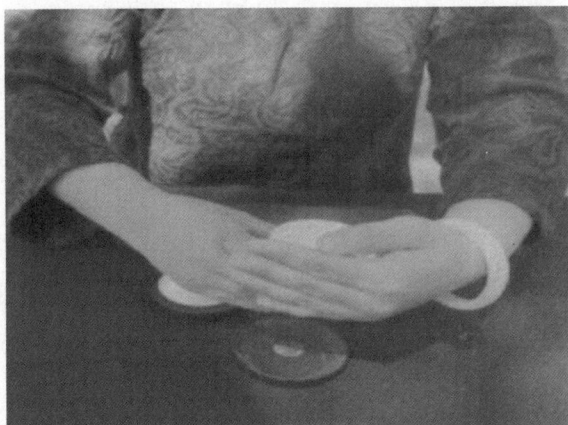

图4-2-60 翻品茗杯（2）

右手手腕转动至杯口水平时，左手往里收至胸前，左手的运行轨迹好似画了个"竖圆"，右手放下品茗杯。如图4-2-61所示：

图4-2-61 翻品茗杯（3）

男士翻品茗杯时，右手单手持杯，手腕松弛，手指自然下垂，肘关节下坠，不外翻。右手手腕转动，翻杯，放下茶杯。如图4-2-62所示：

图4-2-62 男士翻品茗杯

视频 4-2-20

瓷罐开盖

4.开、合茶叶罐盖

（1）瓷罐开盖

掌心捧住茶叶罐罐身，双手食指与拇指固定罐盖，向上顶。如图 4-2-63 所示：

图 4-2-63　瓷罐开盖（1）

再转动茶叶罐，继续往上顶，松开罐盖。如图 4-2-64 所示：

图 4-2-64　瓷罐开盖（2）

左手拿罐，右手取出罐盖，往胸前收，用右手中指拨动罐盖，使得罐盖口向上、向内，然后沿半圆弧线轨迹放于桌上。如图 4-2-65 所示：

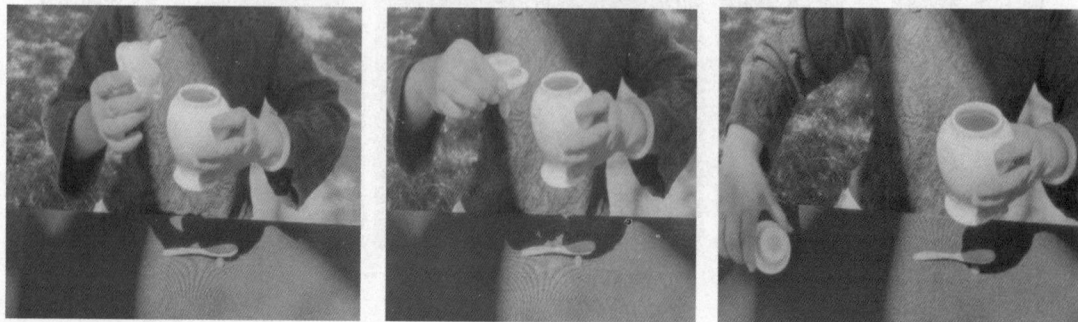

图 4-2-65　瓷罐开盖（3）

（2）瓷罐合盖

左手握罐，右手拿起罐盖，罐盖口向下，如图 4-2-66 所示：

视频 4-2-21

瓷罐合盖

图 4-2-66　瓷罐合盖（1）

双手掌心捧住茶叶罐罐身，双手食指与拇指固定罐盖，向下压，转动茶叶罐，再向下压，盖严，适当用力，避免发出响声。如图 4-2-67 所示：

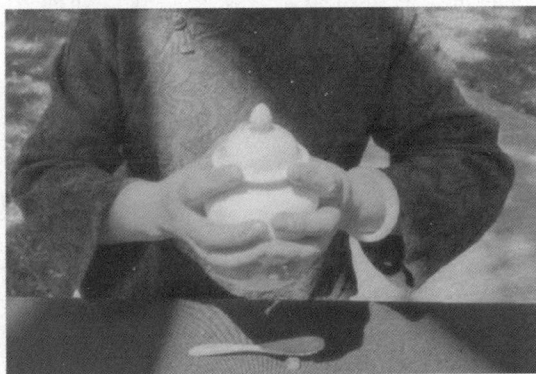

图 4-2-67　瓷罐合盖（2）

左手将茶叶罐放回原位。如图 4-2-68 所示：

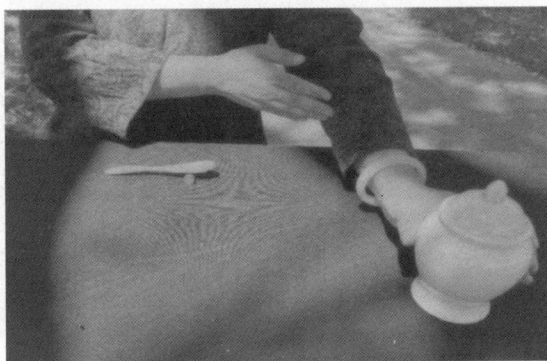

图 4-2-68　瓷罐合盖（3）

5.取茶、置茶

本法适用于取紧实、体积小的茶，左右手可以根据需要互换握茶瓢与茶罐。

视频4-2-22

茶瓢取茶、
置茶

（1）茶瓢

①茶瓢取茶。

左手握茶罐，右手手心朝下，虎口成圆形，掌心为空，取茶瓢。茶瓢水平移至茶罐口，头部搁在罐口，右手掌从茶瓢中后部滑下，手心朝上托住茶瓢。如图4-2-69所示：

图4-2-69　茶瓢取茶（1）

茶罐侧向身体，罐口向里，右手持茶瓢，从茶罐开口处插入。左手握茶罐，罐口向外，茶瓢尾部同时往外，将茶瓢中盛满茶叶。如图4-2-70所示：

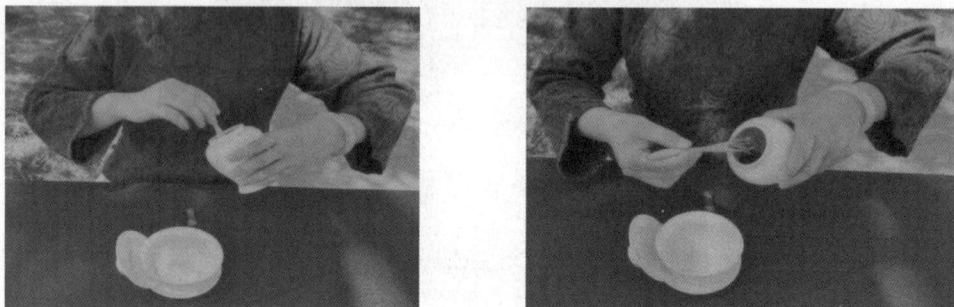

图4-2-70　茶瓢取茶（2）

左手手腕转动，罐口转向右侧，右手手握茶瓢随茶罐转到右侧。右手托茶瓢，取出茶叶，可根据需要反复取茶动作。如图4-2-71所示：

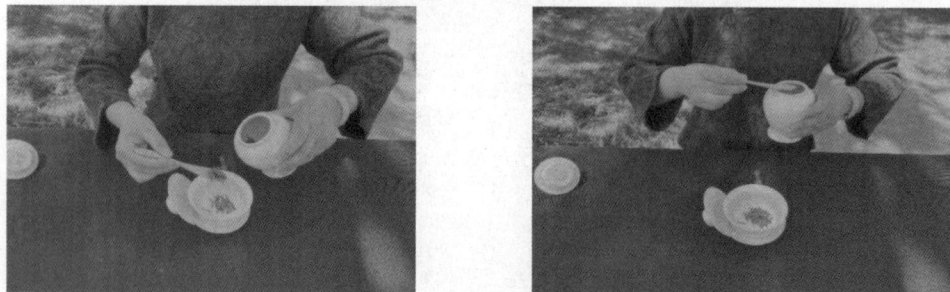

图4-2-71　茶瓢取茶（3）

②茶瓢置茶。

置茶就是将取出的茶叶置于泡茶器中。完成置茶后，茶叶罐回正，茶瓢头部搁在罐口。右手掌从茶瓢中后部滑上，手心朝下，放下茶瓢。如图4-2-72所示：

图 4-2-72 茶瓢置茶

（2）茶匙取茶、置茶

本法适用于取松散、体积大的茶叶或末茶（茶粉）。如图 4-2-73 所示：

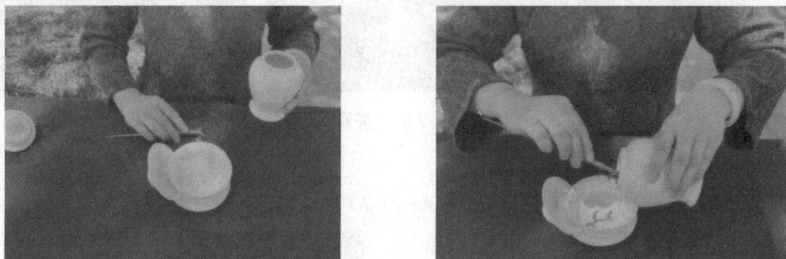

图 4-2-73 茶匙取茶、置茶

左手握茶罐，右手持茶匙，拇指与食指固定茶匙，其余手指自然弯曲，掌心为空，手为放松状态。左手将罐口偏向右侧，罐身平，右手用茶匙拨茶叶入泡茶器。如图 4-2-74 所示：

视频 4-2-23

茶匙取末茶

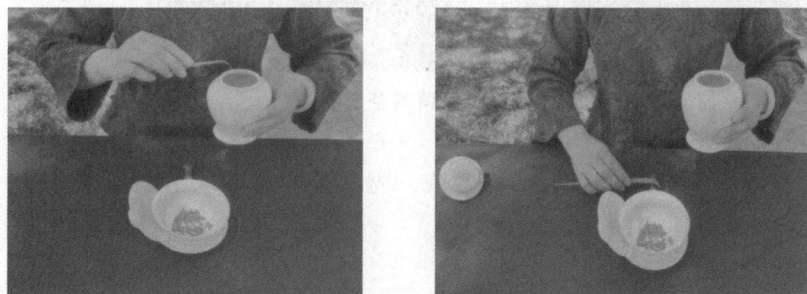

图 4-2-74 茶匙取茶、置茶（1）

回正茶罐，放回茶匙，置茶完成，合盖。如图 4-2-75 所示：

视频 4-2-24

茶荷取茶、置茶

图 4-2-75 茶匙取茶、置茶（2）

茶荷取茶

（3）茶荷取茶、置茶

本法适合放一泡茶的量，茶须事先称好。

① 取茶。

左手握茶叶罐，右手握茶荷向上翻。左手倾斜茶叶罐，右手持稳茶荷。左手前后转动茶罐，倾倒茶叶。倾完即停，回正茶罐，放下。如图4-2-76所示：

图4-2-76　茶荷取茶

②置茶。

将茶荷中的茶叶置入泡茶器中，如图4-2-77所示：

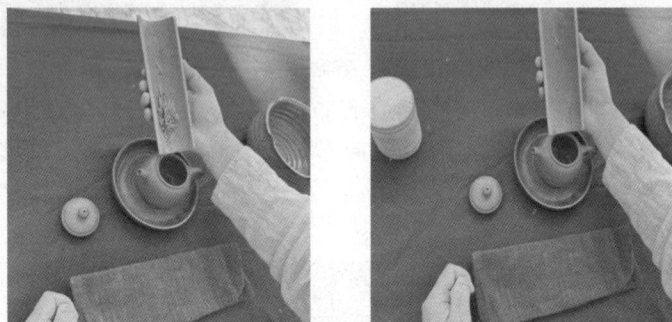

图4-2-77　茶荷置茶

茶匙与茶荷
组合取茶

（4）茶匙与茶荷组合取茶

本法适用于给两个以上茶杯置茶，先从茶叶罐中取出总的茶叶量，再均匀分入各杯中。

①取茶。

左手握茶罐，右手持茶匙，茶匙尾部顶在手掌处，虎口成弧形。左手将茶罐向右侧放平，右手持茶匙拨茶叶入茶荷，取茶量视杯的个数及茶杯容量而定。如图4-2-78所示：

图4-2-78　茶匙与茶荷组合取茶

取茶毕，左手回正茶罐，合盖，放回。如图4-2-79所示：

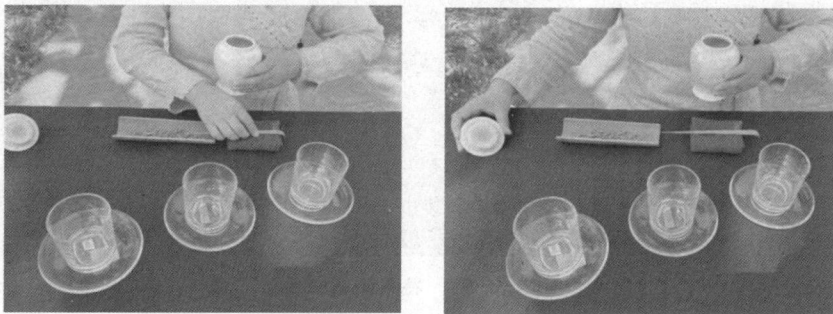

图4-2-79 取茶毕放回茶罐

②置茶。

右手手心朝下拿起茶荷，左手也手心朝下，双手提起茶荷。左手从茶荷左边往下滑托住茶荷，掌心为空。右手从茶荷右边往下滑，双手向上托住茶荷，掌心为空。如图4-2-80所示：

图4-2-80 茶匙与茶荷组合置茶

茶荷向内偏45°，左手滑下托茶荷中部。右手取茶匙，双手移至玻璃杯上方。茶荷出口对准第一个茶杯。右手持茶匙。如图4-2-81所示：

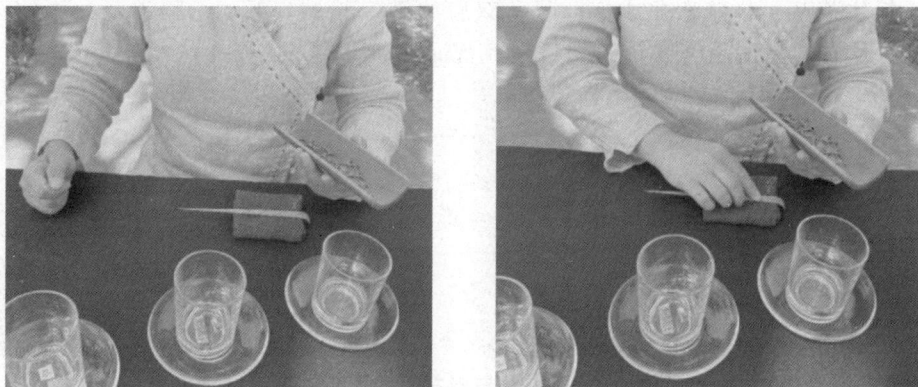

图4-2-81 右手持茶匙

分几次将一杯所需的茶量拨入杯。第一杯置茶毕，移至另一杯上方，再拨茶入杯。如图4-2-82所示：

图 4-2-82 将茶量拨入杯

茶匙与茶荷组合取茶的要领：①取茶时以不损伤茶叶为原则；②手托茶荷时，掌心为空，虎口成弧形，有利于茶荷调整方向；③让茶匙"松口气"，持茶匙时手放松，别紧紧握住。

6.赏茶

（1）长茶荷赏茶

右手手心朝下，虎口成弧形，握住茶荷。左手手心朝下，虎口成弧形，握住茶荷。左手从上滑到下托住茶荷，手心朝上，虎口成弧形。随后，右手从上滑到下托住茶荷，手心朝上，虎口也成弧形。如图 4-2-83 所示：

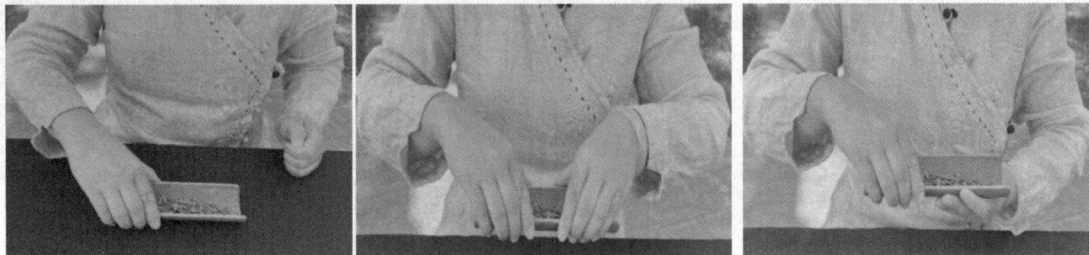

图 4-2-83 茶荷赏茶

双手托住茶荷，自然弯曲成抱球状，双肩放松，肘关节下坠，腰带着身体先向右转，再转向左，从右向左请品茗者赏茶，目光注视品茗者。如图 4-2-84 所示：

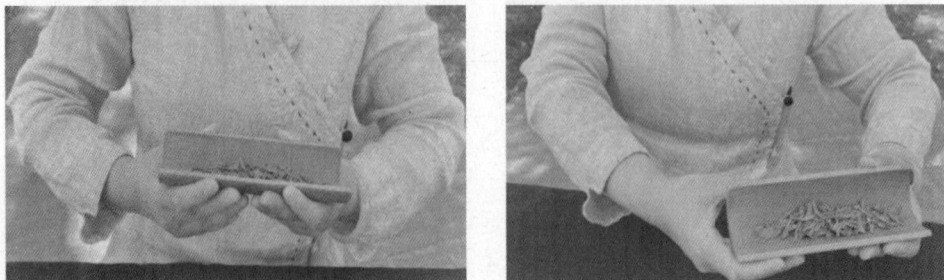

图 4-2-84 从右向左请品茗者赏茶

身体回正。左手从下往上滑，手握茶荷。右手从下往上滑，手握茶荷。赏茶毕，放下茶荷。如图 4-2-85 所示：

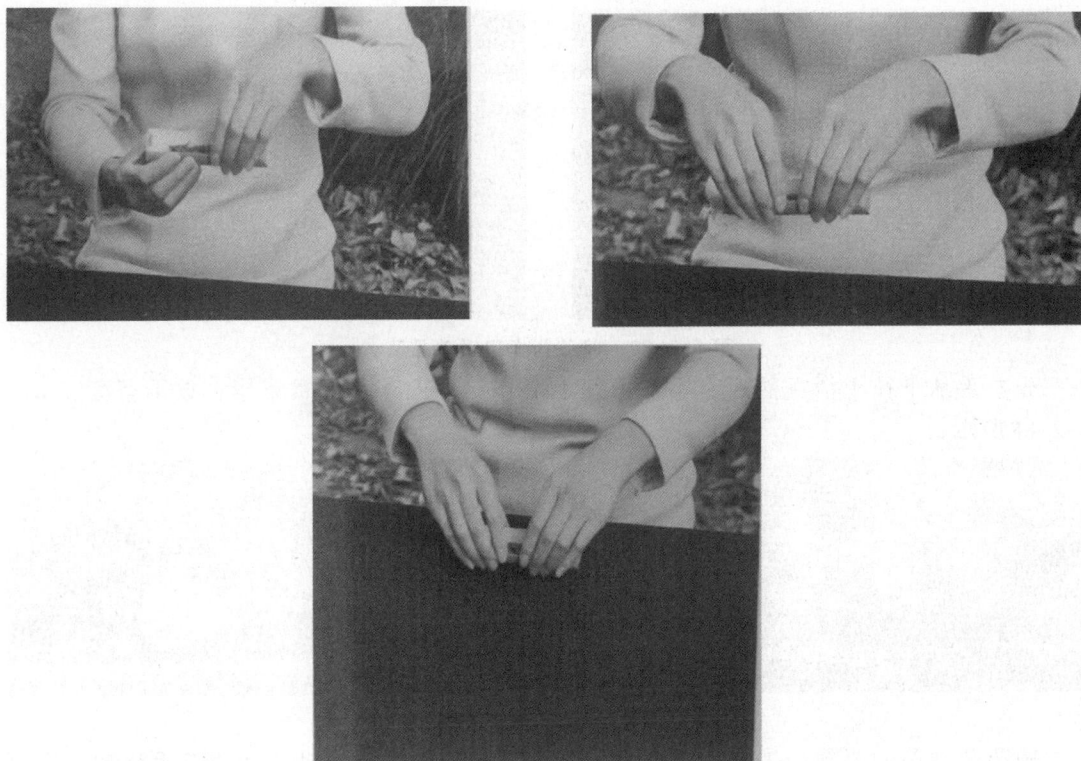

图 4-2-85　放下茶荷

（2）圆茶荷赏茶

右手手心朝下，虎口成弧形，握住茶荷。左手手心朝下，虎口成弧形，握住茶荷。左手从上滑下托住茶荷，手心朝上，虎口成弧形。右手从上滑下托住茶荷，手心朝上，虎口成弧形。如图4-2-86所示：

视频4-2-28

圆茶荷赏茶

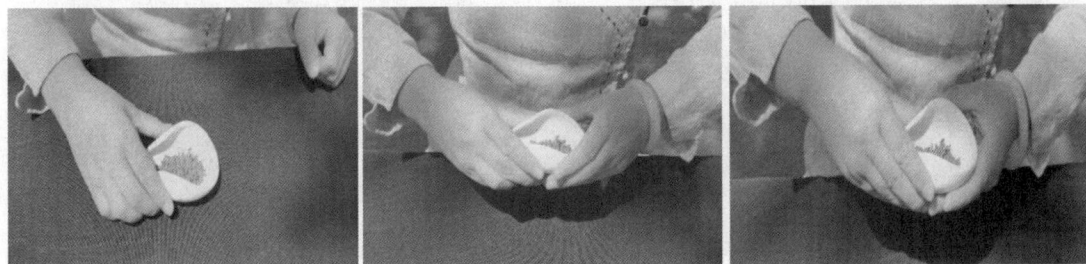

图 4-2-86　圆茶荷赏茶

双手转动，可将茶荷大口对着品茗者。双手自然弯曲成抱球状，双肩放松，肘关节下坠，腰带动上身向右转，从右边开始请品茗者赏茶，目光注视品茗者，身体回正。如图4-2-87所示：

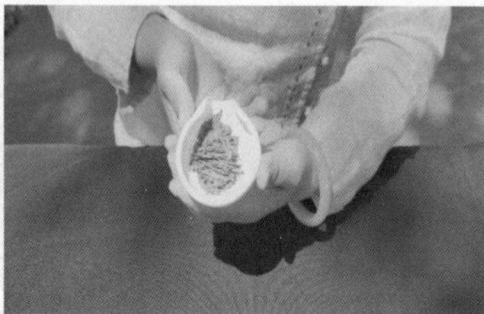

图4-2-87 将茶荷大口对着品茗者

先左手从下往上滑，然后右手从下往上滑，双手握茶荷。赏茶毕，放下茶荷。如图4-2-88所示：

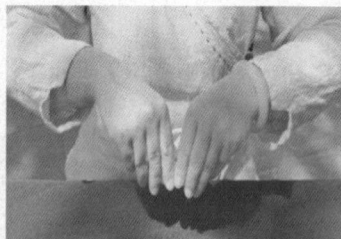

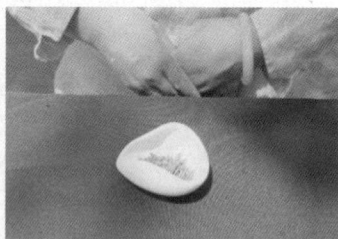

图4-2-88 放下茶荷

圆茶荷赏茶的要领：①从右至左赏茶时，是腰带动身体转动，而非双手移动；②手掌心始终为空。

7.摇香

（1）玻璃杯摇香

双手五指并拢，捧起玻璃杯至胸前。手腕转动，杯口先转向里侧。如图4-2-89所示：

图4-2-89 玻璃杯摇香（1）

手腕继续转动，杯口先向右转，再向前转，之后向左转。接下来，杯口继续由左向里转，先缓慢摇香一圈，再快速转动两圈，茶杯回正，摇香完成。如图4-2-90所示。

玻璃杯摇香的要领：①捧起茶杯时，双手虎口相对形成一个圆；②双臂成抱球状；③手腕转动而非手指转动或身体转动，手指始终不离开玻璃杯。

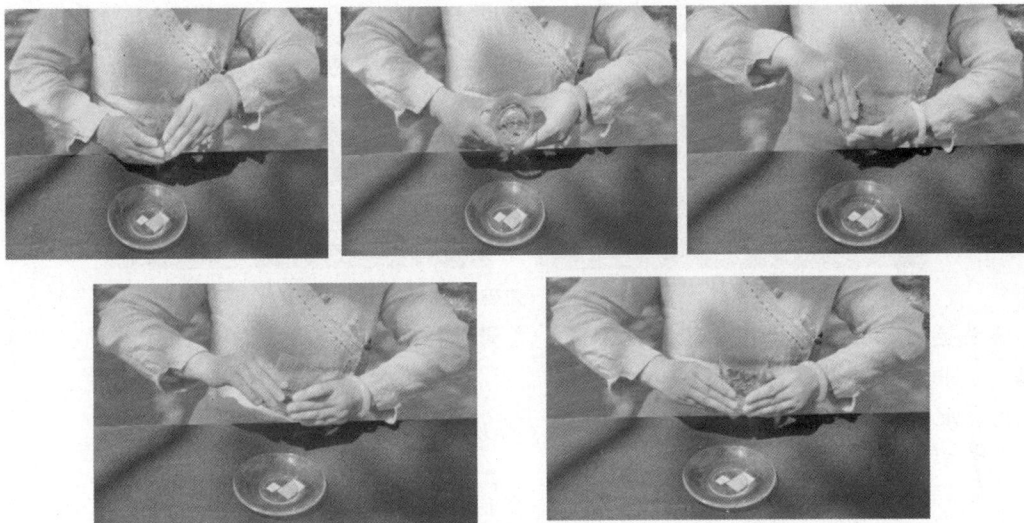

图 4-2-90　玻璃杯摇香（2）

（2）盖碗摇香

双手捧盖碗至胸前。左手四指并拢与拇指成开口向右的"U"形，四指指尖托住碗底，大拇指护住碗边。右手食指压住碗盖，手臂自然弯曲成抱球状。如图 4-2-91 所示：

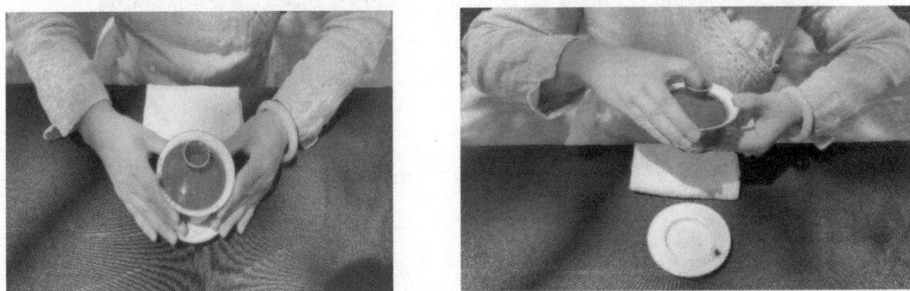

图 4-2-91　盖碗摇香（1）

手腕转动，杯口先向左转，再向里压，之后向右转。如图 4-2-92 所示：

图 4-2-92　盖碗摇香（2）

接下来，手腕继续转动，先杯口向里，再快速转动两圈，盖碗回正。最后，左手掌托碗底，掌心为空，右手持盖，往外推，留出一条缝隙，可以闻茶香，盖碗回正。如图 4-2-93 所示：

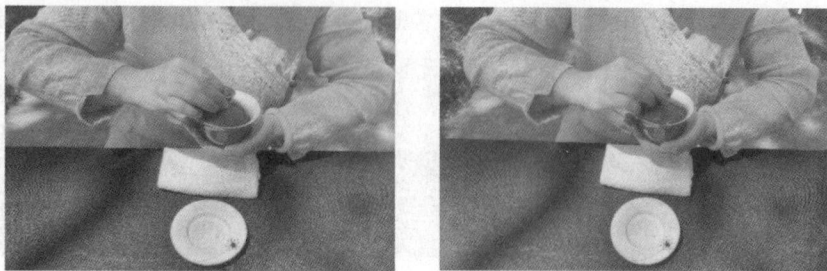

图4-2-93　盖碗摇香（3）

盖碗摇香的要领：①左手指尖托碗底，大拇指托碗边；②手腕转动碗才转动，非手指转动，也非身体转动。

8.提水壶

（1）男士提水壶

方法一：右手四指并拢，手心朝上，托住水壶提梁，肘关节下坠，肩关节放松，虎口夹住提梁，靠手腕转动来调整水壶的方向，注水。左手半握拳，与肩同宽搁在桌面上。如图4-2-94所示：

图4-2-94　男士提水壶方法一

方法二：右手四指并拢，手心朝下，握住水壶提梁，肘关节下坠，肩关节放松，注水。如图4-2-95所示：

图4-2-95　男士提水壶方法二

（2）女士提水壶

女士提水壶

方法一：右手四指并拢，手心朝下，握住水壶提梁，掌心为空，肘关节下坠，肩关节放松。水壶平移靠近身体，右手下滑，掌心紧贴提梁，手腕转动，调整水壶的方向，注水。左手半握拳，与肩同宽搁在桌面上。如图4-2-96所示：

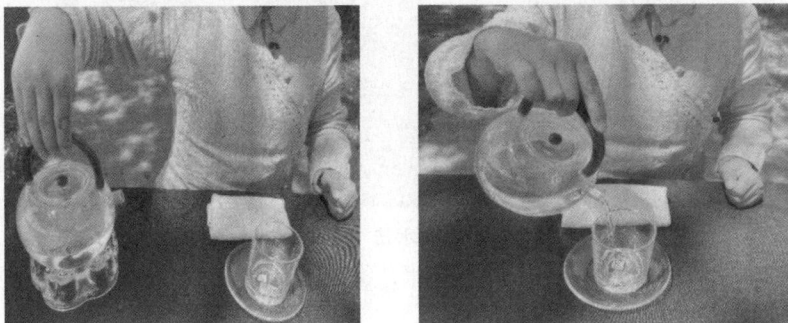

图4-2-96 女士提水壶方法一

方法二：右手四指并拢，手心朝下，握住水壶提梁，肘关节下坠，肩关节放松。水壶平移靠近身体，水壶不动，右手右侧半边手掌下压，掌心紧贴提梁，手腕转动，调整水壶的方向，左手持受污托住水壶底部，注水。如图4-2-97所示：

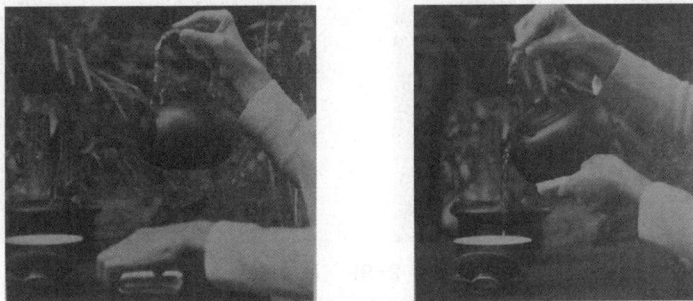

图4-2-97 女士提水壶方法二

提水壶的要领：①手掌紧贴提梁，可以借助手掌的力量，而不只是用手指的力量；②肩关节、腕关节放松，可使水壶灵活调整方向；③切忌抬肘。

9.注水

注水有4种方法，分别为斟水法、冲水法、泡法、沏法，其中冲水法又分高冲法、定点冲法2种，见表4-2-2。

表4-2-2　　　　　　　　　　注水的4种方法及其特点

注水法		特点
斟水法		稳稳地注水
冲水法	高冲法	一次冲水，高处收水，水的冲力较大
	定点冲法	由高到低上下3次或1次，水的冲力大
泡法		水的冲力小，茶汤柔和
沏法		水的冲力更小，注水温柔

（1）斟水法

手提水壶，往盖碗里注水，水流均匀，沿着碗壁逆时针旋转一圈或几圈，注水至需要的量时收水。如图4-2-98所示：

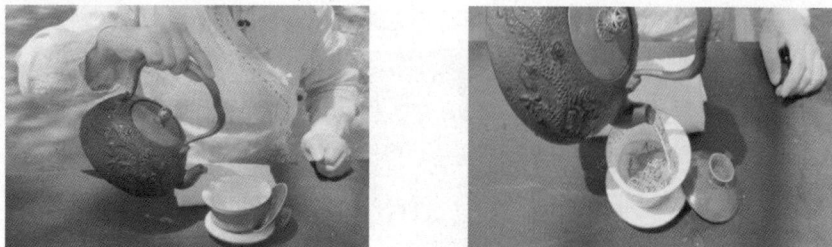

图4-2-98　斟水法

斟水法适用于：①注少量的水，温润一下茶叶；②对水温要求不高的茶叶；③原料比较细嫩的茶叶。

（2）高冲法

手提水壶，对准泡茶器中心从最高处往下注水，水流均匀，注水至需要的量时在高处收水。如图4-2-99所示：

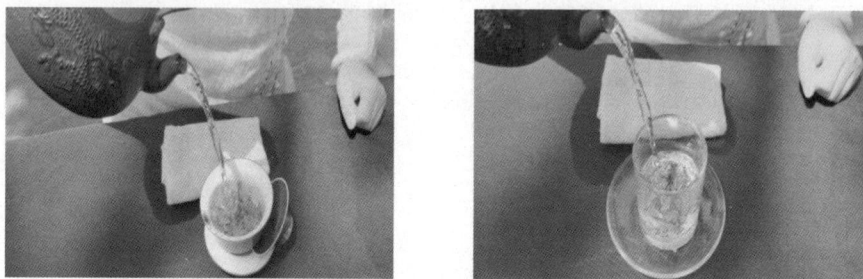

图4-2-99　高冲法

高冲法适用于：①原料比较成熟的茶叶；②外形比较紧结或卷紧的茶叶；③需要快速出汤的茶叶；④用壶作为泡茶器，高冲时水不外溅。

视频4-2-30

定点冲法

（3）定点冲法

右手提水壶，对准玻璃杯9点与12点之间位置的杯壁，从高处往下注水，水流均匀，注水至需要的量时在低处收水，茶叶在杯内上下翻滚，以使茶汤浓度上下均匀。上述动作重复3次，茶叶会在容器内快速上下翻滚，茶的可溶物质会快速溶出，最后茶汤浓度上下一致。如图4-2-100所示：

图4-2-100　定点冲法

定点冲法适用于：①需要快速出汤；②需要均匀茶汤浓度。

（4）泡法

手提水壶，从高处往下注水，水流均匀，水紧贴着容器的壁逆时针旋转一圈，注水至需要的量时在高处收水。如图4-2-101所示：

图4-2-101　泡法

泡法适用于：①原料细嫩的茶叶；②需要茶汤的口感柔和。

（5）沥法

右手提壶，左手持碗盖与壶成45°，水流先慢慢淋在碗盖内壁上，再慢慢流入盖碗中。如图4-2-102所示：

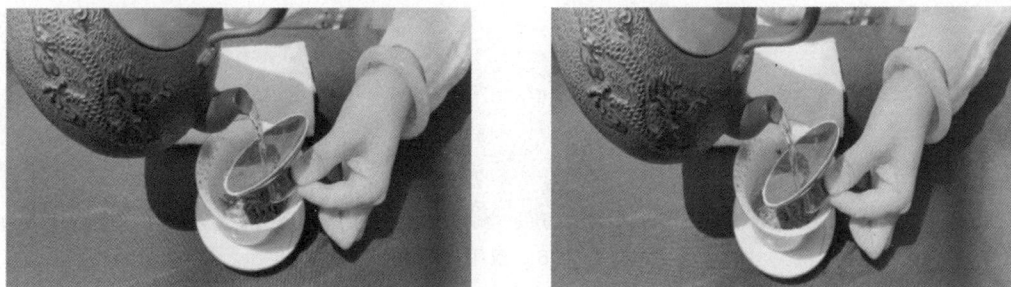

图4-2-102　沥法

沥法适用于：①使用盖碗泡茶；②需要快速使水温下降；③原料细嫩的茶叶。

10.取、放器具

（1）双手端取茶巾

双手虎口成弧形，端起茶巾，收到胸前，放于右侧（或左侧）。如图4-2-103所示：

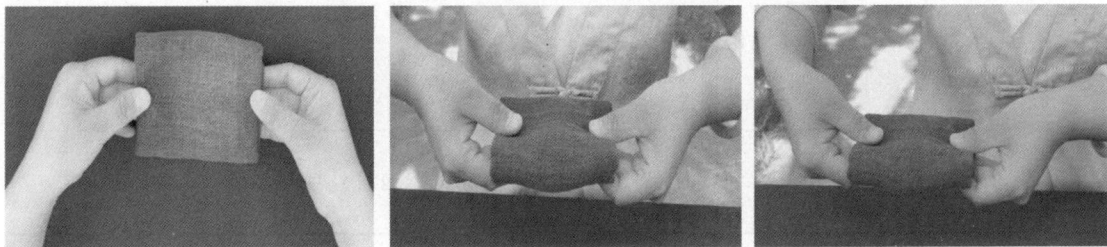

图4-2-103　双手端取茶巾

（2）双手捧取

①水壶。

双手提水壶，右手为实，左手为虚，左手五指并拢护茶壶。先移至胸前，再移至右侧，放下水壶。如图4-2-104所示：

图4-2-104　双手捧取水壶

双手捧取水壶的要领：A.双手取放，轻取轻放，举重若轻；B.虚实结合，身体中正。

②茶罐。

双手五指并拢，捧起茶罐，移至胸前。再从胸前移至左侧，放于茶桌上，右手为虚护。如图4-2-105所示：

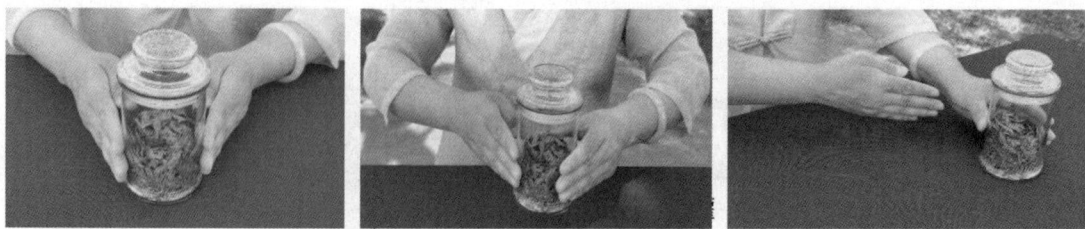

图4-2-105　双手捧取茶罐

任务训练与考核

行茶基本动作的训练与考核评价参考表见表4-2-3。

表4-2-3　　　　　　行茶基本动作的训练与考核评价参考表

序号	训练内容	考核要点	要点提示	配分	得分
1	修习茶艺所需掌握的基本动作	茶艺掌握	对于叠茶巾、翻杯、温杯、取茶、置茶等基本动作的熟悉和掌握	6分	
2	茶艺注水的4种方法	了解程度	斟水法、冲水法、泡法、沏法	4分	

考核方式：以小组为单位，10分计分制。

任务三　奉茶与饮茶

◎ **技能目标**

1.了解品茗者奉茶的基本动作及注意事项

2.了解品饮者饮茶的各种方法

◎ **素养目标**

茶的品尝，引人深思。确实，人生的滋味尽显于茶，品尝茶亦是对人生的体味和感悟。茶如人生，人生如茶。借饮茶，诉人生百味。在学习中懂得在品茶中感悟人生哲理。

奉茶与饮茶是一组习茶者与品茗者互动的动作，如习茶者奉茶、品茗者受茶，习茶者行礼、品茗者回礼。习茶者的每一个动作都表达了对品茗者的尊重、体贴和真诚，品茗者用心品尝由习茶者用心冲泡的茶汤，彼此借一杯茶进行心与心的交流。

1.奉茶

（1）品茗者坐于桌前，托盘奉茶

习茶者端茶盘于胸前，右脚开步，走至品茗者正前方，转身面对品茗者。习茶者行奉前礼，品茗者回礼，礼毕回正。习茶者左手托茶盘，右手端杯。如图4-2-106所示：

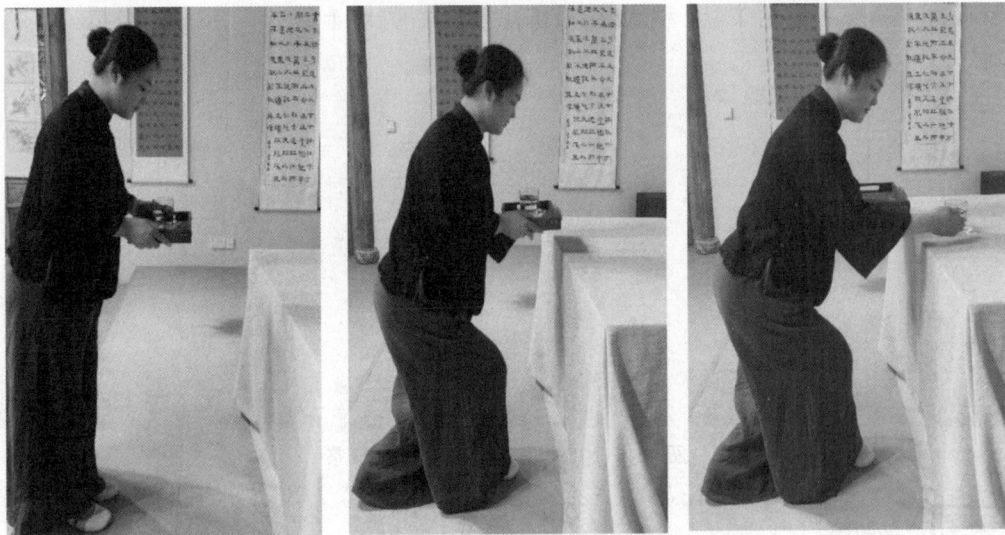

图4-2-106　品茗者坐于桌前奉茶动作（1）

习茶者伸出右手，五指并拢，手掌与杯成45°，示意"请"，行奉中礼，品茗者回礼，奉中礼毕。习茶者起身，左脚后退一步，右脚跟着并拢，行奉后礼，意为"请慢用"。如图4-2-107所示：

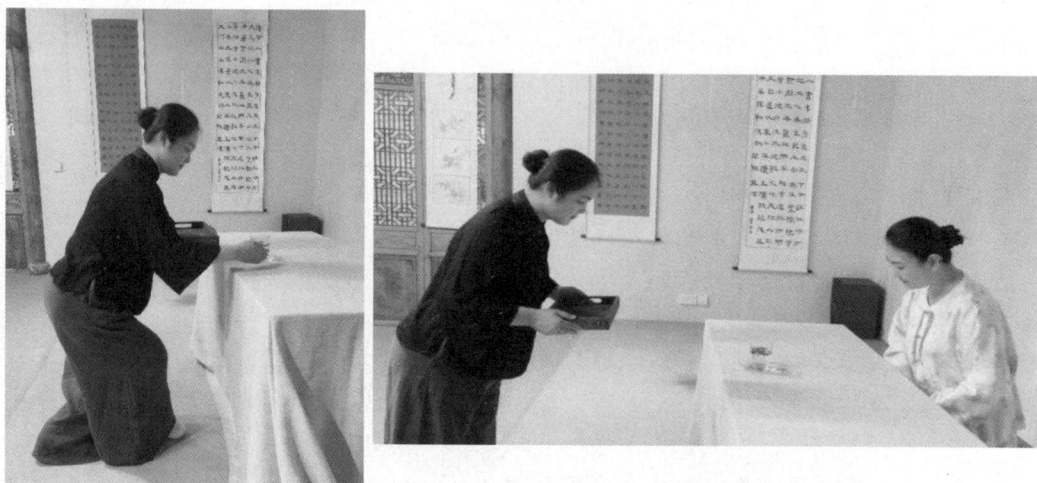

图 4-2-107 品茗者坐于桌前奉茶动作（2）

品茗者坐于桌前奉茶的要领：①应面对面正面奉茶，切忌侧面对着品茗者；②女士蹲姿要稳，重心以低于品茗者为宜，切忌蹲"马步"；③男士重心降低，弯腰即可，切忌下蹲。

（2）品茗者站立，托盘奉茶

习茶者端茶盘于胸前，走至品茗者正前面。习茶者行奉前礼，品茗者回礼。习茶者左手托茶盘，右手端茶杯和托，将茶杯端至品茗者手上。习茶者行奉中礼，示意"请"或"请用茶"。习茶者手端茶盘，左脚往后退一步，右脚跟上，行奉后礼，轻声说："请慢用"。如图 4-2-108 所示：

图 4-2-108 品茗者站立托盘奉茶

视频 4-2-31

盖碗品饮法

品茗者站立托盘奉茶的要领：品茗者站立，奉茶者不用下蹲，略弯腰鞠躬即可。

2.品饮

（1）盖碗品饮法

①女士盖碗品饮法。

右手端取盖碗，交至左手，左手食指与中指成"剪刀状"托底，拇指压住碗托。右手取盖至鼻前，深吸一口气，闻香。如图 4-2-109 所示：

图4-2-109 女士盖碗品饮法

右手持盖，盖于碗上，靠里侧留一小缝。右手手腕转动，虎口向内，小口品饮。饮毕，放下盖碗。如图4-2-110所示：

图4-2-110 女士盖碗小口品饮

女士盖碗品饮法的要领：A.左手托起碗托，以免烫手；B.肩放松，双肘下坠；C.品饮时，虎口朝里，挡住嘴。

②男士盖碗品饮法。

右手端碗，将碗由右手交给左手。右手取碗盖，移至鼻前时深吸一口气，闻香。如图4-2-111所示：

图4-2-111 男士盖碗品饮法

碗盖向外推，靠里留出一条小缝。右手大拇指压盖，手指托于底部，固定盖碗。如图4-2-112所示：

图4-2-112　固定盖碗

右手端碗托底，左手半握拳，与肩同宽搁于桌面上，小口品饮。如图4-2-113所示：

图4-2-113　男士盖碗小口品饮

男士盖碗品饮法的要领：A.动作大气，轻提轻放；B.双肩放松，双肘下坠；C.品饮时用虎口挡住嘴。

（2）品茗杯品饮法

①无柄品茗杯品饮。

双手端杯托，将茶杯移近。右手五指并拢端杯，食指高于杯口，起遮挡的作用。端起茶杯，先观汤色，再小口品饮，虎口略朝里，以对方正面看不到嘴为度。品饮茶汤后，闻杯底香。如图4-2-114所示：

图4-2-114 无柄品茗杯品饮

②双杯（闻香杯、品茗杯）品饮法。

右手端小品茗杯，倒扣在闻香杯上，手心朝下。换成手心朝上，食指与中指夹住闻香杯，大拇指压住品茗杯，固定好之后，手腕垂直上下快速翻转，闻香杯倒扣在品茗杯上，转成手心朝下。如图4-2-115所示：

视频4-2-32

双杯品饮法

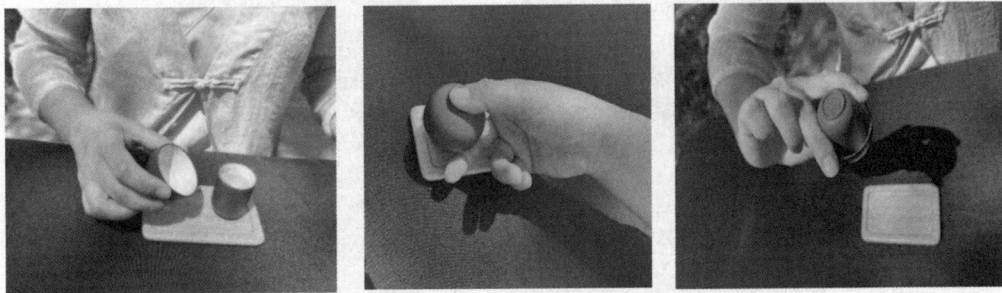

图4-2-115 双杯（闻香杯、品茗杯）品饮法（1）

左手护品茗杯，放于杯托靠右侧（品茗杯原位），右手向里转动（逆时针）闻香杯，轻轻往上提起。右手掌握闻香杯，左手抱右手，由远及近3次闻茶香。将闻香杯放回杯托左侧（闻香杯原位）。右手端品茗杯，先观汤色。虎口略朝里，小口品饮。如图4-2-116所示：

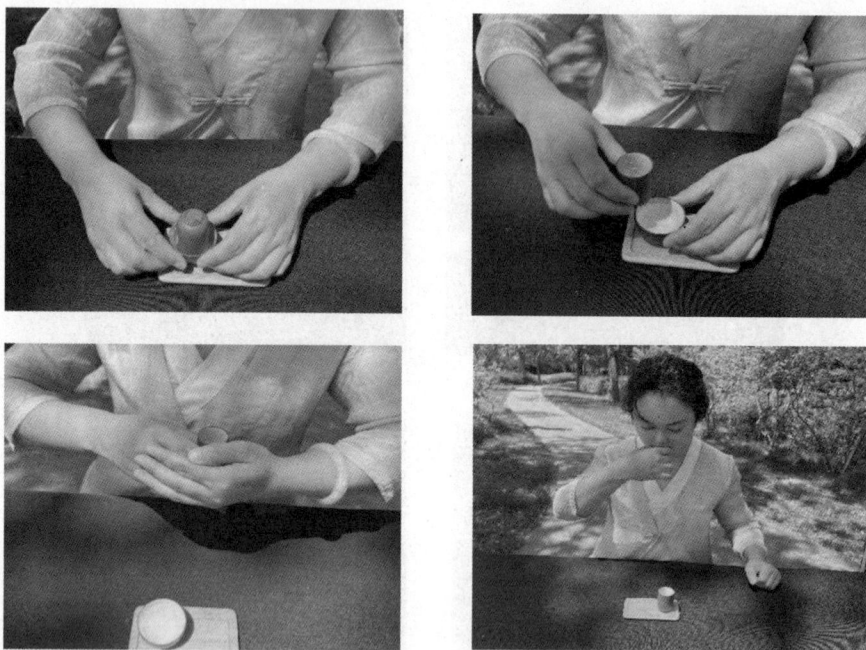

图4-2-116　双杯（闻香杯、品茗杯）品饮法（2）

　　双杯（闻香杯、品茗杯）品饮法的要领：①切忌对闻香杯、品茗杯吐气；②肘自然下沉。

　　3.收盘

　　双手握住茶盘对角，将其置于身体右边，茶盘面与身体平行，茶盘最低一角与身体相距一拳的距离。茶盘放于身体左边亦同。如图4-2-117所示：

图4-2-117　收盘

　　收盘的要领：①男士双手握住茶盘短边中间，女士握对角，双手一上一下；②茶盘最低一角在身体的外侧，不在手上，也不在身体前方，以防有水流下淋湿衣服或手；③茶盘与身体平行；④若是从泡茶桌的右边入座，茶盘收于身体左边；若是从泡茶桌的左边入座，茶盘收于身体右边，以避免与泡茶桌碰撞。男士、女士均如此。

任务训练与考核

奉茶与饮茶的训练与考核评价参考表见表4-2-4。

表4-2-4　　　　　　　　奉茶与饮茶的训练与考核评价参考表

序号	训练内容	考核要点	要点提示	配分	得分
1	请同学们谈谈对奉茶礼仪的了解和认识	对奉茶礼仪的掌握程度	奉茶者奉茶时的各种礼仪	5分	
2	请同学们谈谈对品茶的了解和认识，说明品茶有哪几种方法	男士和女士品茶的区别	不同品茗者品茶的方法	5分	

考核方式：以小组为单位，10分计分制。

◎　**情景导入**

小和尚问老和尚：师父，您开悟前每天做什么？

老和尚：挑水、劈柴、做饭。

小和尚：开悟后呢？

老和尚：挑水、劈柴、做饭。

小和尚：那开悟对您来说没有任何改变啊？

老和尚：开悟前，我挑水的时候想劈柴，劈柴的时候想做饭。开悟后，我挑水的时候想挑水，劈柴的时候想劈柴，做饭的时候想做饭。

茶艺不厌其烦以坚茶人之心，而后知大道至简。学茶艺的目的，不在茶而在道。上渡船的目的，不在渡船而在彼岸。你悟到了吗？

◎　**学茶悟道**

天人合一，物我两忘：茶艺中的人生哲理。

人人爱茶，茶自有其独特的魅力，让人们舍得花时间来品饮。中国茶道崇尚的是顺其自然，返璞归真，寻找茶之真味，从而领悟人与自然之间的天人关系。茶艺也是追求自然表达，重视与环境的和谐，讲究天人合一、物我两忘。

◎　**学习重点**

1.熟练掌握绿茶、红茶、青茶的冲泡流程

2.认识黑茶、白茶、花茶的简单冲泡

◎　**学习难点**

熟悉绿茶、红茶、青茶的冲泡流程

任务一　练习绿茶冲泡

◎　**技能目标**

1.掌握绿茶的冲泡程序。

2.掌握绿茶冲泡的基本技法。

◎　**素养目标**

绿茶有助于提神醒脑、消除疲劳、舒缓压力，同时也能够提高人的思维能力和敏锐度，具有心灵与精神上的滋养和安抚作用。练习绿茶冲泡，可以品悟注重心理健康、修身养性、追求内心平静和美好。

● ● ● ◗ 知识学习

1.绿茶的冲泡方法

由于绿茶品类、等级有不同，其冲泡方法也是不同的。

视频 4-3-1

练习绿茶冲泡

（1）名优绿茶冲泡——杯泡法

名优绿茶极其细嫩，因此一般使用玻璃杯冲泡，即杯泡法。依据投放茶叶的先后顺序，杯泡法可分为3种：上投法、中投法、下投法。上投法，是先将开水注入玻璃杯中7分满，再将茶叶拨入杯中进行冲泡。这种方法适用于外形较紧结密实、易下沉的茶叶，典型代表是洞庭碧螺春。中投法，是先将开水注入杯中约1/3处，将茶叶拨入杯中，再摇杯让茶叶吸收水分，最后将热水注至杯中7分满。下投法，是先把茶叶拨入杯中，注入1/3的热水润泽干茶，再摇杯使得茶叶吸收水分，最后将热水注至7分满。

（2）中档绿茶冲泡——盖碗泡

与名优绿茶相比，中档绿茶观赏性稍逊一筹，因此适合用盖碗冲泡，以闻香、品味为主，观形次之。

（3）大宗绿茶冲泡——壶泡法

茶界历来有"嫩茶杯泡，老茶壶泡"之说，老茶缺少观赏性，用透明杯具冲泡反而不雅。

2.绿茶的冲泡程序（杯泡法）

按照中国茶叶流通协会、人力资源和社会保障部的绿茶冲泡标准，绿茶冲泡的基本程序应包括17个环节：上场—放盘—行礼—入座—布具—行注目礼—温杯—取茶—赏茶—置茶—润茶—摇香—冲泡—奉茶—收具—行礼—退回。绿茶冲泡的主要操作步骤、操作内容及操作要点见表4-3-1。

动画 4-3-1

练习绿茶冲泡

表4-3-1　　　　　　绿茶冲泡的主要操作步骤、操作内容及操作要点

操作步骤	操作内容	操作要点
1.上场	身体放松，挺胸收腹，目光平视，上手臂自然下坠，腋下空松，小臂与肘平，茶盘高度以舒服为宜，离身体半拳距离，右脚开步	

操作步骤	操作内容	操作要点
2.放盘	右蹲姿，右脚在左脚前交叉，身体中正，重心下移，双手向左推出茶盘，放于茶桌上	
3.行礼	双手贴着身体，滑到大腿根部，头背成一条直线，以腰为中心身体前倾15°，停顿3秒钟，身体带着手起身成站姿	
4.入座	右脚向前一步，左脚并拢，左脚向左一步，右脚并拢，身体移至凳子前，坐下	
5.布具	从右至左布置茶具，先移水壶，双手捧壶表恭敬。移茶荷，放于茶盘后。移受污，放于茶盘后。移茶罐，沿弧线移至茶盘左侧前端	

操作步骤	操作内容	操作要点
6.行注目礼	正面对着品茗者，坐正，略带微笑，面部神情平静、安详，用目光与品茗者交流，意为"我准备好了，将用心为您泡一杯香茗，请您耐心等待"	
7.温杯	注水至1/3杯，逐一温烫3个茶杯	
8.取茶	茶叶罐从左手换至右手，左手拿起茶荷，右手转动取茶。用毕茶匙搁于受污上，茶匙头部伸出	
9.赏茶	双手托茶荷，手臂成放松的弧形，腰带着身体从右转至左，目光与品茗者交流，意为："这是制茶人用心制作的茶，我将用心去泡好它，也请您用心去品味它"	
10.置茶	逐杯置茶，每杯约2克	

操作步骤	操作内容	操作要点
11.润茶	斟水，逆时针注水至第一个杯子的1/4处，要求注水细匀连贯	
12.摇香	摇香时先慢速旋转一圈，再快速旋转两圈，逐杯摇香后放回原处	
13.冲泡	用定点冲泡法注水，第一个杯冲水至2/3处，调整壶嘴方向，向第二个、第三个茶杯冲水	
14.奉茶	端盘至品茗者前，行礼、奉茶	
15.收具	从左至右，器具返回的轨迹为"原路"，最后一件从茶盘里移出的器具最先收回，并放回至茶盘原来的位置上。先收水盂，之后收茶罐、受污、茶荷、水壶，放回茶盘原位端盘起身	

续表

操作步骤	操作内容	操作要点
16.行鞠躬礼	左脚后退一步，右脚并上，行鞠躬礼	
17.退回	身体为站姿，双手端盘，肩关节放松，上手臂自然下坠，茶盘高度以舒服为宜，端盘退回	

任务训练与考核

绿茶茶艺的训练与考核评价参考表见表4-3-2。

表4-3-2　　　　　　　　　绿茶冲泡的训练与考核评价参考表

序号	训练内容	考核要点	要点提示	配分	得分
1	仪表礼仪	走姿	身直，步调适中	2分	
		站姿	上身直挺自如	2分	
		坐姿	背挺直，腿并拢	2分	
		点头礼注目礼	颔首微笑，目光平和地注视客人	2分	
		仪表	端庄、秀雅	2分	
2	操作程序	备具	冲泡的器具完备	5分	
		布具	摆放位置正确	5分	
		翻杯	符合动作要领，没有声音	5分	
		赏茶	不缺少自己和客人赏闻的环节，并注意环视在座的所有客人	5分	

续表

序号	训练内容	考核要点	要点提示	配分	得分
2	操作程序	温杯	加水水量符合要求，温杯方向为逆时针，手不触摸品茗杯边缘	5分	
		置茶	使用茶则，茶叶不掉茶渣	5分	
		浸润泡	注水时沿着杯壁逆时针旋转	10分	
		摇香	方向为顺时针，动作快速	10分	
		冲泡	手法正确，水量符合要求	10分	
		奉茶	端托正确，不触碰品茗杯杯缘，礼仪规范	5分	
3	整体美感	完整	基本环节都具备	10分	
		流畅	表演过程不中断，动作娴熟	10分	
		有艺术感	表演姿态造型美，艺术感强	5分	
4			总得分		

考核方式：以小组为单位，100分计分制。

任务二　练习红茶冲泡

◎　技能目标

1.掌握红茶的品饮方法。

2.掌握红茶的冲泡程序。

◎　素养目标

以红茶茶艺为引导，深入体验中国传统的香薰文化、插花文化、民族音乐、文学艺术等，尽可能多地了解中华传统文化的博大精深，从而在茶艺文化的引导下增强文化自信，传承与发展茶艺。

●●● 知识学习

1.红茶的冲泡方法

视频4-3-2

练习红茶冲泡

红茶色泽黑褐油润，香气浓郁带甜，滋味醇厚鲜甜，汤色红艳透黄，叶底嫩匀红亮。红茶之所以迷人，不仅仅是由于它色艳味醇，更是由于它收敛性差，性情温和，广交能容。人们常以红茶调饮，酸如柠檬，辛如肉桂，甜如砂糖，润如奶酪，无不可与其交互融合，相得益彰。正因如此，红茶的品饮方法众多。

（1）按茶叶品种来分

按茶叶品种来分，可分为工夫饮法和快速饮法两种。

工夫饮法是中国传统的工夫红茶的品饮方法。工夫红茶中著名的有正山工夫小种、坦洋工夫小种、祁门工夫、云南工夫、政和工夫等，它们都属于条茶类型，外形条索紧细纤秀，内质香高色艳味醇。品饮工夫红茶重在领略它的清香和醇味，所以多用冲泡法，即将3～5克红茶放入白瓷杯中，然后冲入沸水，几分钟后，先闻其香，再观其色，最后品味。一杯茶叶通常可以冲泡2～3次。这种饮法需要饮茶人在"品"字上下工夫，缓缓斟饮，细细品啜，在徐徐体味和欣赏之中吃出茶的醇味，领会饮茶真趣，心情欢愉，怡然自得，获得精神上的升华。正如鲁迅先生所说："首先必须有工夫，其次是练出来的特别感觉。"这话是很中肯的，大凡有丰富评茶经验的人，在品评"工夫"中所获得的美感也非常深，而品鉴经验的积累，就在于下功夫、多实践。

快速饮法是21世纪发展起来的饮用方法，主要适合红碎茶、袋泡红茶、红茶乳晶、奶茶等。红碎茶是在加工过程中切碎的一种红茶，体型小，细胞破碎率高，茶叶内含物易溶于水，适宜快速泡饮。一般冲泡一次，多则两次，茶汁就很淡了。袋泡红茶饮用更为方便，一杯一袋，冲水后轻轻抖动茶袋，待茶汁溶出即可取出茶袋弃去，茶汤清澈无片末残留，可谓既方便又清洁卫生。至于速溶红茶、红茶乳晶，只需用开水调冲即可，随调随饮，冷热皆宜。奶茶是液体茶，有罐装和盒装之分，饮用最为方便。此外，西方国家也盛行冰茶。随着社会生活节奏的加快，商品茶已由单纯固体型向固体型和液体型方向发展，红茶的快速饮法，也由西方向东方辐射流传。

（2）按调味来分

按茶汤调味与否，可分为清饮法和调饮法两种。

清饮法是中国大多数地方饮用红茶的方法，工夫饮法就属于清饮，即在茶汤中不加任何调味品，使茶叶发挥固有的香味。清饮时，一杯好茶在手，静品默赏，细品慢饮，最能使人进入一种忘我的精神境界，欢愉、轻快、激动、舒畅之情油然而生，正如苏东坡比喻的"从来佳茗似佳人"，黄庭坚则咏茶是"味浓香永，醉乡路，成佳境。恰如灯下故人，万里归来对影。口不能言，心下快活自省"。而卢仝的《七碗茶》诗，饮茶乐趣更是跃然纸上。中国人多喜欢清饮，特别是名特优茶，一定要清饮才能领略其独特风味，享受到饮茶奇趣。

调饮法是指在茶汤中加入调料以佐汤味的一种方法。在中国古代，团茶、饼茶都是碾碎加调味品烹煮后饮用，随着制茶工艺的革新和散茶的创制，饮茶方法也逐渐改为泡饮，并在泡好的茶汤中加入糖、牛奶、芝麻、松子仁等作料。后来这种方法逐渐在我国少数民族集中居住地区和欧美各国流传开来。现在的调饮法，比较常见的是在红茶茶汤中加入糖、牛奶、柠檬片、咖啡、蜂蜜或香槟酒等。所加作料的种类和数量，则随饮用者的口味而异。也有的饮用者在茶汤中同时加入糖和柠檬、蜂蜜和酒，或者将其置于冰箱中制作出不同滋味的清凉饮品，别具风味。另外，值得一提的是茶酒，即在茶汤中加入各种美酒，形成茶酒饮料。这种饮料酒精度低，不伤脾胃，茶味酒香兼而有之，酬宾宴客，颇为相宜，这种饮法也日渐成为当代颇受大众青睐的新饮法。

（3）按茶具来分

按使用的茶具不同，可分为杯饮法和壶饮法两种。

一般情况下，工夫红茶、袋泡红茶、速溶红茶等大多采用杯饮法，即置茶于白瓷杯、玻璃杯中，用沸水冲泡后饮。红碎茶和片末红茶则多采用壶饮法，即把茶叶放入壶中，冲泡后为使茶渣和茶汤分离，从壶中慢慢倒出茶汤，分置各小茶杯中，便于饮用，茶叶残渣仍留于壶内，或再次冲泡，或弃去重泡都很方便。这种方法很适宜在茶馆、酒肆招待客人，或者三五友人共聚议事时采用。采取何种饮法，在接待宾客前要慎加研究，因为同一饮法会有不同的理解。有些地方认为"同饮壶茶"是亲热的表现，但在湖南，就会被认为不合礼节。《清稗类钞》载："湘人于茶，不唯饮其汁，辄并茶叶而咀嚼之。人家有客至，必烹茶，若就壶斟之以奉客，为不敬。客去，启茶碗之盖，中无所有，盖茶叶已入腹矣。"也许湘地不用壶饮法的原因就在于此。

（4）按茶汤浸出的方法分类

按茶汤浸出的方法不同，可分为冲泡法和煮饮法两种。

冲泡法即先把茶置入茶杯或茶壶中，然后冲入沸水，静置几分钟，待茶叶内含物溶入水中即可饮用。这种方法简便易行，为广大群众所乐用。

煮饮法多在客人餐前饭后饮茶时采用，特别是在少数民族集中居住地区，多喜欢用长嘴铜壶煮茶，或用咖啡壶煮早茶。壶内放茶数量视喝茶人的多少或壶身大小而定。红茶入壶后先加入清水煮沸，然后冲入预先放好奶和糖的茶杯中，最后分给大家享用。有时是在桌上放一盆糖、一壶奶，各自根据需要随意在茶中加奶、加糖。至于婚丧宴席或大型集会时，则往往先把茶放入保暖桶中，再冲入足量沸水，轻轻搅拌使茶汁溶出后备饮；有时也会先用大茶壶煮好浓茶，然后冲入保暖桶中备饮。前者更方便，但出水口易被茶渣堵塞，清洗也较麻烦，后者较为清洁卫生，也易于加水和清理。

2.红茶的冲泡程序（杯泡法）

动画4-3-2

练习红茶冲泡

红茶冲泡，按照中国茶叶流通协会、人力资源和社会保障部的红茶冲泡标准，其基本程序应包括23个环节：上场—放盘—行礼—入座—布具—行注目礼—取茶—赏茶—温碗—弃水—置茶—润茶—摇香—冲泡—温盅—温杯—弃水—沥汤—分汤—奉茶—收具—行礼—退回。红茶冲泡的主要操作步骤、操作内容及操作要点见表4-3-3。

表4-3-3　　　　　　　　　红茶冲泡的主要操作步骤、操作内容及操作要点

操作步骤	操作内容	操作要点
1.上场	端盘上场，右脚开步，目光平视，身体放松、舒适，上手臂自然下坠，腋下空松，小手臂与肘平，茶盘与身体有半拳的距离	

续表

操作步骤	操作内容	操作要点
2.放盘	右蹲姿，双手向左推出茶盘，放于桌面中间位置。双手、右脚同时收回，成站姿	
3.行鞠躬礼	双手松开，紧贴着身体，滑到大腿根部，双手臂成弧形，头背成一条直线，以腰为中心身体前倾15°，停顿3秒钟，身体带着手起身成站姿	
4.入座	右脚向前一步，左脚并拢，左脚向左一步，右脚并拢，身体移至凳子前，坐下	
5.布具	从右至左布置茶具。移水壶，双手捧壶表恭敬，放于右侧茶盘旁。双手捧水盂，移至水壶后，与水壶成一条外"八"字线。移茶荷，放于茶盘后。移受污，放于茶盘后	
6.行注目礼	坐正，面带微笑，用目光与品茗者交流，意为"我准备好了，将为您泡一杯香茗，请耐心等待"	
7.取茶	茶叶罐从左手换至右手，左手拿起茶荷，右手转动取茶。用毕茶匙搁于受污上，茶匙头部伸出	

续表

操作步骤	操作内容	操作要点
8.赏茶	双手托茶荷，手臂成放松的弧形，腰带着身体从右转至左，目光与品茗者交流，意为："这是制茶人用心制作的茶，我将用心去泡好它，也请您用心去品味它"	
9.温碗	注入 1/3 碗热水，温碗	
10.弃水	将水倒掉	
11.置茶	根据客人需求置茶	
12.润茶	右手提水壶，转动手腕逆时针注水至 1/4 碗	
13.摇香	先慢速逆时针旋转一圈，再快速旋转两圈	

续表

操作步骤	操作内容	操作要点
14.冲泡	盖碗定点冲泡至7分满	
15.温盅	茶盅里注水至6分满	
16.温杯	温杯的速度视投茶量、水温而定，水温高、茶量多速度宜快，反之，速度宜慢，要灵活掌握	
17.弃水	弃水后，杯底在受污上压一下，以吸干水渍	
18.沥汤	提碗沥汤	
19.分汤	逐杯分汤	

续表

操作步骤	操作内容	操作要点
20.奉茶	端盘行奉前礼，品茗者回礼。 将茶杯放至品茗者伸手可及处，行奉中礼，品茗者回礼。 左脚往后退一步，右脚并上，行奉后礼，品茗者回礼。 转身，移动品茗杯至均匀分布，移步至其他品茗者对面再奉茶。	
21.收具	从左至右收具，器具返回的轨迹为"原路"，最后移出的器具最先收回，并放回至茶盘原来的位置上，依次收回茶盅、盖碗、茶罐、受污、茶荷、水盂、水壶	
22.行鞠躬礼	左脚后退一步，右脚并上，行鞠躬礼	
23.退回	身体为站姿，双手端盘，肩关节放松，上手臂自然下坠，茶盘高度以舒服为宜，端盘退回	

●●● 任务训练与考核

红茶冲泡的训练与考核评价参考表见表4-3-4。

表4-3-4　　　　　　　　　红茶冲泡的训练与考核评价参考表

序号	训练内容	考核要点	要点提示	配分	得分
1	以小组为单位，用"忆乡"为主题，表演红茶茶艺	红茶的冲泡程序	23个程序	5分	
2	绿茶冲泡和红茶冲泡的注水动作有区别吗	"悬壶高冲"手法	有，一个是"凤凰三点头"，一个是"悬壶高冲"	5分	

考核方式：以小组为单位，10分计分制。

任务三　练习乌龙茶冲泡

◎ **技能目标**
1.掌握乌龙茶的冲泡程序。
2.掌握乌龙茶的冲泡技能。

◎ **素养目标**
通过乌龙茶的茶艺学习，引导学生为人处世应该清廉，以清心寡欲的心态面对尘世的名利纷争，始终保持出淤泥而不染的秉性。

● ● ● **知识学习**

1.乌龙茶的冲泡方法

乌龙茶由于采用了独特的采制工艺，品质优异，风味自成一格，冲泡技术讲究，品饮方法别致。品啜乌龙茶，往往宾客围坐一堂，由主人亲司其事，用净水洗涤茶具，并点燃炉中木炭。加水于壶中，放在炉上烧沸，后以沸水淋烫茶壶、茶杯。继而将乌龙茶置入茶壶，再将沸腾热水冲入茶壶泡茶，直至沸水溢出壶口时，方用手持壶盖刮去壶口水面浮沫，再置茶壶于盘中，并用沸水淋湿整把茶壶，以保持壶内茶水温度。与此同时，取出茶杯，分别以中指抵杯脚，拇指接杯沿，将杯放于茶盘中用沸水烫杯，或将杯子放入一只盛装沸水的大杯中转动烫热。随即将小杯呈品字形平放在茶盘上，最后将茶壶内的茶汤倒入茶杯。斟茶入杯时，必须巡回分多次注入，使各只茶杯中的茶汤浓淡均一。斟茶毕，主人应面带笑容，双手恭恭敬敬地奉茶给宾客，而宾客应起身接茶，这种冲泡方式为良好人际关系的建立提供了条件。

乌龙茶的造型有条形、曲卷形、颗粒形、朵形、束形和块形之分，其中条形、曲卷形、颗粒形是乌龙茶的造型主体。呈条形的乌龙茶主要有广东的凤凰单枞、闽北的武夷岩茶和台湾的文山包种等，呈曲卷形的乌龙茶主要有闽南乌龙茶等，呈颗粒形的乌龙茶主要有台湾冻顶等，而朵形则是白毫乌龙的独特造型。各种造型的乌龙茶冲泡技艺各有不同，需要区别对待。

（1）条形乌龙茶

条形乌龙茶体形较松大、略长，宜用潮州式冲泡法，即主茶具选用小盖碗，用下投法进行冲泡。首先用沸水温碗，温杯，按茶、水比1∶20~1∶40的比例，投茶至碗的1/3~2/3（根据所泡茶的嫩度和加工方法的不同而定，如广东乌龙茶滋味浓，投茶量可适当减少），准备冲泡。接着开始洗茶，即用回转手法沿碗沿冲入开水至满冲泡时，撇去碗面浮沫，迅速加盖，右手三指持碗将浸润泡的水倒入茶船中，最后用回转手法沿碗沿冲入95℃~100℃的水，盖上盖子，45秒或1分钟后即可分茶品饮，二泡、三泡的冲泡时间逐次增加。乌龙茶重香气和滋味，不用观其叶底，在品饮时，可先取盖闻盖香，后细细品尝，独有情趣。

（2）颗粒形和曲卷形乌龙茶

颗粒形乌龙茶如台湾的冻顶乌龙茶、金萱茶等，以及曲卷形乌龙茶如安溪铁观音、黄金桂、永春佛手等，造型紧结，体积小，比重大，耐冲泡。这两种乌龙茶的冲泡宜选用福建式泡法即壶泡法，主茶具用宜兴紫砂壶，并准备茶盅、闻香杯、品茗杯等。冲泡前先用沸水温壶、温杯，再用下投法置茶，投茶量为壶容量的 1/3 ~ 1/2（根据品饮者对茶汤浓度的习惯程度和茶叶的松紧程度而定），之后润茶、泡茶、分茶、品茶的手法与条形乌龙茶基本相同。此外，还应注意，颗粒形和曲卷形乌龙茶发酵程度差异很大，在掌握冲泡技艺时应根据具体茶叶的类型灵活变化。一般来说，发酵程度轻者，茶具以瓷器为主，水温宜稍低，以 90℃ ~ 95℃ 为宜；发酵程度重者，茶具以紫砂为主，水温以 100℃ 沸水为宜。

（3）朵形乌龙茶

动画 4-3-3

练习乌龙茶
冲泡

台湾的白毫乌龙风格独特，外形成朵，白毫显露，是朵形乌龙茶的典型代表。其发酵程度是乌龙茶中最重的，口感接近红茶。白毫乌龙冲泡在选择茶具时，既可用瓷器小盖碗，也可用宜兴紫砂壶，冲泡方法与前两者相似。有些人喜欢在品饮白毫乌龙时，在茶汤中加入几滴白兰地，风味更佳。

2.乌龙茶的冲泡程序（壶泡法）

乌龙茶冲泡，按照中国茶叶流通协会、人力资源和社会保障部的乌龙茶冲泡标准，其基本程序应包括 19 个环节：上场→放盘→行礼→入座→布具→行注目礼→取茶→赏茶→温壶→置茶→冲泡→淋壶→温杯→分汤→奉茶→示饮→收具→行礼→退回。

3.基本技法训练

乌龙茶的冲泡，依据所选取的茶具不同，技法会有不同的要求，表 4-3-5 是乌龙茶在冲泡过程中经常用到的基本技法及操作要领。

表 4-3-5　　　　乌龙茶冲泡的主要操作步骤、操作内容及图片示范

操作步骤	操作内容	图片示范
1.上场	右脚开步。走至桌子旁，面向品茗者	
2.放盘	左蹲姿，重心下移，双手向右推出茶盘，放于桌面	

续表

操作步骤	操作内容	图片示范
3.行礼	以腰为中心身体前倾15°，停顿3秒钟，身体带着手起身成站姿	
4.入座	右脚向前一步，左脚并拢，左脚向左一步，右脚并拢，身体移至凳子前，坐下	
5.布具	从右至左布置茶具。移茶壶至茶盘右下角。取、翻茶托，移至茶盘后右侧。移受污、茶罐、茶荷。翻品茗杯，五个品茗杯摆放似五个花瓣。翻闻香杯，五个闻香杯摆放似五个花瓣	
6.行注目礼	坐正，面带微笑，用目光与品茗者交流，意为"我准备好了，将为您泡一杯香茗，请耐心等待"	
7.取茶	茶叶罐从左手换至右手，左手拿起茶荷，右手转动取茶。用毕茶匙搁于受污上，茶匙头部伸出	
8.赏茶	双手托茶荷，手臂成放松的弧形，腰带着身体从右转至左，目光与品茗者交流，意为："这是制茶人用心制作的茶，我将用心去泡好它，也请您用心去品味它"	

操作步骤	操作内容	图片示范
9. 温壶	将温壶的水依次注入 5 个闻香杯和 5 个品茗杯	
10. 置茶	根据客人的情况置茶	
11. 冲泡	根据乌龙茶的造型选择对应的冲泡手法	
12. 淋壶	两手端起靠近身体的两个闻香杯，将茶汤淋于壶身上，再分次端起中间两个和最远处一个闻香杯，淋壶后放回原位	
13. 温杯	温杯的速度视投茶量、水温而定，水温高、茶量多，速度宜快，反之，速度宜慢，要灵活掌握	
14. 分汤	分 3 巡依次将茶汤注入闻香杯至七成满。左手取杯托，右手取对应位置的品茗杯与闻香杯放在杯托上进行分汤	

续表

操作步骤	操作内容	图片示范
15.奉茶	行奉前礼，品茗者回礼；行奉中礼，品茗者回礼；行奉后礼，品茗者回礼	
16.示饮	向右边、左边示意：我们可以品茶了。品茗者先观汤色，再用品茗杯小口品饮	
17.收具	器具返回的轨迹为"原路"，最后移出的器具最先收回	
18.行礼	以腰为中心身体前倾15°，停顿3秒钟，身体带着手起身成站姿	
19.退回	身体为站姿，双手端盘，肩关节放松，上手臂自然下坠，茶盘高度以舒服为宜，端盘退回	

任务训练与考核

乌龙茶冲泡的训练与考核评价参考表见表4-3-6。

表4-3-6　　　　　乌龙茶冲泡的训练与考核评价参考表

序号	训练内容	考核要点	要点提示	配分	得分
1	在乌龙茶的冲泡流程中，"狮子滚绣球"的手法有什么作用	备器洁具	掌握"狮子滚绣球"的手势、紫砂壶的温壶方法	5分	
2	请以"两袖清风"为题目，分小组表演乌龙茶茶艺	乌龙茶的冲泡程序	19个环节	5分	

考核方式：以小组为单位，10分计分制。

任务四　练习黑茶的煮茶法

◎ **技能目标**

1.掌握黑茶的冲泡程序。

2.掌握普洱茶饼的开饼技法。

◎ **素养目标**

黑茶可以反复冲泡多次，每次都要高温煮泡，这于黑茶是痛苦的煎熬，却让茶客拥有了一杯暖心茶。通过学习冲泡黑茶，启发学生若想让自己的人生更有价值，就要勇敢面对生活磨难的洗礼。

知识学习

1.黑茶的冲泡方法

视频4-3-4

练习黑茶冲泡

茶性与冲泡方法之间有着许多微妙的关系。以黑茶中常见的云南普洱为例，粗老茶不同于细嫩茶，青饼不同于熟茶，陈茶不同于新茶，轻发酵茶不同于较重发酵茶，"苦涩底"茶（苦涩味偏重）不同于"甜底"茶等。因此，一款普洱茶应进行必要的试泡，通过试泡熟悉茶性，确定冲泡要领。

我们常常会有这样的经历：有的普洱茶需要泡较长时间才出味，而有的普洱茶却能短时出浓汤。这是由于普洱茶的制作工艺和原料在起作用。普洱茶按原料和制作工艺不同，可以分为传统晒青茶和人工发酵茶两类。无论是传统晒青茶还是人工发酵茶，基础原料都是云南晒青茶。传统晒青茶大多为茶农手工揉捻，其揉捻时间较红茶、绿茶等茶类短，揉捻程度也轻于这些茶，因而茶味的浸出时间相对较缓慢。这类普洱茶在冲泡过程中，总是让人有"茶味持久，茶韵悠长"的感觉。当然，也有采用机械揉捻制作晒青毛茶的。这部分茶叶冲泡时出味相对较快。此外，云南大宗普洱茶之紧压茶，除用少量细嫩茶外，以中级茶为主料，甚至有部分粗老叶。成熟叶和粗老叶对形成普洱茶的特殊风味起着重要的作用。这部分茶叶的滋味浸出也相对细嫩茶较慢，不宜快速冲泡。再从发酵程度对普洱茶的滋味浸出速度的影响来看，轻发酵或发酵适度的普洱茶，其滋味浸出速度慢于重发酵或发酵过度的茶。

（1）宽壶留根闷泡法

对于品质较好的普洱茶采取"宽壶留根闷泡法"。"留根"就是经"洗茶"后从始至终将泡开的茶汤留在茶壶里一部分，不把茶汤倒干。一般采取"留四出六"或"留半出半"。每次出茶后再以开水添满茶壶，直到最后茶味变淡。

"闷泡"是指时间相对较长，节奏讲究一个"慢"字。"留根"和"闷泡"道出了云南普洱茶的茶性。采取留根和闷泡，既能调节从始至终的茶汤滋味，又为普洱茶的滋味形成留下充分的时间和余地，达到"茶熟香温"的最佳境界。

现实中常常会见到部分储藏不当而茶叶质地却很好的普洱茶，要么轻度受潮，要么串味，开汤时茶味不够纯正，但浓甜度和厚度尚可。对于这类茶叶，冲泡时也采用以宽壶闷泡法，只是第一、二泡不留根，三泡起再留根闷泡。

（2）中壶"工夫茶"泡法

中壶"工夫茶"泡法就是现冲现饮，每次倒干，不留茶根。茶壶的容积因饮茶者的数量而定。用此方法也能冲泡好云南普洱茶。如对部分比较新的普洱茶或有轻异味的茶，使用中型壶现冲现饮，头几泡会除去新异味，并提高后几泡的纯度。对于部分重发酵茶，采取快冲倒干法便于避免茶汤发黑。对于苦涩味较重的茶叶，中壶快冲能减轻苦涩味。对于部分采用机械揉捻制作晒青的普洱茶品，因茶味浸出较快，冲泡时也以此法为宜。

（3）盖碗杯冲泡法

盖碗杯冲泡法适合散普洱茶的冲泡，要求冲泡者手法熟练，建议采用定点冲泡方式。盖碗杯冲泡法的优点在于可闷可放，不会有壶泡带来的闷煮的感觉，冲泡时间、冲泡温度、出汤快慢、茶汤浓淡都可以控制，在一定程度上减少了器皿对茶汤醇度的影响，比较适合评茶。

2.黑茶的冲泡程序（壶泡法，以普洱茶为例）

黑茶冲泡，按照中国茶叶流通协会、人力资源和社会保障部的白茶黑茶煮茶法标准，其基本程序应包括16个环节：上场—入座—行鞠躬礼—布具—行注目礼—温壶—置茶—煮茶—点香—温杯—出汤—分汤—奉茶—收具—行鞠躬礼—退回。黑茶冲泡的主要操作步骤、操作内容及操作要点见表4-3-7。

动画4-3-4

练习黑茶冲泡

表4-3-7　　　　　　　黑茶冲泡的主要操作步骤、操作内容及操作要点

操作步骤	操作内容	操作要点
1.上场	身体放松，挺胸收腹，目光平视，上手臂自然下坠，腋下空松，小臂与肘平，茶盘高度以舒服为宜，离身体半拳距离，右脚开步	
2.行礼	双手松开，紧贴着身体，滑到大腿根部，双手臂成弧形，头背成一条直线，以腰为中心身体前倾15°，停顿3秒钟，身体带着手起身成站姿	
3.入座	右脚向前一步，左脚并拢，左脚向左一步，右脚并拢，身体移至凳子前，坐下	
4.布具	从右至左布具。移酒精炉。移茶荷。移受污。移香盒与打火机。移茶罐和水盂。移茶壶和茶盅	
5.行注目礼	坐正，面带微笑，用目光与品茗者交流，意为"我准备好了，将为您泡一杯香茗，请耐心等待"。然后依次翻杯	
6.温壶	注入沸水至1/3壶，温壶之后将水注入茶盅	

续表

操作步骤	操作内容	操作要点
7.置茶	根据客人情况取茶叶,置茶	
8.煮茶	向煮茶壶中注入沸水至8分满。点燃酒精炉。将煮茶壶移到酒精炉上,煮茶	
9.点香	取香和香插,点香、插香,放于茶盘左前端	
10.温杯	将茶盅中的水逐一注入品茗杯。逐一温烫茶杯,弃水	
11.出汤	香燃尽,出汤	
12.分汤	逐一分汤,注入每个茶杯	
13.奉茶	起身奉茶,行奉前礼,品茗者回礼;奉茶,行奉中礼,品茗者回礼;后退一步,行奉后礼,品茗者回礼	
14.收具	从左至右收具,先收茶盅。收水盂和茶叶罐。收香插和受污。收茶荷、香盒和打火机。收茶壶,放于受污上。收酒精炉后,端盘、起身	

续表

操作步骤	操作内容	操作要点
15.行礼	以腰为中心身体前倾15°，停顿3秒钟，起身成站姿	
16.退回	身体为站姿，双手端盘，肩关节放松，上手臂自然下坠，茶盘高度以舒服为宜，端盘退回	

◗◗◗ **任务训练与考核**

黑茶冲泡的训练与考核评价参考表见表4-3-8。

表4-3-8　　　　　　　　　黑茶冲泡的训练与考核评价参考表

序号	训练内容	考核要点	要点提示	配分	得分
1	如果给你一块普洱茶饼，请问如何开普洱茶饼	使用茶刀	3个环节	4分	
2	请用一段美文总结黑茶冲泡流程，如"清宫迎佳人"比喻投茶的动作	黑茶冲泡	比如，摆展备具—淋壶湿杯—赏茶投茶—涤尽凡尘—水绕环山—鉴赏汤色—平分秋色—三龙护鼎—暗香浮动—初品奇茗	6分	

考核方式：以小组为单位，10分计分制。

任务五　练习白茶冲泡

◎　**技能目标**

1.掌握白茶的冲泡程序。

2.掌握白茶冲泡的投茶技巧。

◎　**素养目标**

白茶，美在自然质朴，"清水出芙蓉，天然去雕饰"。一如单纯明朗的年少模样，静默在淡雅悠长的平凡深处，美得纯粹。时光流转，岁月更迭，白茶也会悄然变化，释放令人惊艳的陈韵，正如少年历经岁月风尘而笑傲风雨度人生。青春年少，当沉淀思想，洗涤心灵，静待花开。

◔◕◗▶ **知识学习**

1.白茶的冲泡方法

白茶（白毫银针）的冲泡方法与绿茶基本相同，但因其未经揉捻，且白毫披身，茶汁不易浸出，冲泡时间宜较长，冲水后一般过五六分钟茶芽才会慢慢沉底，须过 10 分钟左右饮用，才能尝到白茶的本色、真香、全味。

视频 4-3-5

练习白茶冲泡

白茶有芽茶和叶茶之分，前者有观赏性，适合绿茶冲泡方式即杯泡法，后者如白牡丹，宛如一朵朵的花，也可以使用杯泡法，而贡眉、寿眉则更适合使用盖碗冲泡法。

白茶也有新茶和陈茶的区别，正所谓"一年茶，三年药，七年宝"，新茶适合杯泡法，陈茶适合盖碗冲泡法。

2.白茶的冲泡程序（杯泡法）

按照茶艺师国家职业技能标准，以白毫银针的杯泡为例，白茶冲泡基本程序应包括 13 个环节：备具—布具—行礼—翻杯—赏茶—温杯—浸润泡—置茶—冲泡—奉茶—品茶—续水—收具。白茶冲泡的主要操作步骤（此处省略续水、收具两个环节）、操作内容及操作要点见表4-3-9。

动画 4-3-5

练习白茶冲泡

表4-3-9　　　　　　　　白茶冲泡的主要操作步骤、操作内容及操作要点

操作步骤	操作内容	操作要点
1.备具	（1）根据品饮人数准备好茶杯、茶叶罐、茶、茶道六君子、赏茶荷、茶巾、水盂、烧水壶以及水 （2）白茶冲泡主泡器选用玻璃杯增加透明度，便于人们赏茶观姿，以防嫩茶泡熟，失去鲜嫩色泽和鲜爽滋味 （3）使用上投法	（1）选择茶叶要根据客人的喜好而定，应选质优茶品待客 （2）泡茶用具选择要符合茶性、茶理、茶趣的要求 （3）水温适当，烧开之后，降到需要的水温，85℃左右
2.布具	（1）席面布置合理、美观、有序，符合操作要求 （2）器具码放遵循内高外低，左手干器、右手湿器的原则 （3）可以码放为正方形或者发散形 （4）品茗杯可以是一字形或三角形 （5）遵循先码放的器后取的原则	布具要遵循干净、美观、实用、便于操作的原则
3.行礼	按照行茶服务标准礼仪行礼	点头礼，要求眼观鼻，鼻观心，宁心静气，眼神不能游移不定、四处张望
4.翻杯	（1）可以单手翻杯，也可以双手翻杯。选择适合自己的手法，注意动作的美感 （2）翻杯顺序遵循从外向内、从右到左的原则	翻杯时小心别将茶托带起，以免有清脆的声音破坏泡茶气氛

操作步骤	操作内容	操作要点
5.赏茶	(1) 使用的器具包括茶叶罐、茶则、赏茶荷 (2) 倾斜旋转茶叶罐，使用茶则将茶叶拨入赏茶荷	(1) 此环节在于引领品饮者欣赏干茶的外形、成色、嫩度、匀度，嗅闻干茶香气，充分领略名优白茶的天然风韵 (2) 可以简要介绍茶叶的品质特征、文化背景、典故传说等
6.温杯	(1) 加水到茶杯的1/3 (2) 右手主握，左手辅助 (3) 逆时针旋转360度 (4) 将水倒至水盂中	起到两个作用： (1) 洁具作用。将选好的茶具用开水一一加以清洁，平添饮茶情趣 (2) 提高杯温作用。用开水将茶杯烫洗一遍，在冬天尤显重要，利于茶叶冲泡，发挥茶香
7.浸润泡	(1) 右手把壶，注意拇指扣壶柄，其他四指平行握壶把 (2) 逆时针低斟水至杯具的1/3 (3) 讲究快速	在15秒内用内旋法将开水沿玻璃杯内壁注入杯子至1/3的容量
8.置茶	(1) 使用的器具包括品茗杯、茶则 (2) 倾斜茶荷（茶荷出茶口冲向品茗杯侧），使用茶则将茶叶均匀拨入玻璃杯，小心掉茶渣	(1) 使用上投法，先将75℃~80℃的水冲入杯中，然后取茶投入，茶叶便会徐徐下沉 (2) 如果是150毫升的品茗杯，需要拨茶3克左右（普通茶叶也可以投茶2克，冲入沸水100毫升，茶水比例1：50）
9.冲泡	(1) 使用"凤凰三点头"的手法 (2) 冲水入杯内至总容量的7成左右，意为"七分茶、三分情"	(1) 右手提壶悬壶高冲，用"凤凰三点头"的手法向杯中缓缓注入开水至7分满 (2) 经过3次"高冲"，使杯内茶叶上下翻动，杯中茶汤浓度均匀。同时说明，此举还有对客人的到来表示欢迎之意
10.奉茶	(1) 使用奉茶盘奉茶，奉茶礼仪参考餐饮服务礼仪 (2) 杯缘不可以用手触摸 (3) 使用"请用茶""请慢用"等礼貌用语	(1) 冲泡后静置5分钟左右，并且在5~8分钟饮用为好，时间过长过短都不利于茶香释放 (2) 尽快将茶递给客人，以便不失时机地让其闻香品尝
11.品茶	引领客人品茶	品茶时，先观茶色、闻茶香，再欣赏白毫银针上下起伏的优美景象，最后品其味。要小口小口地喝，才是品。饮一小口，让茶汤在口内回荡，与味蕾充分接触后徐徐咽下，之后用舌尖抵住齿根并吸气，回味茶的甘甜。白茶冲泡，一般以4~5次为宜。如果多次冲泡，宜适当增加茶叶浸泡时间

●●● 任务训练与考核

白茶冲泡的训练与考核评价参考表见表4-3-10。

表4-3-10　　　　　　　　　　白茶冲泡考核评价参考表

序号	训练内容	考核要点	要点提示	配分	得分
1	简述安吉白茶的冲泡流程	白茶冲泡	杯泡法，13个环节	5分	
2	分小组讨论老白茶的冲泡流程	白茶冲泡	盖碗冲泡	5分	

考核方式：以小组为单位，10分计分制。

任务六　练习黄茶冲泡

◎ 技能目标

1.掌握黄茶的冲泡程序。

2.掌握黄茶的投茶技巧。

◎ 素养目标

通过练习过程，强调习茶过程中观照自我，关注当下，注重细节，鼓励践行；进一步认识茶文化，利用茶艺和茶文化提升个人的修养，实现自我精神境界的追求。

●●● 知识学习

1.黄茶的冲泡方法

黄茶经过沤制，促使茶多酚、叶绿素等物质部分氧化，具有"黄叶黄汤"的品质，同时茶中的营养成分大多已变成可溶性，因此水温要求不是很高，70℃~75℃即可，以免泡熟茶芽。在冲泡前，先要把茶杯预热，以保持合适的冲泡温度。冲泡后，用玻璃盖盖在茶杯上，保证温度不至于下降太多。黄芽茶具有观赏性，适合杯泡，黄小茶和黄大茶适合盖碗或壶泡。

视频4-3-6

练习黄茶冲泡

2.黄茶的冲泡程序（杯泡法）

按照茶艺师国家职业技能标准，黄茶冲泡的基本程序应包括13个环节：备具—布具—行礼—翻杯—赏茶—温杯—置茶—浸润泡—冲泡—奉茶—品茶—续水—收具。黄茶冲泡的主要操作步骤（此处省略品茶、续水、收具3个环节）、操作内容及操作要点见表4-3-11。

动画4-3-6

练习黄茶冲泡

表4-3-11　　　　　　黄茶冲泡的主要操作步骤、操作内容及操作要点

操作步骤	操作内容	操作要点
1.备具	（1）根据品饮人数准备好茶杯、茶叶罐、茶、茶道六君子、赏茶荷、茶巾、水盂、烧水壶以及水 （2）黄茶冲泡主泡器选用玻璃杯（加盖的杯子），便于人们赏茶观姿	（1）选择茶叶要根据客人的喜好而定，应选质优茶品待客 （2）泡茶用具选择要符合茶性、茶理、茶趣的要求 （3）水温适当，烧开之后，降至需要的水温（黄茶建议70℃左右）
2.布具	（1）席面布置合理、美观、有序，符合操作要求 （2）器具码放遵循里高外低，左手干器、右手湿器的原则 （3）可以码放为正方形或者发散形 （4）品茗杯可以是一字形或三角形 （5）遵循先码放的器具后取的原则	布具要遵循干净、美观、实用、便于操作的原则
3.行礼	按照茶艺服务标准礼仪行礼	点头礼
4.翻杯	（1）可以单手翻杯，也可以双手翻杯。选择适合自己的手法，注意动作的美感 （2）翻杯时小心将茶托带起，以免有清脆的声音破坏泡茶气氛 （3）翻杯顺序遵循从外向内、从右到左的原则	单手翻杯时，注意护腕动作
5.赏茶	（1）使用的器具包括茶叶罐、茶则、赏茶荷 （2）倾斜旋转茶叶罐，使用茶则将茶叶拨入赏茶荷	（1）此环节在于引领品饮者欣赏干茶的外形、成色、嫩度、匀度，嗅闻干茶香气 （2）可以简要介绍茶叶的品质特征、文化背景、典故传说等
6.温杯	（1）加水到茶杯的1/3 （2）右手主握，左手辅助 （3）逆时针旋转360度 （4）将水倒至水盂中	起到两个作用： （1）洁具作用。将选好的茶具用开水一一加以冲泡并洗净，以清洁用具，平添饮茶情趣 （2）提高杯温作用。用开水将茶杯烫洗一遍，在冬天尤显重要，利于茶叶冲泡，发挥茶香
7.置茶	（1）使用的器具包括品茗杯、茶则 （2）倾斜茶荷（茶荷出茶口冲向品茗杯侧），使用茶则将茶叶均匀拨入玻璃杯，小心掉茶渣	（1）如果是150毫升的品茗杯，需要拨茶3克左右 （2）黄茶适用下投法或中投法的置茶方法
8.浸润泡	（1）右手把壶，注意拇指扣壶柄，其他四指平行握壶把 （2）逆时针低斟水至杯具的1/2，讲究快速 （3）盖玻璃杯盖，使芽茶均匀吸水，快速下沉	（1）如果是下投法，先加茶，后逆时针旋转注水 （2）如果是中投法，先注水，后置茶

续表

操作步骤	操作内容	操作要点
9.冲泡	使用"凤凰三点头"的手法，冲水入杯内至总容量的七成左右，意为"七分茶、三分情"	（1）提腕使开水壶上升，接着压手腕将水壶靠近茶杯，继续斟水，如此反复3次，恰好注入所需水量，即提腕、断流、收水。水壶高悬，使水流有冲击力，并有曲线的美感，水柱应上下一致 （2）经过3次"高冲"，使杯内茶叶上下翻动，杯中茶汤浓度均匀。同时说明，此举还有对客人的到来表示欢迎之意
10.奉茶	（1）使用奉茶盘奉茶 （2）奉茶礼仪参考餐饮服务礼仪 （3）杯缘不可以用手触摸 （4）使用"请用茶""请慢用"等礼貌用语	（1）品茶时，观茶色，闻茶香，观茶舞，品其味。黄茶冲泡，一般以3～4次为宜 （2）若需再饮，则再次完成整个流程，重新冲泡

任务训练与考核

黄茶冲泡的训练与考核评价参考表见表4-3-12。

表4-3-12　　　　黄茶冲泡的训练与考核评价参考表

序号	训练内容	考核要点	要点提示	配分	得分
1	简述黄茶冲泡流程	黄茶冲泡	13个环节	5分	
2	黄茶和绿茶都可以使用杯泡法，二者的区别在哪里	黄茶冲泡器皿	绿茶用敞口杯冲泡，黄茶则杯上需要有一个杯盖	5分	

考核方式：以小组为单位，10分计分制。

任务七　练习花茶冲泡

◎ 技能目标
1.掌握花茶的冲泡程序。
2.掌握花茶的品饮技能。

◎ 素养目标
冰心在《还乡杂记》中写道："我所到过的亚、非、欧、美洲各国都能见到辛苦创业的福州侨民。在他们家里，吃着福州菜，喝着茉莉花茶，使我觉得作为一个福州人是四海有家的。"花茶从来都离不开文人墨客关于家的情结，引发学生从内心深处产生文化归属感，帮助学生树立正确的价值观。

● ● ▶ 知识学习

1.花茶的冲泡方法

花茶是融茶味之美、鲜花之香于一体的茶中艺术品。在花茶中，茶叶滋味为茶汤之本味，花香为茶汤之精神。茶味与花香巧妙地融合，构成茶汤鲜香、淡雅的韵味，茶味与花香珠联璧合，相得益彰。花茶的冲泡方法，以能维护香气而不会无效散失和显示茶胚特质美为原则。

（1）茶胚特别细嫩的花茶冲泡

如茉莉毛峰、茉莉银毫、花王、碧潭飘雪一类特高级名茶，因茶胚本身具有艺术欣赏价值，宜用透明玻璃茶杯。冲泡时，置杯于茶盘内，取花茶 2～3 克入杯，用初沸水稍凉至 90℃ 左右冲泡，随即加上杯盖，以防香气散失。手托茶盘对光而视，透过玻璃杯壁可以观察到茶在水中上下飘舞、沉浮，以及茶叶徐徐展开、复原叶形、渗出茶汁汤色的变幻过程，一杯小世界，山川花木情，这称为"目品"。冲泡 3 分钟后，揭开杯盖侧，鼻闻汤中氤氲上升的香气，顿觉芬芳扑鼻而来，精神为之一振。"香于九畹芳兰气""草木英华信有神"。有兴趣者，还可凑近香气做深呼吸，充分感受香气所带来的愉悦，这称为"鼻品"。茶汤稍凉适口时，可小口喝入，在口中稍事停留，以口吸气、鼻呼气相配合的动作，使其在舌面上往返流动两次，充分与味蕾接触，品尝茶味和汤中香气后再将其咽下，如此一两次，就能品尝到名贵花茶的真香实味。此味令人神醉，正如宋人范仲淹茶诗所言"斗茶味兮轻醍醐；斗茶香兮薄兰芷"。综合欣赏花茶特有的茶味、香韵，谓之"口品"。民间有"一口为喝，三口为品"之说，细细品啜，才能出味。

一开茶饮后，留汤 1/3 续加开水，谓之二开。如是饮三开，茶味已淡，不宜再续饮。通过对三开茶汤的鼻闻、口尝，综合领略茶味的适口度和香气的鲜灵度、浓度、纯度后，三香俱备者为"全香"，茶形、滋味、香气三者全佳者为花茶高品、名品、珍品。

（2）一般中档花茶的冲泡

中档花茶不强调观赏茶胚形态，可用洁白瓷器盖杯，冲泡 100℃ 沸水后盖上杯盖，5 分钟后闻香气，品茶味。此类花茶香气芬芳，茶味醇正，三开有茶味，耐冲泡。

四川茶馆泡饮花茶很有地方特色，茶具采用一套三件头（茶碗、茶盖、茶托）。敞口式茶碗，口大，便于注水和观察碗中茶景。反碟式茶碗盖，既可掩盖茶汤香气，又可用以拨动碗中浮面茶叶、花干，以免饮入口中。茶托（叫茶船）用于托放茶碗，使饮茶时不致烫手。边呷饮花茶，边摆"龙门阵"，悠然自得。

（3）中低档花茶或花茶茶末的冲泡

北方人又称花茶茶末为"高末"，一般采用白瓷茶壶冲泡，因壶的容量大，保温效果比杯好，有利于充分泡出茶味。视茶壶大小和饮茶人数、口味浓淡，取适量茶叶入壶，用 100℃ 初沸水冲入壶中，加壶盖，待 5 分钟，即可酌入茶杯饮用。这种共泡分饮法，一则方便、卫生，二则家人团聚或三五亲朋相叙，围坐品茶，互聊家常，十分融洽，增添友爱、和睦的气氛。

我国民间多地喜饮花茶，尤其是华北、东北、西北各地人民，花茶为必备饮品。南方的花茶，运到北方，在干燥、低温的气候下，更显得香气浓郁。北方冬季漫长，天寒地冻，花木萧疏，室内烤火取暖时泡饮一杯花茶，可增添居室芬芳，如临春暖花开之境，令人精神振奋。

（4）其他花茶的冲泡

以乌龙花茶为例。乌龙花茶的冲泡同乌龙茶泡饮法，即用紫砂小茶壶装满茶叶，沸水冲泡，加盖，再在壶外淋浇开水，增加壶温，促茶出汁，45秒后，倒入小酒盅式茶杯，小口细细品尝，欣赏乌龙茶韵和鲜花香气，顿觉花香助茶味，茶味显花香。

2.花茶的冲泡程序（盖碗泡法）

按照茶艺师国家职业技能标准，花茶冲泡的基本程序应包括18个环节：上场—放盘—行礼—入座—布具—行注目礼—温碗—弃水—开盖—置茶—润茶—摇香—冲泡—奉茶—示饮—收具—行礼—退回。花茶冲泡的主要操作步骤、操作内容及操作要点见表4-3-13。

动画4-3-7

练习花茶冲泡

表4-3-13　　　　　　花茶冲泡的主要操作步骤、操作内容及操作要点

操作步骤	操作内容	操作要点
1.上场	身体放松，挺胸收腹，目光平视，上手臂自然下坠，腋下空松，小臂与肘平，茶盘高度以舒服为宜，离身体半拳距离，右脚开步	
2.放盘	右蹲姿，右脚在左脚前交叉，重心下移，身体中正，双手向左推出茶盘，放于桌面。双手、右脚同时收回，成站姿	
3.行礼	行鞠躬礼，双手贴着身体，滑到大腿根部，头背成一条直线，以腰为中心身体前倾15°，停顿3秒钟，身体带着手起身成站姿	

操作步骤	操作内容	操作要点
4.入座	右脚上前一小步，左脚跟上并拢，脚尖与凳子的前缘平行，平稳坐在凳子上	
5.布具	从右至左布置茶具。移水壶。移水盂至水壶后。移茶匙及架放于茶盘后。移受污至左侧，放于茶盘后。移茶花至茶盘左侧前端。移茶罐至茶盘左侧茶花后。3个盖碗在茶盘内呈"品"字形	
6.行注目礼	坐正，面带微笑，用目光与品茗者交流，意为"我准备好了，将用心为您泡一杯香茗，请耐心等待"	
7.温碗	依次向3个盖碗的碗盖内逆时针注水，至满盖。右手取茶匙，用茶匙尖部平压碗盖内侧6点至9点位置处，翻盖碗，让碗盖里的水流入盖碗中，盖碗合好。茶匙尖在受污中压一下，拭干茶匙尖的水渍，水平旋转180°，搁于匙架。依次温烫3个盖碗	
8.弃水	将水倒掉	
9.开盖	右手持盖，依次揭开，将盖碗搁于碗托边，呈"品"字形	

续表

操作步骤	操作内容	操作要点
10.置茶	依次置茶	
11.润茶	注水至碗的1/4处，加盖	
12.摇香	先慢速逆时针旋转一圈，再快速旋转两圈	
13.冲泡	左手持盖，右手提水壶，依次注水至8分满，盖上碗盖	
14.奉茶	行奉前礼，品茗者回礼；左手托茶盘，蹲姿奉茶，行奉中礼，品茗者回礼；行奉后礼，品茗者回礼	
15.示饮	右手持盖，在鼻前左右移动3次闻香，头不动。向右边、左边示意：我们可以品茶了。品茗者先观汤色，再用品茗杯小口品饮	

操作步骤	操作内容	操作要点
16.收具	从左至右收具，器具返回的轨迹为"原路"，收茶罐、茶花、受污、茶匙与茶匙架、水盂、水壶至茶盘中原位	
17.行礼	右脚向右一步，左脚并拢，左脚向后退一步，右脚并上，行鞠躬礼	
18.退回	身体为站姿，双手端盘，肩关节放松，上手臂自然下坠，茶盘高度以舒服为宜，端盘退回	

●●● 任务训练与考核

花茶冲泡的训练与考核评价参考表见表4-3-14。

表4-3-14　　　　　　花茶冲泡的训练与考核评价参考表

序号	训练内容	考核要点	要点提示	配分	得分
1	小组讨论成都人拿盖碗喝花茶的方式	花茶冲泡	核心在于盖、碗、托不可以分开	5分	
2	北方人品饮花茶的习惯是什么	花茶冲泡	北方人习惯使用瓷壶喝茶	5分	

考核方式：以小组为单位，10分计分制。

◎　情景导入

日本著名禅学思想家铃木大拙在书中曾记载过一个故事，从中可以感受到茶艺带给人们的力量。

故事发生在日本江户时期，当时社会动荡，治安很差，有位著名的茶师，跟随着家世显赫的主人，每日专为其泡茶。一天，主人要外出进京城办事，想到途中没人泡茶给他喝，就准备带这个茶师一同前往，而茶师却非常害怕，因为社会比较乱，一些浪人、武士恃强凌弱，横行无忌，而他又没练过武，担心自己路上遇到危险无法脱身。聪明的主人看出了茶师的担忧，于是就对他说："不要怕，你挎上一把剑，扮成武士的样子就没人敢惹你了！"主人发了话，茶师只好服从，于是换上武士服，一路跟随主人进了京城。

一天，主人托茶师外出办事，迎面走来一个浪人，看到茶师一身武士装扮，于是就向他挑衅，要和他比剑法。茶师见此情景连忙摆手说："你误会了，我并不懂武功，我只是个泡茶的师傅而已！"浪人轻蔑地看着茶师："你不是一个武士而穿着武士的衣服，就是有辱尊严，那么你就更应该死在我的剑下！"茶师想，看来这次在劫难逃，于是就问浪人："你能否容我把主人交代的事办完，我们下午在此相见？"浪人想了想说："那你一定要来！"然后转身离去。

茶师忙完私事之后，直奔京城最著名的大武馆，武馆外聚集着大批前来学武的人，茶师急忙拨开人群，直奔大武师面前，恳求说："请您教给我一种作为武士最体面的死法吧！"大武师非常吃惊，因为到他这儿的所有人都是为了求生，而这是第一个求死的人，茶师的话使大武师感到困惑。看到大武师难以置信的表情，茶师就把与浪人相遇的情形向大武师讲述了一遍，然后说："我只会泡茶，但是今天不得不跟人家决斗了。求您教我一个方法能让我死得有尊严一点！"大武师说："好吧，你先为我泡一遍茶，然后我再告诉你方法。"

茶师很悲伤，他想，这可能是自己在这个世界上泡的最后一遍茶了。于是，他泡得非常认真，从容地看着水在小炉上烧开，然后把茶叶放进去，洗茶，滤茶，再一点一点地把茶倒出来，双手捧给大武师。

茶师泡茶的整个过程都被大武师看在眼里，他接过茶师递过来的茶品了一口，对茶师说："这是我有生以来喝到过的最好的茶，我现在可以告诉你，你不会死了！"茶师忙问："您是要教给我什么方法吗？"大武师说："不用教，你只要记住，你见那个浪人时，用泡茶的心去面对他就行了！"

茶师听后就去赴约了，浪人早已经在那儿等他，见到他缓缓而来，立刻拔出剑来说："既然你来了，那我们开始吧！"茶师一直记着大武师对他说的话，只见他笑着看着浪人，从容地把帽子取下来，端端正正放在一旁，再解开宽松的外衣，细致地叠好，压在帽子下，又拿出绑带，把衣服袖口及裤腿扎紧……从头到脚一直不慌不忙地装束自己，有条不紊，气定神闲。等到全部装束完后，茶师拔出剑来，把剑挥向半空，然后就停在那里，因为他不知道接下来该怎么办了。

而就在这时，对面那个浪人突然扑通一声给茶师跪下了，忙不迭地说："求您饶命，您是我这辈子见过的武功最厉害的人！"原来，在整个过程中，茶师不缓不慢的动作以及淡定的表情，让浪人越看越紧张，越看越心虚，他看不出对面的人武功究竟有多高深，对方那淡定的眼神和从容的笑容让浪人越来越心虚，越来越害怕……

这样的结局显然出乎所有人的意料，是什么让茶师取胜的呢？不难领悟，那就是心灵的勇敢，是他自己那份从容、笃定的气势让他化险为夷。其实，他的方式不重要，方式之外的东西更值得思考。如果我们身陷险境，能保持勇敢从容的心态，就可能收获意想不到的东西，那种心境和定力，可以使我们的生命更饱满充盈。

◎ 学茶悟道

"和、静、怡、真"：品悟中国茶艺精神的四谛。

茶艺能静心、静神，有陶冶情操、去除杂念、修身养性之效，也符合佛、道、儒"内省修行"的思想。"茶道"是一种以茶为主题的生活礼仪，也是一种修身养性的方式，它通过"和、静、怡、真"来品悟中国茶艺精神。茶道最早起源于中国，中国的茶道有悠远的历史渊源。中国人至少在唐代或唐代以前，就在世界上首先将饮茶作为一种修身养性之道，在唐宋年间，人们对饮茶的环境、礼节、操作方式等都很有讲究，有了一些约定俗成的规矩和仪式，茶宴已有宫廷茶宴、寺院茶宴、文人茶宴之分。宋代开创了斗茶，斗茶最早是以游艺的形式出现在文人雅士之间。在南宋末期，日本南浦昭明禅师来到我国浙江杭州市余杭的经山寺求学取经，学习了该寺院的茶宴仪程，将中国的茶道引进日本，成为中国茶道在日本的早期传播者之一。

通过对于欣赏茶艺之美的介绍和理论学习，让学生们更加深入地品悟中国茶艺精神的四谛。

◎ 学习重点

1.练习茶席布置
2.编排茶艺主题
3.表演茶艺
4.学习茶之诗词歌赋

◎ 学习难点

1.表演茶艺
2.学习茶之诗词歌赋

任务一 布置茶席

◎ **技能目标**
1.了解茶席布置的基本要素。
2.掌握茶席设计的程序。

◎ **素养目标**
通过规范有序的茶席布置，培养学生的规矩意识。

●●▶ **知识学习**

一席设计精美、和谐雅致的茶席是开展一场茶事活动的必备前提。本项目我们将学习茶席的设计方法。

视频4-4-1
布置茶席

1.茶席设计的基本构成要素

所谓茶席设计，就是指以茶为灵魂，以茶具为主体，在特定的空间形态中，与其他的艺术形式相结合所共同完成的一个有独立主题的茶道艺术组合。茶席设计有9大基本构成要素。

（1）茶品

茶，是茶席设计的灵魂，也是茶席设计的思想基础。因茶，而有茶席；因茶，而有茶席设计。茶，在一切茶文化及其相关的艺术表现形式中，既是源头，又是目标。因茶而产生的设计理念，往往构成设计的主要线索。

动画4-4-1
布置茶席

（2）茶具组合

茶具组合是茶席设计的基础，也是茶席构成要素的主体。茶具组合的基本特征是实用性和艺术性相融合。实用性决定艺术性，艺术性又服务于实用性。因此，茶具的质地、造型、体积、色彩、内涵等方面，应作为茶席设计的重要组成部分而加以考虑，并使其在整个茶席布局中处于最显著的位置，以便进行动态的演示。

（3）铺垫

铺垫，指的是茶席整体或所布局物件下摆放的铺垫物，有时也作为垫在茶具之下的布艺类和其他质地物的统称。铺垫的直接作用：一是使茶席中的器物不直接触及桌（地）面，以保持器物清洁；二是以自身的特征辅助器物共同体现茶席设计的主题。

（4）插花

插花，是指人们以自然界的鲜花、叶、草为材料，通过艺术加工，在不同的线条和造型变化中，融入一定的思想和情感而完成的花卉再造形象。茶席中的插花，与一般的宫廷插花、宗教插花、文人插花和民间插花不同，它是为体现茶的精神，追求崇尚自然、朴实秀雅的风格。其基本特征是：简洁、淡雅、小巧、精致。鲜花不求繁多，只插一两枝便能起到画龙点睛的效果；插花注重线条、构图的美和变化，以达到朴素大方，清雅脱俗的艺术效果。

（5）焚香

焚香，是指人们将从动物和植物中提取的天然香料进行加工，使其具有各种不同的香型，并在不同的场合焚熏，以获得嗅觉上的美好享受。焚香在茶席中的地位十分重要。它不仅作为一种艺术形态融于整个茶席，同时，它美好的气味弥漫于茶席四周，使人在嗅觉上获得非常舒适的感受。气味有时还能唤起人们意识中的某种记忆，从而使品茶的内涵变得更加丰富多彩。

（6）挂画

挂画，又称挂轴。茶席中的挂画，是悬挂在茶席背景环境中书与画的统称。书以汉字书法为主。画以中国画为主。

（7）相关工艺品

人们品茶，从根本上来说，是通过感官来获得感受。影响感觉系统的因素很多，视觉、听觉、味觉、触觉、嗅觉，都会直接影响品茶的感觉，综合的感觉会触发某种心情。相关工艺品，不仅能有效地陪衬、烘托茶席的主题，还能在一定的条件下，对茶席的主题起到升华的作用。

（8）茶点茶果

茶点茶果，是在饮茶过程中用以佐茶的。其主要特征是：分量较少，体积较小，制作精细，样式精美。

（9）背景

茶席的背景，是指为获得某种视觉效果而设定在茶席中的艺术性物品。茶席的价值是通过观众审美而体现的，因此视觉空间的相对集中和视觉距离的相对稳定就显得特别重要。单从视觉空间来讲，假如没有背景，人们可以从任何一个角度自由欣赏，从而使茶席的角度、比例、位置、方向等的设计失去了些许价值和意义，也使观赏者不能准确获得茶席所传递的思想和主题。茶席背景的设定，就是解决这一问题的有效方式之一。背景还可以起到视觉上的阻隔作用，使人在心理上获得某种程度的安全感。

2.茶席的分类

一个好的茶席应具有实用美、艺术美、个性美和整体美的特点。人有不同，茶有不同，茶席亦是如此。因此，根据人们对茶的感知程度，茶席分为普通茶席和艺术茶席两种。普通茶席是一般生活用茶席，更注重茶席喝茶的实用性；艺术茶席对茶席有一定的品鉴标准，更注重茶的文化价值。

茶席，首先是一种物质形态，实用性是它的第一要素。不管是什么形式的茶席，首先都是将茶以更好的形式进行展现，因此茶始终是根本，这是其物质内涵；但同时，茶席本身又是一种生活艺术的形态展现，为茶内容的表达增添了更丰富的艺术表现形式和场所，所得出的结果又偏向于追求茶人的内心诉求和获得满足，这是茶席追求的精神内涵。所以，茶席设计需要兼具表达茶的物质内涵和精神内涵。

3.茶席设计的3个环节

茶席设计主要包括3个环节——茶具的选择应用、品茶环境的氛围营造，以及茶艺师的冲泡礼仪。

第一个环节：茶具的选择应用。

（1）茶具组合得当

茶具组合及摆放是茶席布置的核心所在，是茶席美感表达最集中的地方。中国古代茶具组合素来本着"茶为君、器为臣、火为帅"的配置原则——一切茶具组合都是为茶服务的。而现代茶具组合则在实用性的基础上，尽可能地去展现更多的艺术性和文化性。茶具的选择和搭配可以从以下3个方面去考虑：

第一，以茶为依据。不同的茶类、不同的茶叶品种有不同的茶性，适合的茶具也是不一样的。例如：泡乌龙茶宜使用紫砂茶具；泡绿茶宜使用玻璃、白瓷茶具；泡红茶宜使用大容量茶具等。

第二，以结果为导向。这是说，从选择茶具开始就要体现茶席的主要目的。比如相同的茶，但是为了美观，抑或是为了要展现古典文雅的一面，又或是为了展现时尚潮流的一面，在接待客人请其观赏品鉴的时候，就会选择不同的茶具。只有把结果要呈现的因素考虑进去，才能做出最好的茶具组合搭配。

第三，结合自身情况。时代不同，地域不同，习俗不同，人文不同，茶具的选择也应当考虑时代背景、地域文化、民族风俗以及主人身份等。结合自身的特点来作茶具的选择，并使茶具与茶席上的其他元素有机结合，将使得茶席主题的展现更加完整，层次更深。

（2）茶具及席位的摆放合理

选择好茶具以后，我们就要考虑如何将它们陈列得更加合理。再好的茶具，乱糟糟地摆放一堆也是没有美感可言的。

首先，茶具摆放一般遵循左边干器、右边湿器的基本前提。其次，茶具的摆设要秉持以人为本。在整个过程中，主客双方应能够充分使用双臂与肢体，有足够的空间展现和谐美感。虽然茶席依照左手持壶和右手持壶可分为左手茶席和右手茶席，但过分集中在单手上，太多的动作都以单手来完成，显然是不合理且效率不高的。茶具的摆设需要一定的秩序和设计，符合一定的人体工程学要求。最后，席位设置要合理、舒适，比如桌椅的高度、间距要适合泡茶人的身材比例，座椅要稳定、舒适，防止手脚伸展不便，否则会给人带来一定的压抑和不适感，显然是不可取的。茶桌可以选择坐立式茶桌（70厘米×88厘米×60厘米）和席地式茶桌（45厘米×88厘米×60厘米）。茶椅选择高度为40厘米左右的为宜。

（3）背景及铺垫舒服得当

茶席的背景可以让人的视觉空间和视觉距离相对集中、稳定，具有一定的指向性。茶席的背景可以选用雅致的山水画、与茶有关的大幅书画、格调清雅的图案等，颜色不花哨，色泽不跳跃，视觉效果不焦躁，以可展现出茶席整体的布置陪衬需求为主导。

茶席铺垫大多为麻布、棉布、丝织品、竹草编织品等，贴近自然，触感舒适，摩擦力均匀，使用简单，不抢眼，但足以表明和凸显茶席的区域，并能很好地与茶席背景相协调。选择铺垫物的时候，要注意颜色与茶具相搭配，符合茶席环境的整体风格。也正是因此，现代茶席设计才有"茶筵席设计"一说。茶垫巾一般长度为60厘米，宽度为48厘米。

第二个环节：品茶环境的氛围营造。

（1）灯光

一个好的茶席设计，光线可以满足人的视觉对空间、色彩、质感、造型多方面的要求。茶席上的光线不仅仅局限于照明之用，还理应具有烘托茶席气氛的作用，以提升茶席格调和品位。茶席中的灯光应当是柔和的、恬静的、温馨的、不过分刺激的，始终为茶席的中心色调服务，能够更好地烘托和渲染气氛。茶席灯光的色调也需要顺应季节、天气、茶席主题以及主人的心情等的变化，让人感到舒缓、安详、放松、恬静。

（2）音乐

音乐的选择在茶席布置中是至关重要的，合适的音乐使人更容易在茶席之中获得快速的代入感，对于茶席的意境营造作用关键。背景音乐适合以节拍缓慢、舒适轻松、柔和清新的音乐为主，似有若无，缥缈若虚，如同是从云端传来的天籁一般，使人听之翩然若仙，即入化境为绝佳。但这不等于把音乐的声音调低，而是乐曲本身的曲调旋律使然。

（3）插花

茶席中的插花，应体现一定的意境，从而使人在茶席上获得镇静、解压、驱烦闷、愉悦、轻松、安静的享受。中国是东方文明古国，也是世界上最早把花之媚与茶之韵完美地结合在一起的国家。茶席插花应"立意取材，意在花先"。同时，茶席应根据主题选择花材，如告别会可选用勿忘我，迎新会可选用松、竹、梅等。通常，选择季节感强的花材效果也很不错，如春天的桃花、夏天的荷花、秋天的菊花、冬天的梅花。

（4）茶点

茶点选用有3个原则：第一，味道相合。不同的茶叶内在茶性、茶味迥异，需要不同味感的食物搭配，"甜配绿，酸配红，瓜子配乌龙"。第二，视觉相配。不同茶叶外在茶形、茶色不同，需要不同形状的食物相伴，这样才能形成一种视觉的和谐之美。例如，龙井的茶汁清澈轻盈，水晶饺是佳配，普洱的茶汁沉稳厚重，配牛肉干最好不过。第三，风味相符。俗话说，一方水土养一方人。一个地方的土壤、空气、水、阳光包括海拔不同，即便是同样的茶种，茶叶味道也可能完全不同。茶性、茶味、茶形既然因地方而不同，相配的茶点当然最好是当地原料、当地工艺制作而成。

（5）熏香

熏香，作为一种美好的艺术形态弥漫在整个茶席中，会使人在嗅觉上获得非常舒适的感受。在选择熏香时，需要注意香气、香具、香品形状的选择，以及其与整体氛围的和谐，如花下不熏香、香味不可直接对人等。

（6）茶挂

茶挂源自陆羽《茶经》最后一篇。陆羽将《茶经》的内容写在绢布上，挂在座位旁边。发展到明代，有挂画的，有挂字的。茶挂是在茶席背景中书与画的统一。选择时往往需要考虑季节、时间、茶类和主题等因素。首先，要注意茶挂不宜过分艳丽，以免喧宾夺主；其次，挂画一般以一茶一挂为原则，茶室中一般只挂一幅。

第三个环节：茶艺师的冲泡礼仪。

茶艺师是茶席上的茶艺表演者。所有的茶席设计都源自茶席上的人的主观意愿和表现，所以茶席上茶人的诉求始终是茶席设计的源头。对茶艺师的要求包括服饰、妆容、动作、神态、演绎方式等。

　　茶席上的美始终是一种淡淡的美，一种静雅的美，这就要求茶席上的演绎者须将自己的所有行为始终围绕着这样一种美来展开，举手投足间，根据茶席要求，将自身变成茶席设计的意境和主题的表达者。将茶席的美学内涵、文化内涵、意境内涵三者完美地展现出来，最重要的要素是人。

●●● 任务训练与考核

　　布置茶席的训练与考核评价参考表见表4-4-1。

表4-4-1　　　　　　　　　　布置茶席的训练与考核评价参考表

序号	训练内容	考核要点	要点提示	配分	得分
1	简述茶席布置的9个要素	茶席设计的基本构成要素	茶品、茶具组合、铺垫等	4分	
2	请对茶席的背景音乐进行举例，并总结其共同特点	品茗环境的氛围营造之音乐	3个环节	3分	
3	作为一名茶艺师，应该从哪些方面去提升自己	茶艺师的冲泡礼仪	服饰、妆容、动作、神态等方面	3分	

　　考核方式：以小组为单位，10分计分制。

任务二　编排茶艺主题

◎ **技能目标**
　　掌握茶艺主题4要素。

◎ **素养目标**
　　就像茶艺的展开都是紧紧围绕茶艺主题一样，当代大学生要对国家和社会有高度责任感，把个人价值与国家和社会的共同价值统一起来。

●●● 知识学习

　　1.确定茶艺主题的要素

　　一看是否"顺茶性"。通俗地说，就是按照这个主题来操作，能否把茶叶的品质发挥得淋漓尽致，泡出一壶可口的好茶来。不同的茶，茶性（如粗细程度、老嫩程度、发酵程度、火工水平等）各不相同，所以泡不同的茶时所选用的器皿、水温、投茶方式、冲泡时间等也不同。表演茶艺，如果不能把茶的色、香、味最充分地展示出来，泡不出一壶真正的好茶，那么表演得再花哨也称不上好茶艺。

视频4-4-2

编排茶艺主题

　　二看是否"合茶道"。通俗地说，就是看这个茶艺主题是否符合茶道所倡导的"精行俭德"的人文精神和"和静怡真"的基本理念。茶艺表演既要以道驭艺，又要以艺示道。

以道驭艺，就是茶艺的程序编排必须遵循茶道的基本精神，以茶道的基本理论为指导；以艺示道，就是通过茶艺表演来表达和弘扬茶道的精神。

动画 4-4-2

编排茶艺主题

三看是否科学卫生。目前我国流传较广的茶艺多是在传统的民俗茶艺的基础上整理出来的。其中个别程序按照现代的眼光去看是不科学、不卫生的。有些茶艺的洗杯程序是把整个杯放在一小碗里洗，甚至是杯套杯洗，这样会使杯外的脏物粘到杯内，越洗越脏。对于传统民俗茶艺中不够科学、不够卫生的程序，在学习时应当摒弃。

四看文化内涵。这主要是指主题命名应当具有较高的文学水平，解说词的内容应当生动、准确，既有知识性，又有趣味性，应能够艺术地概括出所冲泡的茶叶的特点及历史。

2.编排茶艺主题的题材

任何茶艺都必然存在一个主题。根据主题不同，茶艺设计的题材有下面3种：

（1）以茶品为题材

茶，产自不同的地方，表现出不同的形状、特点，有不同的文化背景和来源。有些茶按照外形来命名，如雀舌、碧螺春、庐山云雾等，我们可以借此来确定茶席主题。同时，不同的冲泡方式，带给我们不同的感受，绿茶有春天的清新之气，红茶有女性特有的温婉气息，岩茶有岩骨花香，韵味迷人……借助不同的茶品，可以表现不同的心境，满足茶人的某种精神需求。6大茶类，有红、绿、青、黄、白、黑6种颜色，以茶色衬茶器，或者以茶器晕染茶色，能够更充分地展现茶艺的艺术魅力。

（2）以茶事为题材

艺术无不是以还原生活、记录史实为动机。茶席中要表达的，可以与茶艺的初衷有关，通过垫布颜色、茶器材质甚至是不同历史阶段所流行的茶艺表现方式来设计主题。比如，参考古代的冠礼和笄礼、文成公主出使和亲怀揣家乡茶的历史典故等。

（3）以茶人为题材

制茶之人、精于茶道之人、热爱茶事之人，承载茶之精神，也可以作为题材，在茶艺中予以表现。比如，陆羽苦难成人，发奋研读，踏遍青山只为茶，将爱恨全付一部《茶经》中。再如，吴觉农、王家扬、王泽农、庄晚芳、陈椽、王镇恒或著文立说或授业育人，为振兴我国的茶科技、茶文化、茶产业作出了巨大的贡献，可以此为题材，表现茶人的茶德精神。

●●●▶ **任务训练与考核**

编排茶艺主题的训练与考核评价参考表见表4-4-2。

表4-4-2　　　　　　　　编排茶艺主题的训练与考核评价参考表

训练内容	考核要点	要点提示	配分	得分
以《大宋宫词》中刘娥的茶艺为例，找不同的切入点确立茶艺主题，并阐释主题思想	编排茶艺主题	比如宫心背井离乡所表现出来的对未来不确定的愁绪	10分	

考核方式：以小组为单位，10分计分制。

任务三　表演茶艺

◎ **技能目标**

1. 认识茶艺表演及其艺术特征。

2. 了解茶艺表演的程序编排。

◎ **素养目标**

通过练习茶艺表演，加强知识储备，提高从业技能水平，培养勇于开拓和创新的精神。

知识学习

1. 茶艺表演的概念及艺术特征

（1）茶艺表演的概念

如果喝茶的主要目的是解渴、提神、保健，那么它就只是满足人们生理需求的一种日常生活行为，几乎没有什么艺术可言。但是，如果是为了满足人们精神上的需要，将喝茶提升到品饮的层次，从而对泡茶的方式、器具、环境以及参与者本身都有一定的审美要求时，喝茶就具有了一定的艺术品位，而艺术天然就具有观赏性、娱乐性和表演性。

视频4-4-3

茶艺表演

茶艺表演是在茶艺的基础上产生的一门生活艺术，它是通过各种茶叶冲泡和品饮技艺的形象演示，反映一定的生活现象，表达一定的主题思想，使人们在精心营造的幽雅环境氛围中得到美的感受和情操的熏陶。

（2）茶艺表演的分类

纵观茶艺表演，大体可分为三类：一是民俗茶艺表演，取材于特定的民风、民俗、饮茶习惯，经过艺术的提炼与加工，以反映民俗文化等，如《西湖茶礼》《台湾乌龙茶茶艺表演》《客家擂茶》《白族三道茶》《青豆茶》等。二是仿古茶艺表演，取材于历史资料，经过艺术的提炼与加工，以反映历史原貌等，如《公刘子朱权茶道表演》《唐代宫廷茶礼》《韩国仿古茶艺表演》等。三是其他茶艺表演，取材于特定的文化内容，经过艺术的提炼与加工，以反映特定文化内涵等，如《禅茶》《火塘茶情》《新娘茶》等。

动画4-4-3

茶艺表演

（3）茶艺表演的艺术特征

茶艺表演在我国自古有之，随着现代茶艺的蓬勃发展，茶艺表演也逐渐成为一种全新的艺术表现形式。与一般的艺术表演相比，茶艺表演既具有一般艺术表演的共性特征，即观赏性、艺术性、娱乐性，也存在一些个性特征，表现在静、和、雅三方面。

茶之性——静。茶树默默生长在大自然中，禀山川之灵气，得日月之精华，天然赋有谦谦君子之风。自然条件决定了茶性微寒，味醇而不烈，与一般饮料不同，饮后使人清醒而不过度兴奋，更加安静、冷静、宁静、平静、雅静、文静。茶的这种特性与人性中的静、清、淡等相近，因此茶事活动一般都具有静的特点。茶艺表演和舞蹈、戏剧、杂技等艺术形式不同，它是以静为中心的艺术形式，因此在茶艺表演过程中一定要体现静的特点，动作不宜太夸张，节奏也不宜太快，音乐不宜太激昂，灯光不宜太强烈。

茶之魂——和。和既是中国茶道的核心，也是中国茶艺的灵魂。历代茶人在茶事活动中总结出茶叶具有中和的品性。唐代的裴汶在《茶述》中说"其性精清，其味浩洁，其用涤烦，其功致和"；《大观茶论》也说它"祛襟涤滞，致清导和"。同时，和一直是中国儒家思想的核心内容之一，历代茶人常常将儒家思想的这一精髓融入茶事活动中，将品茶活动与修身养性、锤炼人格相联系。因此，在茶艺编创和表演活动中都要体现端庄儒雅的中和风韵，选择的主题不宜太过对立、尖锐。

茶之韵——雅。雅也是中国茶艺的主要特征之一，它是在"和"与"静"的基础上形成的一种气质和神韵。雅的本意包括高尚、文明、美好、规范等内容，历代茶人也将雅作为个人修身养性的目标之一，唐代刘贞亮在《饮茶十德》中就说"以茶可雅志"。因此，在茶艺编创和表演过程中也要体现这一特征。

2.茶艺表演编排

（1）主题思想

主题思想是茶艺表演的灵魂。无论是取材于古代文献记载还是现实生活，茶艺表演都要有一个主题。如《禅茶》是根据佛门喝茶方式及用茶来招待客人的习惯进行的编创，以体现禅茶一味的思想；《婺源文士茶》则是根据明清徽州地区文人雅士的品茗方式进行编创，反映的是明清茶文化的高雅风韵；《白族三道茶》则是取材于少数民族茶俗，通过一苦二甜三回味的三道茶，来告诫人们，人生要先吃苦后才能享受幸福。有了明确的主题，才能根据主题思想来构思节目风格，编创表演程序和动作，选择人员、茶具、服装、布景和音乐等进行排练。

（2）人物

茶艺表演根据主题要求确定表演人数。茶艺表演有一人、二人、三人和多人，如《禅茶》表演可以多达十几个人。一人茶艺表演多是生活型茶艺表演，或是给家人表演冲泡技艺。二人茶艺表演一般一个为主泡，另一个为助泡，主泡负责泡茶，助泡负责端茶具、奉茶等，配合主泡进行泡茶。表演时主泡在中间的位置，助泡站在主泡的右边。三人茶艺表演一般由一人担任主泡，另外两人为助泡，配合主泡泡茶，表演时主泡一般位居中间，助泡分别立于左右两旁。多人茶艺表演也一般选择一个人为主泡，主泡位居中间，其余的人为助泡。多人茶艺表演还有一种表演方式，可以每个人都是主泡，如多人集体表演同一种茶艺，每个人的服装、道具、动作都完全统一，没有主次之分。

确定了表演人数之后，接下来就要挑选演员了。茶艺是一门高雅的艺术，表演者的文化修养与气质将直接影响茶艺表演的舞台效果，因此必须仔细挑选。茶艺表演人员除了形象要符合大众的审美标准之外，还要综合考虑演员的文化素质和艺术修养，所以应尽可能挑选有一定文化修养又懂茶艺的演员。目前我国茶艺表演者一般以年轻女性为多，但也可以根据节目的主题选择男士或年龄较大的演员，如《仿唐宫廷茶艺》就可选用男演员参与泡茶。此外，茶艺表演反映的主题与内容不同，选择的演员形象也要有所不同。例如，因为唐代是以胖为美，故《仿唐宫廷茶艺》选择的演员就应该丰满一些；宋代是以瘦为美，故《仿宋点茶茶艺》中的演员就应苗条一些；《新娘茶》等民俗茶艺则应选那些表情活泼的女孩。与助泡相比，主泡应略高于助泡，其形象、气质应更好一些。由于在整个茶叶冲泡过程中，观众的注意力都集中在演员的双手动作上，手相就会影响到表演的美感，所以在挑选演员时，不管是主泡还是助泡，手都应该纤细、匀称、白皙。

（3）动作

动作主要是指表演者的肢体语言，包括眼神、表情、走（坐）姿等。总的要求是动作要轻盈、舒缓、如行云流水般，可以运用些舞蹈动作，但动作幅度不宜太大，也不能过于夸张，以免给人做作之感。泡茶时动作要熟练、连贯、圆润，避免茶具碰撞，放在左边的茶具应用左手拿，最好不要使双手交叉。茶汤不能洒在桌上。表情要自然，既不能板着脸，也不能嬉皮笑脸。眼神要专注、柔和，不能飘忽不定，更不能东张西望或窥视他人，给人以不庄重感，但也不能埋头苦干，要与观众适当交流。此外，编排者还应注意整个程序要紧凑，有变化，能吸引人。

（4）服饰

服饰包括服装、发型、头饰和化妆。

服饰要根据主题来设计，主要以中国传统服饰为主，一般是旗袍、对襟衫、长裙。裙子不宜太短，不能太暴露。手上不宜佩戴手表、首饰，更不能涂指甲油，也不能染发。妆容以淡妆为宜，不宜浓艳，以免显得俗气。

服饰选择方面应与历史相符合，表演《仿唐宫廷茶艺》就应选用具有唐朝典型特点的服饰，表演《仿宋点茶茶艺》就应选择宋代服饰，具有特殊意义的主题，茶服饰也应相互辉映，如《禅茶》《道茶》中就要选择特定的僧服饰和道服饰。

服饰最好还能与所泡的茶相符合，如泡的是绿茶，其特点是叶绿汤清，那就最好不要穿红色、紫色等颜色艳丽的服饰，最好选择白色、绿色等素雅的颜色。

（5）道具

道具主要是指泡茶的器具，包括茶具、桌椅、陈设等，是茶艺表演的重要组成部分。首先，道具的选择主要根据茶艺表演的题材来确定，如反映现代生活题材的可选用紫砂、盖碗、玻璃等多种茶具，但如果是古代题材就不能选用玻璃器具。青花瓷是在元代才出现的，那么元代以前的茶艺表演就不能选用青花瓷，紫砂茶具是在明清时期才开始逐渐流行的，那么在《仿宋点茶茶艺》中就不应出现紫砂壶。其次，选用的茶具色彩还应呼应主题，最好能与服饰色彩相互呼应，那样效果会更好。例如，《婺源文士茶》选用了青花瓷茶具、青色镶蓝边的罗裙，这些不仅都与所泡的绿茶颜色相吻合，而且青花瓷又是江西景德镇的特色，这样的搭配使得整个茶艺表演显得十分协调。民俗茶艺，则要选用当地的茶具，但也不能太土，需要适当地艺术化，以免给人一种俗气、难登大雅之堂的感觉。

（6）音乐

音乐可以营造浓郁的艺术气氛，吸引观众的注意力，带领观众进入诗意的境界。在茶艺表演过程中，演员不宜开口说话，更不能唱歌，所以音乐对氛围的营造十分重要。一般来说，民俗类的茶艺多选用当地的民间曲调。例如：江西的《客家擂茶》可选用当地名歌《斑鸠调》和《江西是个好地方》；广西的《茉莉花茶艺》则选用民歌《茉莉花》。历史题材的茶艺表演应注意时空，不要时空错乱，如《仿唐宫廷茶艺》就要用唐代音乐，《仿宋点茶茶艺》就要选用宋代音乐，总之要与主题相符，并能帮助营造氛围。

（7）背景

茶艺表演多在舞台上进行，因此要根据表演主题来进行背景布置。茶艺表演的背景不宜太过复杂，应力求简单、雅致，以衬托演员的表演为主，让观众的注意力集中在泡茶者身上，不能喧宾夺主。如果没有条件，可选择屏风作为背景，在屏风上可挂些与主题相关的字画，如《禅茶》表演常在背景屏风上挂有"煎茶留静者，禅心夜更闲"的书联，既点明了主题，又突出了禅意，十分美妙。当然背景布置也可以是动态的，如杭州袁勤迹表演《日本茶道》时，让片片枫叶从舞台上空飘落下来，意境十分美妙。

（8）灯光

茶艺表演中灯光一般应柔和，不宜太暗，更不能太刺眼，太暗会看不清茶汤的颜色，更不能使用舞台旋转灯。例如，在《禅茶》表演中，灯光打暗，只留下照在主泡身上的一盏聚光灯，将所有观众的注意力都集中在泡茶者身上，既吸引了观众目光，又增加了庄严肃穆的氛围，达到了很好的表演效果。

（9）讲解

茶艺表演时不能过多地开口说话，但是同时，茶艺表演不是流行艺术，许多观众还对此不太熟悉，所以又需要对表演内容进行解说。讲解可以引导观众欣赏茶艺表演，帮助观众理解表演的主题和相关内容，达到更好的艺术效果。

一般在表演前，首先要简要介绍表演的名称、主题、艺术特色及表演者单位、姓名等。例如，在江西的《客家擂茶》表演前有一段这样的介绍："客家擂茶是流行于江西赣南地区客家人的饮食习俗。客家人为了躲避战乱，举族迁居到南方的山区，他们在这儿保留了一种古老的茶艺习俗。首先，将花生、芝麻、陈皮等原料放在特制的擂钵中擂烂，然后，将其冲入开水调制成一种既芳香可口又具有医用疗效的饮料，民间称之为擂茶。"这段解说词简明扼要地概括了擂茶的流行地点、流行人群、制作方法及疗效，让观众对擂茶有了一定的了解并增添了兴趣。在表演过程中也可以进行适当地讲解，主要是向初次观赏茶艺的客人作必要的说明和介绍。

茶艺表演有着非常强的艺术性，故解说词编创也一定要有艺术性，如果解说词太过直白，就会降低整个茶艺表演的质量，显得俗气。《婺源文士茶》在表演前是这样介绍的："文士茶是流行于江西婺源地区的民间传统品茶艺术之一。婺源自古文风鼎盛，名人辈出，文人学士讲究品茶，追求雅趣。因此文士茶以儒雅风流为特征，讲究三雅，即饮茶人士之儒雅、饮茶环境之清雅、饮茶器具之高雅，追求三清，即汤色清、气韵清、心境清，以达到物我合一，天人合一的境界。"话虽不多，但却将茶艺所具有的静、和、雅的特征一一点出，具有很强的艺术感染力。当然，解说词的艺术性并不代表在其创作中一定要用些晦涩难懂、过于专业或过于艺术化的词语。

以上这些都是单个茶艺节目编创中应注意的地方，但如果是整台晚会则还应考虑演出效果。由于茶艺表演普遍偏静，看久了易让人坐不住，所以中间还可以加入一些活泼热闹的民间茶俗来活跃气氛。同时，还要注意整场节目的形式、风格和色彩的调换，以免给人雷同感。表4-4-3是绿茶茶艺讲解示例。

表4-4-3　　　　　　　　　　　　　　　绿茶茶艺讲解示例

绿茶表演环节	解说词
点香——焚香除妄念	俗话说："泡茶可修身养性，品茶如品味人生。"古今品茶都讲究平心静气。"焚香除妄念"就是通过点燃这支香，来营造一个安静、祥和、温馨的气氛
洗杯——冰心去凡尘	茶，至清至洁，是天涵地育的灵物，泡茶要求所用的器皿也必须至清至洁。"冰心去凡尘"就是用开水再烫一遍本来就干净的玻璃杯，做到茶杯冰清玉洁，一尘不染
凉汤——玉壶养太和	绿茶属于芽茶类，茶叶细嫩，若用滚烫的开水直接冲泡，会破坏茶芽中的维生素并造成茶汤失味。只宜用80℃的水冲泡。"玉壶养太和"是把开水壶中的水预先倒入瓷壶中养一会儿，使水温降至80℃左右
投茶——清宫迎佳人	苏东坡有诗云："戏作小诗君一笑，从来佳茗似佳人"。"清宫迎佳人"就是用茶匙把茶叶投放到晶莹剔透的玻璃杯中
润茶——甘露润莲心	好的绿茶外观如莲心，乾隆皇帝把茶叶称为"润心莲"。"甘露润莲心"就是在开泡前先向杯中注入少许热水，起到润茶的作用
冲水——凤凰三点头	冲泡绿茶时讲究高冲水，在冲水时水壶有节奏地三起三落，好像凤凰向客人点头致意
泡茶——碧玉沉清江	冲入热水后，茶先是浮在水面上，而后慢慢沉入杯底，我们称之为"碧玉沉清江"
奉茶——观音捧玉瓶	佛教传说中观音菩萨常捧着一个白玉净瓶，净瓶中的甘露可消灾祛病。茶艺小姐把泡好的茶敬奉给客人，我们称之为"观音捧玉瓶"，意在祝福客人一生平安
赏茶——春波展旗枪	这道程序是绿茶茶艺的特色程序。杯中的热水如春波荡漾，在热水的浸泡下，茶芽慢慢地舒展开来，尖尖的叶芽如枪，展开的叶片如旗。一芽一叶的称为旗枪，一芽两叶的称为"雀舌"。在品绿茶之前先观赏在清碧澄净的茶水中，千姿百态的茶芽在玻璃杯中随波晃动，好像生命的绿精灵在舞蹈，十分生动有趣
闻茶——慧心悟茶香	品绿茶要一看、二闻、三品味，在欣赏"春波展旗枪"之后，要闻一闻茶香。绿茶与花茶、乌龙茶不同，它的茶香更加清幽淡雅，必须用心灵去感悟，才能够闻到春天的气息，以及清醇悠远、难以言传的生命之香
品茶——淡中品致味	绿茶的茶汤清醇甘鲜，淡而有味，它虽然不像红茶那样浓艳醇厚，也不像乌龙茶那样岩韵醉人，但是只要你用心去品，就一定能从淡淡的绿茶香中品出天地间至清、至醇、至真、至美的韵味来
谢茶——自斟乐无穷	品茶有三乐：一曰独品得神，一个人面对青山绿水或高雅的茶室，通过品茗，心驰宏宇，神交自然，物我两忘，此一乐也；二曰对品得趣，两个知心朋友相对品茗，或无须多言即心有灵犀一点通，或推心置腹诉衷肠，此亦一乐也；三曰众品得慧，孔子曰"三人行，必有我师焉"，众人相聚品茶，互相沟通，相互启迪，可以学到许多书本上学不到的知识，这同样是一大乐事 在品了头道茶后，请嘉宾自己泡茶，以便通过实践，从茶事活动中修身养性，品味人生的无穷乐趣

表演茶艺的训练与考核评价参考表见表4-4-4。

表4-4-4　　　　　　表演茶艺的训练与考核评价参考表

训练内容	考核要点	要点提示	配分	得分
以电影《赤壁》中小乔表演的茶艺为例，确定茶艺主题，并且编排一个茶艺表演节目，包括茶具、茶叶、背景等要素	表演茶艺	主题思想、人物、动作、服饰、道具、音乐、背景、灯光、讲解	10分	

考核方式：以小组为单位，10分计分制。

任务四　学习茶之诗词歌赋

◎　技能目标

了解有关茶诗、茶赋。

◎　素养目标

通过学习茶之诗词歌赋，深刻感受中华传统文化的博大精深，从而在茶艺文化的引导下增强文化自信，传承与发展茶艺文化。

●●●▶ 知识学习

视频4-4-4

学习茶之诗词歌赋

在我国的茶文化中，诗词歌赋和散文数量庞大、质量上乘。这些作品已成为我国文学宝库中的珍贵财富。

《诗经》之《七月》云："采荼薪樗，食我农夫。"《谷风》又云："谁谓荼苦？其甘如荠。"这是劳动者眼中的茶。《茶经》云："茶者，南方之嘉木也。"这是茶圣陆羽眼中的茶。《走笔谢孟谏议寄新茶》中云："一碗喉吻润，两碗破孤闷。三碗搜枯肠，唯有文字五千卷。四碗发轻汗，平生不平事，尽向毛孔散。五碗肌骨清，六碗通仙灵。七碗吃不得也，唯觉两腋习习清风生。"这是茶仙卢仝眼中的茶。《次韵曹辅寄壑源试焙新芽》中云："从来佳茗似佳人。"这是一代文豪苏轼眼中的茶。据统计，我国历代的文人墨客为茶写下了2万多首茶诗、茶词和茶曲，真是咏之不尽，赋之不绝，唱之不断。

（1）晋代

动画4-4-4

学习茶之诗词歌赋

我国早期赞美茶的诗赋中，首推的应是晋代诗人杜育的《荈赋》。这是中国最早赞美茶的诗赋作品，诗人以饱满的热情歌颂了祖国山区孕育的奇产——茶叶。它第一次完整地记载了茶叶从种植及生长环境，到采摘时节及劳动场景，再到烹茶选水、茶具的选择和饮茶的效用等整个过程。诗中云，"灵山惟岳，奇产所钟。瞻彼卷阿，实曰夕阳。厥生荈草，弥谷被岗。承丰壤之滋润，受甘露之霄降。月惟初秋，农功少休；结偶同旅，是采是求。水则岷方之注，挹彼清流；器择陶简，出自东瓯；酌之以匏，取式公刘。惟兹初成，沫沈华浮。焕如积雪，晔若春敷。若乃淳染真辰，色绩青霜；氤氲馨香，白黄若虚。调神和内，倦解慵除。"此外，魏晋文学家左思的《娇女诗》云"止为茶荈据，吹嘘对鼎立"，非常生动地描写了两个幼女烹煮香茗的娇姿。

（2）唐代

唐代为我国诗的极盛时期，科举以诗取士，作诗成为谋取功名的重要途径，因此唐代的文人几乎无一不是诗人。此时适逢陆羽的《茶经》问世，饮茶之风更盛，茶与诗词，两相推波助澜，咏茶诗大批涌现，出现大批好诗名句。

唐代杰出诗人杜甫，写有"落日平台上，春风啜茗时"。当时杜甫年过四十，而蹉跎不遇，微禄难沾，有归山买田之念。此诗虽写得潇洒闲适，仍表达了他心中隐伏的不平。诗仙李白豪放不羁，在诗中借浪漫而丰富的想象表达自己的理想，而现实中的他异常苦闷，成天沉湎在醉乡。正如他在诗中所云："三百六十日，日日醉如泥。"当他听说荆州玉泉真公因常采饮"仙人掌茶"，虽年逾八十，仍然面如桃花时，也不禁对茶唱出了赞歌："常闻玉泉山，山洞多乳窟。仙鼠如白鸦，倒悬清溪月。茗生此中石，玉泉流不歇。根柯洒芳津，采服润肌骨。丛老卷绿叶，枝枝相接连。曝成仙人掌，似拍洪崖肩。举世未见之，其名定谁传……"

中唐时期最有影响的诗人白居易，对茶怀有浓厚的兴趣，一生留下了不少咏茶的诗篇。他的《食后》云："食罢一觉睡，起来两碗茶：举头看日影，已复西南斜。乐人惜日促，忧人厌年赊；无忧无乐者，长短任生涯。"诗中写出了他食后睡起，手持茶碗，无忧无虑，自得其乐的情趣。

以饮茶而闻名的卢仝，自号玉川子，隐居洛阳城中。他作诗豪放怪奇，独树一帜。他在名作《饮茶歌》中，描写了他饮七碗茶的不同感觉，步步深入，诗中还从个人的穷苦引申到亿万苍生的辛苦。

寺院出身的"茶圣"陆羽，经常亲自采茶、制茶。尤善于烹茶，因此结识了许多文人学士和有名的诗僧，也因此为世间留下了不少咏茶的诗篇。

（3）宋代

到了宋代，文人学士烹泉煮茗，竞相吟咏，出现了更多的茶诗茶歌，有的还采用了词这种当时新兴的文学形式，诗人苏轼有一首《西江月·茶词》，云："龙焙今年绝品，谷帘自古珍泉。雪芽双井散神仙，苗裔来从北苑。汤发云腴酽白，盏浮花乳轻圆。人间谁敢更争妍，斗取红窗粉面。"词中对双井茶叶和谷帘泉水作了尽情赞美。

（4）元代

元代诗人的咏茶诗也不少。其中最能代表当时士大夫嗜茶之习的，见于元代著名贤相和饱学之士耶律楚材的《西域从王君玉乞茶因其韵》（共七首，此处节选三首）。

第一首诗写道："积年不啜建溪茶，心窍黄尘塞五车。碧玉瓯中思雪浪，黄金碾畔忆雷芽。卢仝七碗诗难得，谂老三瓯梦亦赊。敢乞君侯分数饼，暂教清兴绕烟霞。"

由于长年饮不到好茶，诗人感到心窍都被黄尘堵塞了，文思不畅。诗中描写了喝建溪茶的美好回忆，又用卢仝和从谂禅师的嗜茶典故表达自己对好茶的梦寐以求，并明确表示了乞茶之意。

不料，诗人远在西域居然得到了建溪名茶，于是在惊喜之余便烹饮起来。

第二首诗写道："厚意江洪绝品茶，先生分出蒲轮车。雪花滟滟浮金蕊，玉屑纷纷碎白芽。破梦一杯非易得，搜肠三碗不能赊。琼瓯啜罢酬平昔，饱看西山插翠霞。"

第二首诗首先对王君玉赠茶表示感谢，接着写碾茶、煎茶与饮茶，"搜肠三碗不能赊"。诗人终于实现了饮茶的愿望，饮完悠闲地欣赏起山边的翠霞来。一股久旱逢甘雨般的满足感跃然纸上。

品饮及毕，诗思泉涌，精神爽逸，怡然陶醉。

于是，他又写道："啜罢江南一碗茶，枯肠历历走雷车。黄金小碾飞琼雪，碧玉深瓯点雪芽。笔阵陈兵诗思勇，睡魔卷甲梦魂赊。精神爽逸无馀事，卧看残阳补断霞。"

这一组饮茶诗里，详细而生动地刻画了饮茶带给人的精神愉悦，表达了诗人酷爱饮茶的情感。

（5）清朝

清高宗乾隆，曾数度下江南游山玩水，也曾到杭州的云栖、天竺等茶区，留下不少诗句。他在《观采茶作歌》中写道："火前嫩，火后老，惟有骑火品最好。西湖龙井旧擅名，适来试一观其道……"

（6）近现代

我国不少老一辈无产阶级革命家的茶兴都不浅，在诗词交往中，也多涉及茶事。1926年，毛泽东同志的七律诗《和柳亚子先生》中，就有"饮茶粤海未能忘，索句渝州叶正黄"的名句。1941年，柳亚子先生还在一首诗中写道："云天倘许同忧国，粤海难忘共品茶。"朱德同志在品饮庐山云雾茶以后，赞扬此茶云："庐山云雾茶，味浓性泼辣，若得长年饮，延年益寿法。"

作为中国传统待客之道和标志性文化符号，茶也被习近平总书记多次带到外交场合，以茶叙的形式，招待过多位外国领导人。

让我们一起来欣赏两首茶花诗歌。

茶花二首

［宋］苏辙

（一）

黄蘖春芽大麦粗，倾山倒谷采无余。

久疑残枿阳和尽，尚有幽花霰雪初。

耿耿清香崖菊淡，依依秀色岭梅如。

经冬结子犹堪种，一亩荒园试为锄。

（二）

细嚼花须味亦长，新芽一粟叶间藏。

稍经腊雪侵肌瘦，旋得春雷发地狂。

开落空山谁比数，烝烹来岁最先尝。

枝枯叶硬天真在，踏遍牛羊未改香。

⬤⬤◗■　任务训练与考核

练习茶之诗词歌赋的训练与考核评价参考表见表4-4-5。

表4-4-5　　　　　　　练习茶之诗词歌赋的训练与考核评价参考表

训练内容	考核要点	要点提示	配分	得分
以小组为单位，分组搜集并整理某个时代有代表性的有关茶的诗词歌赋	了解不同时代的茶艺文化	从系统性、全面性评价搜集的资料	10分	

考核方式：以小组为单位，10分计分制。

主要参考文献和网站

［1］王琼. 茶修［M］. 漓江：漓江出版社，2020.

［2］徐馨雅. 茶艺从入门到精通［M］. 北京：中国华侨出版社，2020.

［3］郑春英. 中国茶艺［M］. 北京：中国轻工业出版社，2019.

［4］马小玲，潘素华，周作明. 茶艺［M］. 3版. 北京：高等教育出版社，2019.

［5］中国劳动社会保障出版社. 茶艺师（基础知识）——国家职业技能等级认定培训教程［M］. 北京：中国劳动社会保障出版社，2021.

［6］罗军. 中国茶密码［M］. 北京：生活·读书·新知三联书店，2016.

［7］李洁，许冬晶. 茶艺实训手册［M］. 武汉：华中科技大学出版社，2024.

［8］中国茶文化网，www.teaw.com.

附录 调饮茶案例

一、茶与奶调饮案例

1.茶与奶调饮案例（如图 A-1 所示）

视频 A-1

桑莓奶昔

图 A-1　桑莓奶昔

*配料

凤凰单丛（蜜兰香）8 克、蓝莓果酱 100 克、桑葚 6 克、蓝莓 3 克、酸奶 100 毫升、蔗糖 7 毫升、清香木 1 片、冰块 250 克

*主要器皿

冰沙机、法压壶、公道杯、盎司杯、冰块碗、冰夹、吧勺、威士忌水晶杯（200 毫升）

*调饮步骤

（1）泡茶：将凤凰单丛（蜜兰香）全部加入法压壶中，沸水冲泡，闷泡 2 分钟，出汤

备用。

（2）凉汤：将茶汤放入冰块碗中，快速冷却茶汤。

（3）调制：在冰沙机中依次加入冰块、蔗糖、桑葚、蓝莓果酱、茶汤制成冰沙，将制好的冰沙倒入出品杯中，最后将酸奶加入出品杯中。

（4）装饰：用清香木和蓝莓进行装饰。

＊配料解读

浓郁的桑葚，花青素爆棚，是天然的抗氧化剂，与凤凰单丛（蜜兰香）结合，花果香馥郁，加上浓醇的酸奶，中和了鲜果的青涩，口感更加丰富，吃一口新鲜的蓝莓，果肉饱满汁水丰盈，最后清香木点缀使得这杯调饮茶更加灵动。

2.夏日奶绿（如图A-2所示）

视频A-2

夏日奶绿

图A-2 夏日奶绿

＊配料

茉莉绿茶8克、蔗糖15毫升、花3朵、低脂牛奶80毫升、抹茶奶盖60毫升

＊主要器皿

法压壶、公道杯、雪克杯、盎司杯、冰桶、冰夹、冰块碗、吧勺、高脚玻璃杯（200毫升）

＊调饮步骤

（1）泡茶：将茉莉绿茶全部加入法压壶中，沸水冲泡，闷泡2分钟，出汤备用。

（2）凉汤：将茶汤放入冰块碗中，快速冷却茶汤。

（3）调制：在出品杯中加入适量的冰块，在雪克杯中加入适量的冰块、茶汤、低脂牛奶、蔗糖进行S形上下摇合。

（4）出品：将摇制好的茶汤倒入出品杯中，用吧勺缓慢引流抹茶奶盖至出品杯中。

（5）装饰：用花朵点缀装饰。

＊配料解读

此饮品选用茉莉绿茶和牛奶搭配，两者的结合便是清爽界的白月光。茉莉是纯真永恒的代名词，清新的茉莉花香、淡雅的抹茶奶盖是夏日里最好的一杯选择，加几朵小花点缀，不失浪漫，仿佛满足了整个夏日的口感和情感需求。

3.芋圆燕麦奶茶（如图A-3所示）

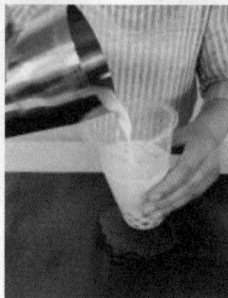

视频A-3

芋圆燕麦
奶茶

图A-3　芋圆燕麦奶茶

＊配料

正山小种8克、芋圆60克、纯牛奶100毫升、炼乳5克、海盐焦糖风味蔗糖15毫升、燕麦少许、冰块少许

＊主要器皿

法压壶、公道杯、雪克杯、盎司杯、冰桶、冰夹、冰块碗、吧勺、出品杯（500毫升）

＊调饮步骤

（1）泡茶：将正山小种加入法压壶中，沸水冲泡，闷泡2分钟，出汤备用。

（2）凉汤：将茶汤放入冰块碗中，快速冷却茶汤。

（3）调制：在出品杯中加入芋圆，在雪克杯中依次加入冰块、纯牛奶、茶汤、海盐焦糖风味蔗糖、炼乳进行S形上下摇合。

（4）出品：将摇合好的茶汤倒入出品杯中。

（5）装饰：将燕麦撒在饮品中进行装饰。

＊配料解读

此饮品选用甘醇的红茶作为基底茶，加入软糯香甜的芋圆和膳食纤维丰富的燕麦，带有红茶的甜香、淡淡的谷物香和浓郁的奶香，恰当的比例将他们融合后，口感丰富，营养十足，来一杯口腹之欲通通满足。

●●● 二、茶与咖啡调饮案例

1. 奥利奥摩卡（如图A-4所示）

视频 A-4

奥利奥摩卡

图A-4 奥利奥摩卡

＊配料

普洱熟茶8克、奥利奥饼干碎30克、低脂牛奶240毫升、咖啡液30毫升、山核桃碎3克、巧克力酱5克、淡奶油25毫升

＊主要器皿

法压壶、公道杯、冰块碗、吧勺、冰夹、出品杯（500毫升）

＊调饮步骤

（1）泡茶：将普洱熟茶加入法压壶中，沸水冲泡，闷泡2分钟，出汤备用。

（2）凉汤：将茶汤放入冰块碗中，快速冷却茶汤。

（3）制形：将奥利奥碎和淡奶油加入出品杯中，搅拌均匀，铺满出品杯的底部；将巧克力酱加入出品杯中，沿杯壁均匀地涂抹一圈。

（4）调和：将低脂牛奶、咖啡液、茶汤依次加入出品杯中。

（5）装饰：在出品杯中加入奶油雪顶，最后用山核桃碎和奥利奥饼干碎进行装饰。

＊配料解读

此饮品奶油雪顶混合巧克力酱和奥利奥饼干碎，奶味裹挟巧克力的香气，再加上普洱熟茶的醇厚顺滑，温柔中略带浪漫，营造出一种浓郁而丰富的口感体验。

2.黑咖玫瑰（如图A-5所示）

视频A-5

黑咖玫瑰

图A-5　黑咖玫瑰

＊配料

祁门红茶8克、纯牛奶60毫升、咖啡液80毫升、蔗糖10毫升、玫瑰糖浆15毫升、玫瑰花瓣少许、冰块少许

＊主要器皿：

法压壶、公道杯、雪克杯、冰块碗、打发器、盎司杯、冰桶、冰夹、吧勺、香槟杯（200毫升）

＊调饮步骤

（1）泡茶：将祁门红茶加入法压壶中，沸水冲泡，闷泡2分钟，出汤备用。

（2）凉汤：将茶汤放入冰块碗中，快速冷却茶汤。

（3）装饰：将玫瑰糖浆涂抹在出品杯杯壁上，再将玫瑰花瓣均匀地洒在杯壁外围。

（4）调和：在香槟杯中加入冰块，在雪克杯中加入适量的冰块、茶汤、牛奶、蔗糖、玫瑰糖浆，利用手腕的力量呈S形上下摇合，用吧勺缓慢引流到香槟杯中。

（5）调制：将咖啡液打发，然后用吧勺引流到香槟杯中。

＊配料解读

红茶的甜香与细腻的奶香相融合，再加上与咖啡的交织缠绕，使饮品口感更加柔和和丰富，并且增加了饮品的营养价值，颇有一番韵味。

3.喜上莓梢（如图A-6所示）

视频 A-6

喜上莓梢

图A-6 喜上莓梢

*配料

妃子笑红茶8克、咖啡液15毫升、草莓5颗、接骨木花风味糖浆10毫升、椰汁水15毫升、清香木1片、圆冰和冰块少许

*主要器皿

法压壶、公道杯、雪克杯、盎司杯、捣棒、冰桶、冰夹、冰块碗、国风水晶杯（250毫升）

*调饮步骤

（1）泡茶：将妃子笑红茶加入法压壶中，沸水冲泡，闷泡2分钟，出汤备用。

（2）凉汤：将茶汤放入冰块碗中，快速冷却茶汤。

（3）调制：将草莓加入雪克杯中用捣棒捣成泥状，加入适量冰块，加入茶汤、咖啡液、接骨木花风味糖浆、椰汁水进行S形上下摇合。

（4）出品：在国风水晶杯中放入圆冰，并将摇制好的茶汤倒入出品杯中。

（5）装饰：用清香木和草莓进行装饰点缀。

*配料解读

此饮品以妃子笑红茶为基底，加入新鲜草莓，口感淡雅清甜，加入原液咖啡，酸甜中略带咖啡的韵味，复合的口感，丰富的香气，再加上草莓宝石般的色泽，不一样地表达了茶、水果和咖啡的完美结合，一杯调饮茶便治愈了整个季节。

三、茶与酒调饮案例

1. 酒酿普洱（如图A-7所示）

视频A-7

酒酿普洱

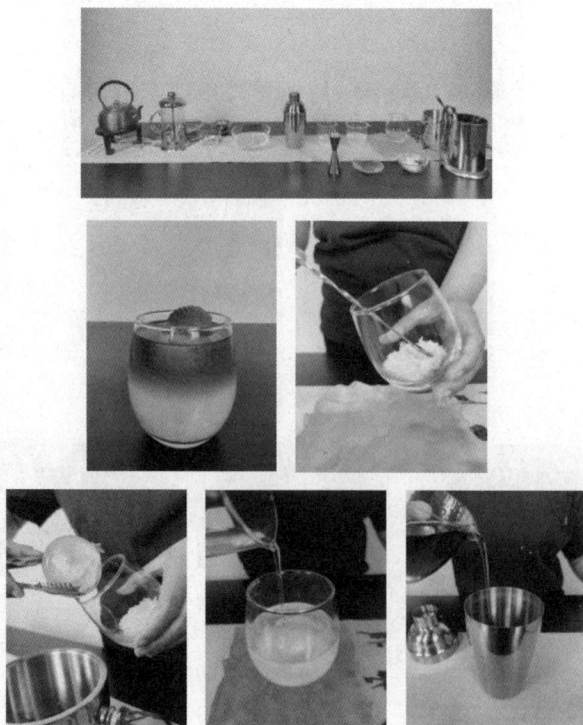

图A-7　酒酿普洱

＊配料

普洱熟茶8克、糯米30克、米酒70毫升、椰汁60毫升、蔗糖10毫升、薄荷叶1片、圆冰和冰块少许

＊主要器皿

法压壶、公道杯、雪克杯、冰块碗、盎司杯、冰桶、冰夹、吧勺、圆肚杯（280毫升）

＊调饮步骤

（1）泡茶：将普洱熟茶加入法压壶中，沸水冲泡，闷泡2分钟，出汤备用。

（2）凉汤：将茶汤放入冰块碗中，快速冷却茶汤。

（3）调制：将糯米加入圆肚杯中，依次加入圆冰、米酒、椰汁，在雪克杯中加入适量冰块、茶汤、蔗糖进行摇合。

（4）出品：将饮品用吧勺缓慢引流到圆肚杯中。

（5）装饰：用一片薄荷叶点缀。

＊配料解读

熟普洱茶糯香显著，温和暖胃，茶汤呈红褐色，像夕阳与云彩的光影在稻田中流动，口感醇厚清甜，略带发酵的米酸汤感顺口丝滑。饮品清凉中有一丝椰子的果甜和淡淡的酒香，沁人心脾。

2.落日余晖（如图A-8所示）

视频A-8

落日余晖

图A-8　落日余晖

＊配料

凤凰单丛（蜜兰香）8克、草莓酱35毫升、金酒30毫升、柠檬汁10毫升、蔗糖5毫升、苏打水25毫升、柠檬片1片、薄荷叶1片、冰块少许

＊主要器皿

法压壶、公道杯、雪克杯、盎司杯、冰桶、冰块碗、冰夹、吧勺、高脚玻璃杯（200毫升）

＊调饮步骤

（1）泡茶：将凤凰单丛（蜜兰香）加入法压壶中，沸水冲泡，闷泡2分钟，出汤备用。

（2）凉汤：将茶汤放入冰块碗中，快速冷却茶汤。

（3）调制：在玻璃杯中加入适量的冰块，将草莓酱加入出品杯中，在雪克杯中加入适量冰块、蔗糖、柠檬汁、金酒、茶汤进行S形上下摇合。

（4）出品：将摇好的茶汤用吧勺缓慢引流到高脚玻璃杯中，再将苏打水引流到出品杯中。

（5）装饰：将柠檬片紧贴杯壁放入高脚玻璃杯中，最后用薄荷叶装饰。

＊配料解读

此饮品选用草莓酱与花香高扬的凤凰单丛（蜜兰香）搭配，花香、果香与酒香相结合，喝一口下去，唇齿香甜，微醺的酒气，颇感心神俱畅，万般的"莓"好，皆在这杯饮品中，是春天，是希望。

3.遇见（如图A-9所示）

视频A-9

遇见

图A-9　遇见

*配料

茉莉绣球8克、青提10颗、威士忌10毫升、柠檬汁10毫升、气泡水15毫升、蝶豆花汤20毫升、黄瓜花1朵、冰块适量

*主要器皿

法压壶、公道杯、雪克杯、益司杯、冰桶、冰夹、冰块碗、吧勺、钻石玻璃杯（200毫升）

*调饮步骤

（1）泡茶：将茉莉绣球加入法压壶中，沸水冲泡，闷泡2分钟，出汤备用。

（2）凉汤：将茶汤放入冰块碗中，快速冷却茶汤。

（3）做型：在出品杯中加入青提并捣成泥状，加入适量冰块。

（4）摇合：在雪克杯中依次加入适量冰块、威士忌、柠檬汁、茶汤进行S形上下摇合。

（5）调和：将摇合好的茶汤缓慢引流到品杯中，然后将气泡水和蝶豆花汤用吧勺依次引流到出品杯中。

（6）装饰：用黄瓜花进行装饰。

*配料解读

这一杯饮品的配色像极了童话故事中的蓝天青草地，选用汁水丰富的青提打底，口感清甜，视觉明亮，再加入少量的威士忌，喝一杯便可微醺，使人心旷神怡，仿佛置身在绿绿的草地间。这款饮品不仅口感清爽，而且色彩搭配富有艺术性，贴切地传递了生活中的美好。

四、茶与水果调饮案例

1.青绿（如图A-10所示）

视频A-10

青绿

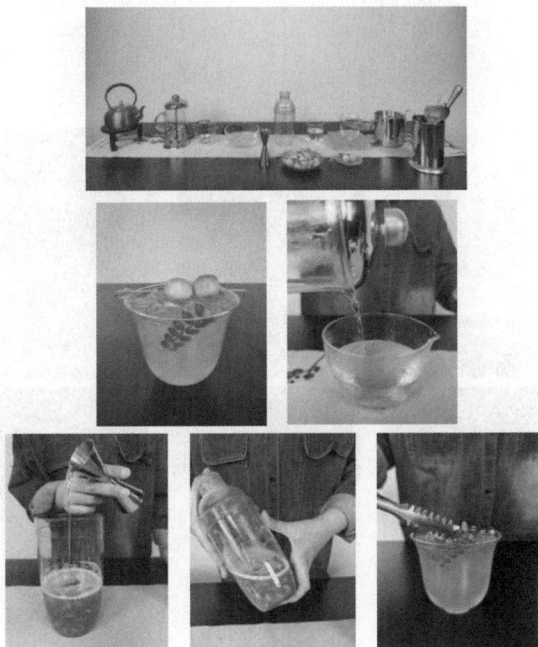

图A-10 青绿

＊配料

西湖龙井8克、甜瓜100克、蔗糖15毫升、气泡水100毫升、清香木1片、甜瓜圆球2颗、冰块少许

＊主要器皿

法压壶、公道杯、雪克杯、盎司杯、过滤网、捣棒、吧勺、冰夹、冰桶、冰块碗、国风水晶杯（250毫升）

＊调饮步骤

（1）泡茶：将西湖龙井加入法压壶中，沸水冲泡，闷泡2分钟，出汤备用。

（2）凉汤：将茶汤放入冰块碗中，快速冷却茶汤。

（3）调制：将甜瓜加入雪克杯中用捣棒捣成泥状，在雪克杯中加入蔗糖、适量冰块、茶汤进行S形上下摇合。

（4）出品：在国风水晶杯中加入适量的冰块，将摇合好的茶汤过滤到杯中至8分满，再用吧勺缓慢引流气泡水至出品杯中。

（5）装饰：用清香木和甜瓜圆球进行装饰。

＊配料解读

甜瓜中含有丰富的维生素A、维生素C，具有利尿及美容养颜的作用，水分充沛，可消暑清热、生津止渴，与西湖龙井搭配，无论从口感上还是从视觉上，都是一款适合夏季的饮品。选一杯青绿迎接炎炎夏日再适合不过。

2.小确幸（如图A-11所示）

视频A-11

小确幸

图A-11 小确幸

＊配料

老白茶8克、蔗糖15毫升、杏3颗、青柠檬片3片、冰块少许

＊主要器皿

法压壶、公道杯、雪克杯、盎司杯、捣棒、冰桶、冰夹、冰块碗、吧勺、高脚水晶杯（380毫升）

＊调饮步骤

（1）泡茶：将老白茶加入法压壶中，沸水冲泡，闷泡2分钟，出汤备用。

（2）凉汤：将茶汤放入冰块碗中，快速冷却茶汤。

（3）调制：将杏加入雪克杯中用捣棒捣成泥状，在雪克杯中加入茶汤、蔗糖、适量冰块进行S形上下摇合。

（4）出品：将摇合好的茶汤倒入高脚水晶杯中。

（5）装饰：将青柠檬片紧贴杯壁放入出品杯中，用杏进行装饰。

＊配料解读

此饮品选用杏具有较高的风味辨识度，含有丰富的维生素，果肉绵软，汁水甜如蜜，加入老白茶，口感均衡，色泽黄亮，杏香味十足，清凉解暑，开胃解腻。

3.一叶知秋（如图A-12所示）

视频A-12

一叶知秋

图A-12　一叶知秋

＊配料

蜜兰水仙8克、蔗糖7毫升、橙子果泥20克、橙汁20毫升、桂花果冻60克、干桂花2克、冰块少许

＊主要器皿

法压壶、公道杯、雪克杯、盎司杯、冰桶、冰夹、冰块碗、吧勺、香槟杯（200毫升）

＊调饮步骤

（1）泡茶：将蜜兰水仙加入法压壶中，沸水冲泡，闷泡2分钟，出汤备用。

（2）凉汤：将茶汤放入冰块碗中，快速冷却茶汤。

（3）做型：在香槟杯中加入桂花果冻，再加入适量的冰块。

（4）调制：在雪克杯中依次加入少许冰块、橙子果泥、蔗糖、橙汁、茶汤进行S形上下摇合。

（5）出品：用吧勺缓慢引流摇好的茶汤到香槟杯中。

（6）装饰：用吧勺将干桂花撒到出品杯中进行点缀。

＊配料解读

此饮品选用橘黄色作为主色系，并且选用桂花、橙子为辅料搭配，突出了秋天的特点，使人一目了然，添加桂花果冻和橙子果泥增加了口感的层次度，蜜兰水仙的茶香与果香花香的结合，让这杯茶香气更加高扬，秋日暖阳中来此一杯，应情应景，岂不美哉。